高等学校"十三五"规划教材

U0343638

工程训练教程

孙文志　郭庆梁　主编　　路　旭　主审

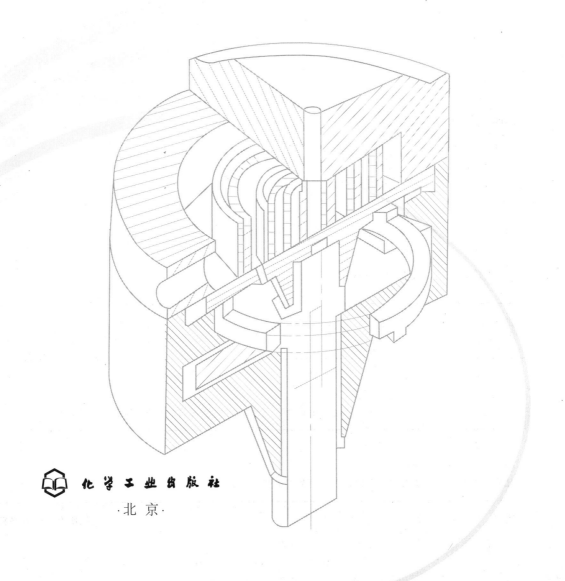

化学工业出版社

·北京·

《工程训练教程》是根据高等学校工程训练课程教学基本要求,并结合培养应用型、创新型工程技术人才的实践教学特点编写的。主要内容包括工程训练基础知识、铸造、压力加工、焊接、钳工、普通机床、数控机床、现代制造技术、供电安全及电机控制、石油化工仿真装置等共11章。

　　书中所有设备型号、名词术语全部采用新标准。在保留传统工艺和技术的基础上,进而介绍现代制造技术的工艺和方法。通过讲、做、练相结合,让学生亲自体验机械加工制作工件的过程,强化工程训练的效果,注重培养学生的工程意识和解决实际问题的能力,发挥学生的潜力,提高学生的创新意识。

　　《工程训练教程》特别适合石油化工类高等院校工程训练教学使用,也可供高职高专院校、成人教育的师生和有关技术人员参考。

图书在版编目(CIP)数据

工程训练教程/孙文志,郭庆梁主编. —北京:化学工业出版社,2018.4(2021.2重印)
高等学校"十三五"规划教材
ISBN 978-7-122-31728-5

Ⅰ.①工⋯　Ⅱ.①孙⋯ ②郭⋯　Ⅲ.①机械制造工艺-高等学校-教材　Ⅳ.①TH16

中国版本图书馆 CIP 数据核字(2018)第 046124 号

责任编辑:唐旭华　郝英华　　　　　　　　　　　装帧设计:张　辉
责任校对:吴　静

出版发行:化学工业出版社(北京市东城区青年湖南街 13 号　邮政编码 100011)
印　　装:大厂聚鑫印刷有限责任公司
787mm×1092mm　1/16　印张 18½　字数 478 千字　2021 年 2 月北京第 1 版第 4 次印刷

购书咨询:010-64518888　　售后服务:010-64518899
网　　址:http://www.cip.com.cn
凡购买本书,如有缺损质量问题,本社销售中心负责调换。

定　　价:39.00 元

前　言

　　工程训练课程是工科院校非常重要的实践教学环节，在"大众创业，万众创新"的大时代背景下，高校工程训练课程要主动适应制造业转型升级要求，主动贴近行业企业人才需求。近几年，随着工程训练中心规模的不断扩大，实训项目不断开发、实训内容不断改革、实训手段不断加强，教学特色将更加突出。为此，我们组织编写了具有工程实践特点的教材。

　　本书的主要内容包括工程训练基础知识、铸造、压力加工、焊接、钳工、普通机床、数控机床、现代制造技术、供电安全及电机控制、石油化工仿真装置简介等，体现了以下特点。

　　(1) 坚持少而精的原则。充分体现够用为度，强化能力培养，做到内容全面、具体、精练。

　　(2) 突出实用性。每个训练内容都有翔实的训练实例，操作规范、具体，做到讲、练、做一体化。

　　(3) 强化创新性。在每个实训环节上，都选择了具有创新性题目，供学生自行设计制作和开发作品，突出对学生创新能力培养。

　　(4) 注重先进性。在保留传统的应知应会知识基础上，增加了大量先进制造技术的内容，让学生了解更多的前沿性制造技术和工艺。

　　(5) 行业特色鲜明。在实训项目安排和实训内容的选取上，大多以石化行业典型的部件作为训练内容，强化职业能力培养。

　　本书特别适合石油化工类高等院校工程训练教学使用，也可供高职高专院校、成人教育的师生和有关技术人员参考。

　　本书由孙文志、郭庆梁任主编。作者分工如下：第2章、第10章由孙文志编写；第3～5章、第7章、第8章由郭庆梁编写；第1章、第6章由郭玲编写；第9章由高晶晶、王庆花编写；第11章由张吉明编写。全书由孙文志统稿，路旭主审。

　　由于编者的学识、水平和经验有限，书中难免出现不妥之处，恳请广大读者批评指正。

编　者

2018 年 2 月

目 录

第7章 普通机床操作训练

第8章 数控机床编程与操作训练

第1章 绪 论

1.1 工程训练的性质和目标

1.1.1 工程训练的性质

大学生工程训练以培养学生的工程意识为导向,以职业标准为依托,以提升职业能力为核心,以生产过程或工艺过程训练为重点,采用层次化教学体系,实训过程梯次推进、实训内容分类实施,资源共享、灵活开放地面向高等教育各专业学生。工程训练能够给大学生以工程实践的教育、工业制造的了解和工业文化的体验,能培养学生实践能力和创新意识。

工程训练实践性教学环节是每个工科专业的必修课,有些院校甚至在非工科专业的培养计划中也设置了一定学时的工程训练。现代意义的大学生工程训练是适应现代科技发展的"大工程"背景下的产物,是与传统金工实习有着质的区别的一种全新模式下的实践锻炼与学科创新教学环节,是全面提高工科学生综合性工程能力,实现"中国制造2025"战略的迫切要求。

1.1.2 工程训练的目标

大学生工程训练的教与学,应当达成以下目标。

① 通过工程训练,培养学生的工程意识 学生通过接触和了解各种常规和先进的生产制造工艺方法,建立起对机械制造生产基本过程的感性认识。从而使大学生体验和了解工业文化、形成工程实践观念、培养实践和创新意识。

② 通过工程训练,培养学生的动手能力 通过对各种常规和先进制造工艺方法的操作实践,培养实践动手能力。学生通过直接参加生产劳动实践,操作各种设备,使用各类工具,独立完成简单零件的加工制造过程,培养学生对简单零件的工艺分析能力、主要设备的操作能力和加工作业技能。

③ 通过工程训练,培养学生的职业认同感 例如,石油化工院校通过石油化工产业链实物仿真的实训,使学生了解整个石油化工产业链的基本原理和工艺过程,了解产业链内的主要设备形式、结构和功能,了解产业链的实际生产环节,完成单体设备的简单操作;使学生接受石油化工专业知识的熏陶,提高学生的工程实践能力,建立起作为石化大学一份子的

职业意识和自豪感。

④ 通过工程训练，培养学生的工程实践能力　例如，通过压力容器制造的创新型综合训练，使实训学生掌握机械加工的工艺和制造的全过程。改变原有焊接、铆工等多工种、割裂式的实训方式，代之以具体产品的制造工艺过程为主线，串联起金属焊接与材料成型加工工艺方法。在训练焊接技术及材料成型技术的同时，使学生对压力容器的技术特点及特殊要求有所了解，为一些专业的后续课程打下一定的基础。

⑤ 通过工程训练，培养学生的创新能力　例如，通过机械制造创新型综合训练，启发和培养学生的创新精神和创新意识，锻炼学生的实际动手能力，避免只会纸上谈兵的现象发生。学生通过对题目中的机械构造或零件的分析，在教师的指导下，编制加工工艺规程，并最终制造出实物。能够达到培养学生的加工工艺设计能力、成本控制能力和机器设备的操作能力。为参加各类大学生科技竞赛和将来的实际工作打下基础。

1.2　工程训练的内容

现代意义的工程训练是以机器零件的加工全过程为主线，将现代加工技术融入实践教学，包括工艺设计、设备操作、成本分析、工程管理和资源环境等多方面的综合性实践训练。其主要实训内容有：铸造、压力成型、焊接、热处理、钳工、普通机械加工、数控加工、特种加工、CAD/CAM、逆向工程及3D打印、智能制造、安全供电及电机控制等，也可以根据实际开设一些具有本校职业特色的工程训练内容。

1.3　工程训练中心简介

工程训练中心是高校对学生开展工程训练以及其他专业训练和创新实践活动的重要场所。现对一般工程训练中心具备的实训室及其功能介绍如下。

(1) 车工实训室

车工实训室的主要设备为车床。学生在车工实训室主要进行车工实训。车削加工是指在车床上，利用工件的旋转运动和刀具的直线运动或曲线运动，去除毛坯表面多余金属，从而获得一定形状和尺寸的符合图纸要求的零件的过程。车削是最基本、最常见的切削加工方法，在生产中占有十分重要的地位。

通过车工实训，使学生掌握普通车床的基本操作方法及中等复杂零件的车削加工工艺过程。车工实训室实训的具体要求如下：

① 了解普通卧式车床的结构、原理及基本操作方法；
② 学会使用顶尖等工具装夹工件的方法；
③ 学会外圆车刀、切槽刀等常见车刀的选择与安装方法；
④ 掌握外圆面、端面及台阶面的加工方法；
⑤ 掌握切槽、切断及倒角的加工方法；
⑥ 掌握在车床上打中心孔及钻孔的方法；
⑦ 学会游标卡尺等常用车工量具的使用方法。

(2) 铣、刨、磨实训室

铣、刨、磨实训室的主要设备为铣床、刨床和磨床。学生在这里主要进行铣工、刨工、磨工实训。在铣床上用铣刀加工工件的工艺过程叫做铣削。铣削时，铣刀作旋转的主运动，工件作直线进给运动。铣床的加工范围很广，可以加工水平面、斜面、垂直面、各种沟槽和成型面，还可以进行分度工作，有时孔的钻、镗加工也可在铣床上进行。在刨床上用刨刀对工件作水平直线往复运动的切削加工方法称为刨削。刨削适应性强通用性好，它能刨削平板类、支架类、箱体类、机座、床身零件的各种表面、沟槽等。在磨床上使用砂轮对工件表面进行切削加工称为磨削，它主要任务是完成对工件最后的精加工和获得较为光洁的表面。

铣、刨、磨工实训室实训的具体要求如下：
① 了解卧式铣床的结构、原理及基本操作方法；
② 了解牛头刨床的结构、原理及基本操作方法；
③ 了解铣刀、刨刀的结构，学会常见铣刀、刨刀的使用与安装方法；
④ 掌握平面铣削和平面刨削的加工方法；
⑤ 了解矩形槽、V 型槽与燕尾槽的铣、刨加工工艺与方法；
⑥ 完成锤头料的四面平面加工作业；
⑦ 了解常用铣床附件的结构、用途及其使用方法；
⑧ 了解外圆磨床和平面磨床的基本结构与操作。

（3）材料成型实训室

材料成型实训室的主要设备是造型工具、加热炉、空气锤、剪板机、卷板机等。学生在这里主要进行铸造、板料冲压和铆工实训。把加热融化的金属液体浇入铸型，从而获得零件毛坯的加工方法叫做铸造。铸造实训的主要工作是砂型铸造的造型。将钢板在压力机、剪板机、卷板机等的作用下，实现剪切、变形等的工作成为压力成型。而完成放样、号料、下料、成型、制作、校正、安装等工作的工种则是铆工。

材料成型实训室实训的具体要求如下：
① 认识铸造工具及附具及其使用方法；
② 学会简单零件的砂型铸造操作方法；
③ 认识压力机、剪板机、卷板机的功能及基本操作方法；
④ 练习缓冲罐等实训工件毛坯在剪板机、卷板机上的下料操作；
⑤ 了解铆工的常用工具、设备和常见工作；
⑥ 练习简单图形的展开图绘制。

（4）焊工实训室

焊工实训室的主要设备是电焊机、气瓶和其他焊接设备。学生主要进行焊条电弧焊、氩弧焊和气焊的操作训练。焊接是一种连接金属材料的工艺方法。焊接过程的实质是通过加热或加压，借助金属原子的结合与扩散作用使分离的金属材料永久连接起来。

焊工实训室实训具体要求如下：
① 了解焊接的概念和分类；
② 了解焊条电弧焊的概念、特点和应用；
③ 了解焊接电弧的概念、产生条件和特征；
④ 了解电焊机的分类及型号的含义；
⑤ 了解焊条的分类、型号、组成和作用；
⑥ 掌握焊条电弧焊焊接工艺、操作技术及操作要领；
⑦ 了解气焊焊接工艺、操作技术及操作要领；
⑧ 了解氩弧焊焊接工艺、操作技术及操作要领；

⑨ 学习焊工安全操作规程及注意事项。

(5) 钳工实训室

钳工实训室设备主要有钻床和钳工工作台及各种钳工工具。钳工是手持工具来进行金属切削加工的方法，其基本操作有：划线、錾削、锉削、锯削、钻孔、扩孔、铰孔、攻螺纹和套螺纹、铆接、校直与弯曲、刮削与研磨等。

钳工实训室实训的具体要求如下：

① 了解常用钳工工具的使用方法和钳工基本工艺及操作要领；

② 掌握锯割方法以及锯条的种类和选择，了解锯条损坏和折断的原因；

③ 掌握划线的概念、划线的基准选择、划线的作用和基本步骤；学会常用划线工具的正确使用方法以及平面划线和简单零件的立体划线方法；

④ 掌握锉削的概念、锉刀的种类、规格和用途；学会锉刀的选择及操作，平面和曲面的锉削方法；

⑤ 掌握钻孔的基本知识及设备；了解麻花钻的几何形状和各部分的作用以及钻床使用的安全操作规程；学会基本钻孔方法；

⑥ 了解丝锥、板牙的构造、规格和用途；学会攻螺纹和套螺纹的操作方法。

(6) 数控加工实训室

数控加工实训室主要有数控车床、数控铣床、数控加工中心等先进制造设备，通过实训使学生能够较好地掌握数控车、数控铣的编程方法和加工过程；了解数控加工中心的刀库、换刀机构等结构及加工特点。

数控加工实训室实训的具体要求如下：

① 学会中等复杂零件的数控加工工艺分析；

② 学会复合循环指令加工外圆的方法；

③ 学会螺纹的车削加工方法；

④ 学会两轴铣削加工方法；

⑤ 了解加工中心的加工操作。

(7) 特种加工实训室

特种加工实训室完成全校本科各专业数控电火花成型加工、数控电火花线切割加工、激光切割加工、激光内外雕刻加工等先进制造技术的基础工程训练；同时也可作为机械制造设计及自动化等专业的综合训练；也可以作为全校各专业的创新创业训练场地和科研服务的场所。

特种加工实训室实训的具体要求如下：

① 了解电火花成型的特点与应用；

② 了解电火花线切割的适用范围与加工操作方法；

③ 了解激光加工的步骤与方法。

(8) CAD/CAM 实训室

在 CAD/CAM 实训室实训，使学生掌握 AutoCAD、PRO/E、UG 等绘图软件的使用方法，完成中等复杂程度三维造型和机械样图的绘制。还可以作为数控车床和数控铣床编写加工程序及仿真验证提供训练服务。

(9) 逆向工程及快速成型实训室

在该实训室学生通过三维扫描仪对机械零件或实物进行扫描，并使用 3D 打印机直接输出实物立体模型。该实训室既提供本科生的基础工程训练，又提供机械及近机械等专业的综合工程训练，并作为全校各专业的创新创业训练场地，还可以作为再就业的培训基地和职业技能鉴定的场所。

（10）热处理实训室

该实训室主要完成全校本科各专业学生的对钢的热处理的认识与操作方法的实训，包括淬火、高低温回火等。使用硬度计检查热处理后钢的硬度变化，以及使用抛光机制作试样观察热处理后金相组织的变化，使用砂轮机对不同牌号的钢进行火花鉴别等。

（11）智能制造实训室

该实训室让学生亲身体验 FMS 等智能工厂的全新概念。完成智能制造模式的学习、智能设备的操作及演示等。该实训室主要是机械及近机械等专业的综合工程训练，并作为全校各专业的创新创业训练场地。

（12）供电安全实训室

该实训室让学生了解供电基本常识、典型供电设备的选择、供电线路的连接训练，普及供电安全知识及短路、漏电等现象演示，进一步提高学生的供电安全意识。

（13）电气控制实训室

在该实训室学生通过给出的电气原理图，对电气控制柜中的各种电器元件通过导线进行适当连接，实现对电机的控制。通过可编程序控制器的编程或变频器的设置实现对电机进行较为复杂的逻辑控制或调速控制。

（14）创新创业制作室

创新实训室是专为大学生创新创业教育和大学生竞赛提供的实训场所。该室提供各种必要的加工设备、焊接设备、电气试验台、电脑、3D 打印机、激光切割机等设备。完全满足大学生创新创业教育和科技竞赛对设备、场地及技术支持的各种需要。

另外，各高校也会针对本校主要面向的职业实际，设置一些特殊的实训室。例如，化工仿真实训室、汽车实训室、环境及水处理实训室、陶艺实训室等。

1.4　工程训练须知

1.4.1　安全第一、警钟长鸣

工程训练是学生接受高等教育阶段进行的第一次直接上手操作的实践教学，实训内容又是具有高度危险性的机械加工操作，因此全体参与实训的师生一定要时刻树立"安全第一"的思想，要做到警钟长鸣。实训安全包括人身安全、设备安全和环境安全，其中最重要的是人身安全。每一个参加工程训练的大学生都要经过包括中心级、实训室级和指导教师级在内的三级安全教育。在每一个实训室实训开始前，要认真研读每个设备和工种的安全操作规程并严格遵守。

1.4.2　工程训练的管理制度

① 实训期间，由指导老师对学生进行考勤并记入实训指导手册。未按规定请假的学生一律记为旷课，按学校相关规定处理。

② 在实训过程中，学生因病不适合参加实训时，经学生所在学院和工程训练中心负责

人认定，可以作病假处理。因病假所缺的实训时数，需要按学校有关规定补足。

③ 严格控制事假。如遇急事需要请事假者，必须提前按规定办理批准手续。因事假所缺的实训时数，需要按学校有关规定补足。

④ 实训学生因文艺演出、体育比赛等活动需要请公假的，需出具二级学院提供的公假单（加盖公章）。因公假所缺的实训时数也要补足。

⑤ 实训学生在实训期间除了上述的病假、事假、公假之外，其它情况一律视为旷课，旷课一天以上者，取消实训资格，成绩以零分计。

⑥ 实训期间不得进行文体活动；如发现实训时玩手机或者看与实训无关的杂志书籍者，指导教师有义务进行批评教育。如学生接受批评，可继续实训；如不接受批评，指导教师有权停止其实训。工程训练中心全范围内严禁吸烟，一经发现实训按零分计。

⑦ 进入实训场地，必须穿好规定的工作服装和鞋，带好防护镜和工作帽。如发现穿裙子、短裤、汗背心、拖鞋、高跟鞋和露长发者进入实训场地，应停止其参加实训。

⑧ 因学生个人原因发生设备事故及人身伤害事故，责任人实训操作成绩以零分计。

⑨ 严格遵守劳动纪律，每人只能在指定的设备或岗位上操作，不得串岗、串位或代人操作，也不得擅自离开实训场所。

⑩ 不得迟到、早退。对迟到、早退者，除批评教育外，在评定实训成绩时要酌情扣分。

⑪ 学生实训期间一般不准会客，如遇特殊情况，十五分钟内可向实训指导教师请假，超过十五分钟按事假处理。

⑫ 凡不做实训报告（任务书）、课堂作业及测验或未按要求完成的，不予评定实训总成绩。故意损坏公物者除照价赔偿外，还有通报学生所在学院。

第2章　工程训练基础知识

2.1　机械工程材料的性能

我们先来研究一下，如图 2-1 所示的汽车都用哪些材料制作的，为什么要选用这些材料呢？

图 2-1　汽车的材料构成

汽车里面首先使用了大量的钢材，因为钢材具有很高的强度，很结实，能承受住各种载荷的作用；汽车里的阀门材料是铜合金，利用了铜合金不易生锈的优点；发动机活塞用铝合金，利用了铝合金低密度的优点；另外轮胎用橡胶制作能减震、风挡玻璃透光性好等。这些都说明了一个问题，那就是在制造零件时，被选择的材料一定是因为它的某些性能满足了该零件的使用要求。

2.1.1　机械工程材料的物理性能

① 密度　指机械工程材料单位体积内物体的质量。不同金属密度不同，密度小于 $5g/cm^3$ 的金属称为轻金属，密度大于 $5g/cm^3$ 的金属称为重金属。材料的密度直接关系到产品重量和效能，如飞机上面的很多零件常采用密度小的铝合金制造，减轻重量，有利于起飞。

② 导热性　指机械工程材料传导热量的性能，通常用热导率来衡量。金属的导热能力以银最好，铜、铝次之。导热性是金属材料的重要性能之一，导热性好的金属，可以用来做传热设备的零部件。制定加热工艺时，要考虑金属的导热性，否则会因为导热性差，导致

开裂。

③ 熔点　指金属或合金从固态向液态转变的温度，纯金属有固定的熔点，合金的熔点取决于化学成分。熔点对于金属材料的冶炼、铸造和焊接等是一个重要的工艺参数。飞机、导弹、航天工程上的耐高温材料，防火安全阀、熔断器（保险丝）等都须考虑材料的熔点。

④ 导电性　指金属材料传导电流的性能，通常用电阻率来衡量。导电材料的导电能力依次为银、铜、铝等。涉及材料导电性的领域有电火花加工、电解加工、电子束加工及制造电线、电缆和玻璃拉丝模等。

⑤ 热膨胀性　指材料随温度的变化而膨胀或收缩的性能，通常用体膨胀系数来表示。对精密仪器而言，热膨胀性是一个重要的指标。此外，在高压线的拉设、桥梁的架设、钢轨的铺设、精密的测量器具等领域，线膨胀系数也是一个重要的参数。

⑥ 磁性　指金属材料在磁场中受到磁化的性能。根据磁化程度不同，金属材料可分为铁磁性材料、顺磁性材料和抗磁性材料三类。涉及材料磁性的领域有手表的加工、磨床的磨削加工等。

2.1.2　机械工程材料的化学性能

① 耐腐蚀性　指机械工程材料在常温下抵抗氧、水蒸气和其它化学介质腐蚀破坏的性能。例如，钢铁生铁锈和铜生铜绿等。在食品、医药和化工等行业，选择金属材料制造相关设备时，应特别考虑材料的耐腐蚀性。

② 抗氧化性　指机械工程材料在加热时抵抗氧化作用的能力。在锻造、电焊和热处理等热加工作业时，氧化比较严重，必须采取措施避免金属的氧化。

③ 化学稳定性　指机械工程材料耐腐蚀性和抗氧化性的总称。金属材料在高温下的化学稳定性称为热稳定性。加工耐热设备、高温锅炉时，热稳定性是必须考虑的一个重要参数。

2.1.3　机械工程材料的工艺性能

机械工程材料的工艺性能是指材料对不同加工工艺方法的适应能力。也可以理解为材料被加工成型的难易程度。机械工程材料的工艺性能包括以下几方面。

① 铸造性能　铸造性能是金属材料及其合金在铸造生产中获得优良铸件的能力。铸造性能包括流动性、收缩性和偏析等。铸造性好的金属充型能力强，易于铸造成形，而且铸件缺陷较少。在金属材料中灰铸铁和青铜的铸造性能较好。

② 锻造性能　锻造性能是金属材料在压力加工时，能改变形状而不产生裂纹的性能。它包括在热态或冷态下能够进行锤锻、轧制和挤压等加工。可锻性的好坏主要与金属材料的化学成分有关。低碳钢的锻造性最好，中碳钢次之，高碳钢则较差。

③ 焊接性能　焊接性能指金属材料对焊接加工适应能力。主要指在一定的焊接工艺条件下，获得优质焊接接头的难易程度。它包括两个方面的内容，一是结合性能，即在一定的焊接工艺条件下，一定的金属形成焊接缺陷的敏感性；二是使用性能，即在一定的焊接工艺条件下，一定的金属焊接接头对使用要求的适应性。

④ 切削加工性能　切削加工性能是指金属材料被刀具切削加工后而成为合格工件的难易程度。切削加工性能好坏常用加工后工件的表面粗糙度、允许的切削速度以及刀具的磨损程度来衡量。通常是用硬度和韧性作为切削加工性能好坏的判断依据。一般讲，金属材料的硬度越高越难切削，如果硬度不高，但韧性大，切削也较困难。但有时由于材料的硬度过低，切削时会产生"粘刀"现象，切削加工性能反倒不好。

2.1.4　机械工程材料的机械性能

机械工程材料的机械性能又称力学性能，是指机械工程材料在外力或载荷作用时所表现出来的性能，是设计零件时我们要考虑的最主要的性能。要想知道某种材料机械性能如何，应当从强度、塑性、硬度、韧性及疲劳强度五个方面加以全面研究。

(1) 强度

金属在静载荷作用下，抵抗塑性变形或断裂的能力称为强度。强度的大小通常用应力来表示。根据载荷作用形式不同，强度可以分为拉伸强度、压缩强度、弯曲强度、剪切强度和扭转强度。一般情况下，多以拉伸强度作为衡量金属强度大小的性能指标。拉伸强度要通过拉伸试验来测定。

① 拉伸试验　按国家标准规定的尺寸制作标准拉伸试样，拉伸试样一般为圆柱形，如图 2-2 所示。图中 d_0 为试样直径，一般取 $d_0=10\text{mm}$；l_0 为标距长度。标准试样有长试样（$l_0=10d_0$）和短试样（$l_0=5d_0$）两种。

在拉伸试验机上缓慢地对试样进行拉伸，使试样承受轴向拉力 F，并引起试样沿轴向伸长 Δl 直至试样断裂。在实验中同时连续测量拉力和相应的伸长量，根据测得的数据即可得到拉力 F 和相应伸长变形 Δl 的关系曲线，该曲线图称为拉伸曲线图，如图 2-3 所示。

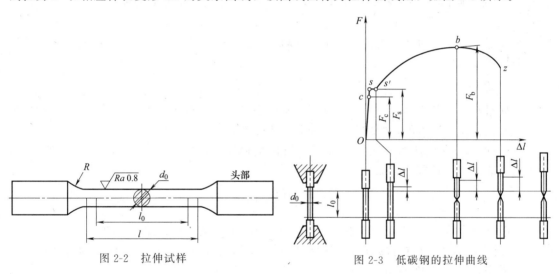

图 2-2　拉伸试样　　　　　　图 2-3　低碳钢的拉伸曲线

通过观察可以发现，低碳钢的拉伸曲线包括以下几个阶段。

Oc 阶段——弹性变形阶段。此时发生的是弹性变形，撤除拉力后，变形可以完全恢复。

cs 阶段——微量塑性变形阶段。此时试样发生了少量塑性变形，但变形还是以弹性变形为主。

ss' 阶段——屈服阶段。这种在应力不增加或略有减小的情况下，试样还继续伸长的现象叫做屈服现象。F_s 为屈服阶段对试样施加的拉力，此时试样内部对应产生的应力为 σ_s 称为屈服点或屈服强度。零件发生塑性变形意味着零件丧失了对尺寸和公差的控制，因此工程上常根据 σ_s 确定材料的许用应力。

$s'b$ 阶段——大量塑性变形阶段。继续增大拉力，试样开始发生明显的塑性变形。随着塑性变形的加大，材料的变形抗力也显著增加，这种现象叫做冷变形强化或冷作硬化。生产上，常利用材料的这一特性来增加材料的承载能力。F_b 为试样能够承受的最大拉力，其对应的产生的内应力为 σ_b 称为抗拉强度。

bz 阶段——缩颈阶段。当材料加载到 σ_b 以后，试样直径发生局部收缩，称为缩颈。此时变形主要集中在缩颈部位，直至断裂。

② 强度指标

a. 屈服强度（屈服点）：用符号 σ_s 表示。计算公式如下：

$$\sigma_s = \frac{F_s}{A_0}$$

式中，F_s 为拉伸试样产生屈服现象时承受的载荷，N；A_0 为试样拉伸前的横截面积，mm^2；σ_s 为屈服强度（屈服点），MPa 或 N/mm^2。

屈服强度是衡量金属材料塑性变形抗力的性能指标。机械零件在工作时如受力过大，则会因过量的塑性变形而失效。如零件工作时所受的应力低于材料的屈服强度，则不会产生过量的塑性变形。材料的屈服强度越高，允许的工作应力也越高。因此，材料的屈服强度是机械零件设计的主要依据，也是评定金属材料性能的重要指标。

b. 抗拉强度：用符号 σ_b 表示。计算公式如下：

$$\sigma_b = \frac{F_b}{A_0}$$

式中，F_b 为拉伸试样拉断前承受的最大载荷，N；A_0 为试样拉伸前的横截面积，mm^2；σ_b 为抗拉强度，MPa 或 N/mm^2。

机械零件在工作时所承受的应力不允许超过抗拉强度，否则将会断裂。σ_b 也是机械设计及选材的重要依据。

(2) 塑性

金属材料在载荷作用下产生塑性变形（永久变形）而不破坏的能力称为塑性。塑性指标也是通过拉伸试验测得的，常用伸长率和断面收缩率来表示。

① 伸长率（或延伸率）　试样拉断后，标距的伸长量与原始标距的百分比称为伸长率，用符号 δ 表示。其计算公式如下：

$$\delta = \frac{l_1 - l_0}{l_0} \times 100\%$$

式中，δ 为伸长率，%；l_1 为试样拉断后的标距，mm；l_0 为试样的原始标距，mm。

② 断面收缩率　试样拉断后，缩颈处横截面积的缩减量与原始横截面积的百分比称为断面收缩率，用符号 Ψ 表示，其计算公式如下：

$$\Psi = \frac{A_0 - A_1}{A_0} \times 100\%$$

式中，Ψ 为断面收缩率，%；A_1 为试样拉断后缩颈处的横截面积，mm^2；A_0 为试样的原始横截面积，mm^2。

金属材料的伸长率（δ）和断面收缩率（Ψ）数值越大，表示材料的塑性越好。塑性好的金属可以发生大量塑性变形而不破坏，且易于通过塑性变形加工成形状复杂的零件。例如，黄金是塑性最好的金属。1g 黄金可以拉成长达 4000m 的细丝。如果用 300g 黄金拉成细丝，可以从南京出发，沿着铁路线一直延伸到北京。一吨黄金拉成的细丝，可以从地球到月亮来回五次。黄金还可以压成比纸还薄很多的金箔，厚度只有五十万分之一厘米。这样薄的金箔，看上去几乎是透明的，带点绿色或蓝色。薄到一定程度的黄金，既能隔热，又能透光，所以黄金薄膜可以用作航天员和消防队员面罩的隔热物质。塑性好的材料，在受力过大时，首先产生塑性变形而不致发生突然断裂，因此较安全。大多数机械零件除了要求具有较高的强度外，还必须具有一定的塑性。

(3) 硬度

材料抵抗比它更硬物体压入其表面的能力称为硬度。它反映了材料抵抗局部塑性变形的能力，硬度是一个综合性的物理量。

通常硬度越高，金属表面抵抗塑性变形的能力越强，材料产生塑性变形就越困难，材料耐磨性就越好，故常将硬度值作为衡量材料耐磨性的重要指标之一。机械制造业中所用的刀具、量具、模具等都应具有足够的硬度，才能保证其使用性能和使用寿命。

常用的硬度指标有布氏硬度、洛氏硬度和维氏硬度等。它们是在专门的硬度试验计上测定的。测定工件的硬度不需做专门的试样，可以在工件上直接测定而不损坏工件。

① 布氏硬度 布氏硬度测试原理如图 2-4 所示。布氏硬度的试验方法是：在布氏硬度计上，用一定直径的球体（钢球或硬质合金球）在一定（规定）载荷作用下压入试件表面，保持一定（规定）时间后卸除载荷，测量其压痕直径 d，计算试件表面压痕单位面积承受的压力，即可确定被测金属材料的硬度值。这种方法测定出来的硬度称为布氏硬度，用 HB 表示。

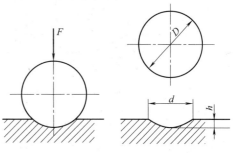

图 2-4 布氏硬度测试原理示意图

在实际测定时，一般并不进行计算，而是用读数显微镜测量出压痕平均直径后，查《金属布氏硬度数值表》即可直接读出 HB 值。布氏硬度的标注，一般采用在符号"HBS"或"HBW"之前注明硬度值，"HBS"表示所用的实验压头为淬火钢球，"HBW"表示所用的实验压头为硬质合金球。由于布氏硬度测定的压痕面积较大，故不受金属内部组成相细微不均匀性的影响，测试结果较准确。一般使用布氏硬度测定硬度值小于 450 的材料，如有色金属、低碳钢、灰铸铁和退火、正火、调质处理的中碳结构钢及半成品件，而对于硬度高的材料、薄壁工件、表面要求高的工件和成品件，则不宜用布氏硬度计测定。

② 洛氏硬度 洛氏硬度试验的原理和方法是在洛氏硬度计上用金刚石圆锥体（或钢球）压头，在先后施加两个载荷（即初始载荷 F_0 和主载荷 F_1）的作用下逐步压入试件表面，经保持一定（规定）时间后卸去主载荷 F_1，保持初始载荷 F_0，并用测量其残余压入深度 h 来计算硬度值。这种方法测定出来的硬度称为洛氏硬度，用 HR 表示。根据压头的种类和总载荷的大小，洛氏硬度常用 HRA、HRB、HRC 三种测量规范表示，见表 2-1。生产实际中，测量工件的硬度可以直接从洛氏硬度计表盘上读出硬度值，不需要测量和计算。图 2-5 示为洛氏硬度测试原理图。

表 2-1 洛氏硬度测量规范

硬度测量规范	洛氏硬度值范围	压头类型	初始载荷 F_0 /N	主载荷 F_1 /N	总载荷 F /N(kg·f)	应用
HRA	70～85	120°金刚石圆锥体	98.07	490.3	588.4(60)	硬质合金、表面渗碳钢、表面淬火钢
HRB	25～100	φ1.588mm 钢球	98.07	882.6	980.7(100)	有色金属、退火钢、正火钢
HRC	20～67	120°金刚石圆锥体	98.07	1372.9	1471.0(150)	淬火钢、调质钢

洛氏硬度的表示方法采取"HR"前面的数值为硬度数值，例如：55HRC，表示用 C 测量规范测得的洛氏硬度值为 55。洛氏硬度测量范围大，较硬和较软的材料都可测量；压痕小，

可直接测量成品。因此，广泛用于测定各种材料、不同工件以及薄、小和表面要求高的工件的硬度。但因为洛氏硬度测定压痕小，对内部组织和性能不均匀的材料，测量结果可能不够准确、稳定、典型，所以要求测量不同部位三个点，取其算术平均值作为被测定材料或构件的硬度值。当布氏硬度在 $220\sim500$ 之间时，布氏硬度与洛氏硬度之间数值的换算关系大致满足：

$$1HRC\approx\frac{1}{10}HBS$$

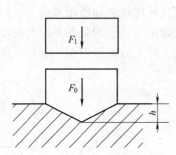
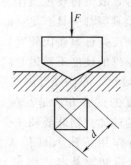

图 2-5　洛氏硬度测试原理示意图　　　　图 2-6　维氏硬度测量原理示意图

③ 维氏硬度　维氏硬度测定的方法和基本原理与布氏硬度相同，也是根据试件表面压痕单位面积承受的压力大小来测量的。不同的是，维氏硬度压头是锥面夹角为 $136°$ 的金刚石正四棱锥体。维氏硬度测量原理如图 2-6 所示。根据《金属维氏硬度试验方法》的规定，测量时，用选定的试验压力 F，将压头压入试件表面并保持一定时间，卸载后测量压痕对角线长度 d，查维氏硬度值表即可确定被测金属材料的硬度值。这种方法测定出来的硬度称为维氏硬度，用 HV 表示，如某零件维氏硬度值为 600HV。

由于维氏硬度测试的压痕为轮廓分明的正方形或近似正方形，便于测量，误差较小，精度较高，测量范围广，所以适用于测定各种软、硬金属，尤其适用于渗碳、渗氮工件和极薄零件的硬度。但其操作不如洛氏硬度测量方法简便，效率不高，测点的代表性不强，所以不宜用于大批量工件的硬度测定。

硬度试验和拉伸试验都是利用静载荷确定金属材料力学性能的方法，但拉伸试验属于破坏性试验，测定方法也比较复杂；硬度试验则简便迅速，基本上不损伤材料，甚至不需要做专门的试样，可以直接在工件上测试。因此，硬度试验在生产中得到更为广泛的应用，常常把各种硬度值作为技术要求标注在零件工作图上。实际上工作中，多数机械零件和构件不是在静载荷作用下工作，它们往往要承受动载荷的作用。由于动载荷作用下产生的变形和破坏要比静载荷作用时大很多，因此，必须考虑动载荷对机械零件和构件的作用。韧性和疲劳强度是在动载荷作用下测定的金属材料的力学性能。

（4）韧性

金属材料抵抗冲击载荷作用而不被破坏的能力称为韧性，即金属材料在冲击力作用下折断时吸收变形能量的能力。许多机械零件和工具在工作中往往要承受短时突然加载的冲击载荷作用，例如，汽车启动和刹车、冲床冲压工件、空气锤锻压工件等。由于零件在冲击力作用下产生的变形和破坏要比在静载荷作用时大得多，因此，设计承受冲击载荷的零件时，必须考虑金属材料的韧性。

金属的冲击试验是指用规定高度的摆锤对处于最下方的具有 V 型或 U 型缺口的标准试件进行一次性打击并使试样折断，然后通过刻度盘和指针读出被测试样件折断时所吸收的功的一种试验。冲击试验原理，如图 2-7 所示。

冲击吸收功的大小表示了金属材料韧性的优劣，冲击吸收功大，则金属的韧性好。试样缺口处单位面积上的冲击吸收功，称为冲击韧度或冲击值，即

$$a_K = \frac{A_K}{A}$$

式中，A_K 为冲击吸收功，J；a_K 为冲击韧度，J/cm^2；A 为试样缺口处的横截面积，cm^2。

值得注意的是，有些金属材料在高温下韧性降低、脆性增大，而大多数金属材料（如钢铁）则在低温下韧性降低、脆性增大。它们都会给工作零件和构件带来很大的危害。

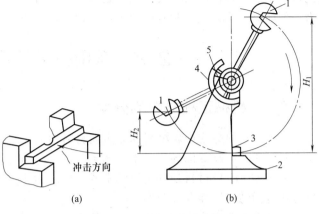

图 2-7　冲击实验示意图
1—摆锤；2—机架；3—试样；4—刻度盘；5—指针

(5) 疲劳强度

轴、齿轮、轴承、弹簧、叶片等零件在工作过程中，各点所受的载荷随时间作周期性的变化，且其应力的大小、方向也发生相应变化。这种随时间作周期性变化的应力称为交变应力，也称循环应力。金属材料在交变应力或应变作用下，在一处或几处产生局部的永久性累积损伤，经一定工作循环次数后，产生裂纹或突然发生完全断裂的过程称为金属疲劳。

产生疲劳破坏所需的应力值通常远远小于材料的屈服强度和抗拉强度，在工件工作较长时间并达到某一数值后，就会发生突然断裂。疲劳断裂前不产生明显的塑性变形，不容易引起注意，故危险性非常大，常造成严重危害。据统计，机械零件的失效 80% 是属于疲劳破坏造成的。

金属材料在指定循环基数的交变载荷作用下，不产生疲劳断裂所能承受的最大应力称为疲劳强度，也称疲劳极限。对称循环交变应力的疲劳强度值用 σ_{-1} 表示。一般规定钢的交变应力循环基数为 10^7 次；有色金属、不锈钢的交变应力循环基数为 10^8 次，在这种循环基数下不发生疲劳破坏的最大应力值即为该材料的疲劳强度 σ_{-1}。疲劳强度 σ 与循环次数 N 的关系曲线，如图 2-8 所示。

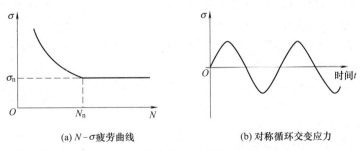

(a) N-σ 疲劳曲线　　　　　　　　　(b) 对称循环交变应力

图 2-8　N-σ 疲劳曲线及对称循环交变应力图

导致疲劳断裂的原因很多，一般认为是由于材料内部有残余应力或存在气孔、疏松、夹杂等组织缺陷，表面有划痕、缺口等引起应力集中的缺陷等，从而导致微裂纹的产生，随着应力循环次数的增加，微裂纹逐渐扩展，最后造成工件不能承受所加载荷而突然断裂破坏。

生产实际中主要是通过改善零件结构形状，例如采用圆弧过渡等避免尖角和尺寸的突然

变化；减小表面粗糙度值；表面强化处理，例如表面淬火、表面滚压、喷丸处理等；减小内应力，例如退火热处理、时效处理等；合理选择材质等方法来提高材料和工件的疲劳强度。

2.2 常用机械工程材料

2.2.1 机械工程材料的分类

机械工程材料分为金属材料和非金属材料两大类。

金属是指具有良好的导电性和导热性，有一定的强度和塑性，并具有光泽的物质，如铁、铝和铜等。金属材料是以金属元素或以金属为主要材料，并具有金属特性的工程材料。金属材料包括纯金属和合金两类。

纯金属在工业生产中虽然具有一定的用途，但是由于它的强度、硬度一般都较低，而且冶炼难度大、价格较高，因此在使用上受到很大的限制。目前，在工业生产中广泛使用的是合金状态的金属材料。

合金是一种金属元素与其它金属元素或非金属元素，通过熔炼或其它方法结合的具有金属特性的物质。例如，普通黄铜是由铜和锌两种金属元素组成的合金，碳素钢是由铁和碳组成的合金。与组成合金的纯金属相比，合金除具有更好的力学性能外，还可用调整组成元素之间比例的方法，获得一系列性能各不相同的合金，从而满足工业生产上不同的性能要求。

金属材料又可分为黑色金属和有色金属两大类。以铁或以铁为主而形成的金属，称为黑色金属，如钢和铸铁。除黑色金属以外的其它金属，称为有色金属，如铜、铝、镁、锌等。

2.2.2 钢材

钢是指以铁为主要元素，碳的质量分数一般在2%以下，并含有其它元素的材料。随着钢中碳的质量分数、合金元素的种类及其质量分数的不同，其力学性能会不相同。一般来讲，随着钢中碳的质量分数的增加，钢的塑性和韧性减低，强度与硬度增高。合金元素对钢性能的影响比较复杂。

(1) 钢的分类

钢的分类方法很多，常用的有以下三种。

① 按化学成分，可分为碳素钢和合金钢两类。

a. 碳素钢，按碳质量分数大小又可分为低碳钢（$\omega_C \leqslant 0.25\%$）、中碳钢（$0.25\% < \omega_C \leqslant 0.6\%$）和高碳钢（$\omega_C > 0.6\%$）三种。

b. 合金钢，按合金元素质量分数多少可分为低合金钢（$\omega_E \leqslant 5\%$）、中合金钢（$5\% < \omega_E \leqslant 10\%$）和高合金钢（$\omega_E > 10\%$）三种。

② 按钢中含有有害杂质磷（P）或硫（S）的质量分数分类。

a. 普通钢，$\omega_P \leqslant 0.045\%$，$\omega_S \leqslant 0.05\%$。

b. 优质钢，$\omega_P \leqslant 0.035\%$，$\omega_S \leqslant 0.035\%$。

c. 高级优质钢，$\omega_P \leqslant 0.03\%$，$\omega_S \leqslant 0.03\%$。

③ 按钢的用途分类

a. 结构钢。结构钢具有较高的强度和塑性，综合力学性能较好，主要用于工程结构件和制造机械零件，是钢材中用量最大的钢种。如角钢、槽钢及各类型材广泛应用于桥梁、建筑、铁道等行业；板材、棒材等用于制造轴类、齿轮、弹簧、轴承等零件。常用的结构钢材料有 Q235、16Mn、20CrMnTi、40、45、40Cr、55Si2Mn、60Si2Mn、GCr15 等。

b. 工具钢。工具钢具有高硬度、高强度的力学性能，用于制作加工各种材料的刀具、工具和量具。如实训中使用的锉刀、钻头、游标卡尺等均由工具钢制作。常用的工具钢材料有 T8 或 T8A、T10 或 T10A、T12 或 T12A、9SiCr、CrWMn、C12MoV、3Cr2W8V、5CrMnMo、5CrNiMo、W18Cr4V 等。

c. 特殊性能钢。这类钢具有特殊的物理性能、化学性能及使用性能等，主要用于制作在特殊环境、特定条件下工作的零件。如用于防腐蚀的不锈耐酸钢，用于制造热处理炉底板的耐热钢，航空上使用的超高强度钢，耐磨性较好

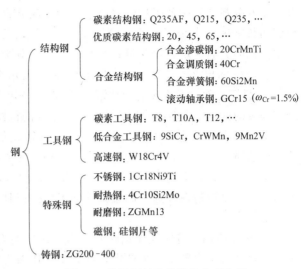

图 2-9　常用钢材的分类及典型牌号

的铁路道岔、碎石机等。常用的特殊性能钢材料有：1Cr13、2Cr13、1Cr17、3Cr13Mo、1Cr18Ni9Ti 等。

常用钢材的分类及典型牌号，如图 2-9 所示。

(2) 钢的牌号及用途

① 碳素钢

a. 碳素结构钢。它的牌号是由屈服点的"屈"字汉语拼音首位字母"Q"、屈服点数值、质量等级符号和脱氧方法符号按顺序组成。如 Q235-AF，"Q"表示屈服点，"235"表示屈服点数值为 $\sigma_s = 235$MPa，"A"表示质量等级，"F"表示脱氧方法。质量等级按 A、B、C、D 顺序逐渐提高；F—沸腾钢；b—半镇静钢；Z—镇静钢；TZ—特殊镇静钢；在牌号中 Z、TZ 符号予以省略。碳素结构钢中的有害杂质和非金属夹杂物较多。主要用来制造一般工程结构和普通机械零件，通常轧制成各种型材，如圆钢、钢板、角钢和工字钢等。

b. 优质碳素结构钢。它的牌号是用两位数字表示，这两位数字以名义万分数表示钢中碳的平均质量分数。如 45 钢和 08 钢分别表示平均 $\omega_C = 0.45\%$ 和 $\omega_C = 0.08\%$ 的优质碳素结构钢。若为沸腾钢，则在牌号后加"F"符号，如 08F。若较高含锰量的优质碳素结构钢，则在数字后加"Mn"符号，如 15Mn、45Mn 等。优质碳素结构钢主要用来制造比较重要的机器零件，如轴、连杆、弹簧等。

c. 碳素工具钢。它的牌号是用符号"T"（"碳"字的汉语拼音前缀）和数字表示。数字以名义千分数表示碳的平均质量分数，若为高级优质碳素工具钢则在牌号后加符号"A"。如 T10A 钢，表示平均 $\omega_C = 1.0\%$ 的高级优质碳素工具钢。碳素工具钢因价格便宜，易刃磨，故使用范围较广。多用于制造工作在不受冲击、低速切削的高硬度、耐磨的工具，如锉刀、手锯条、拉丝模等。

② 合金钢

a. 低合金高强度结构钢。它的牌号是由屈服点的"屈"字汉语拼音首位字母"Q"、屈服点数值、质量等级符号按顺序组成。如 Q390A，"Q"表示屈服点，"390"表示屈服点数值为 $\sigma_s = 390$MPa。"A"表示质量等级。目前已大量用于桥梁、船舶、车辆、高压容器、管道、建筑物等。

b. 合金结构钢。它的牌号是由"两位数字＋化学元素符号＋数字"表示。前面两位数

字以名义万分数表示碳的平均质量分数，中间的元素符号表示合金钢中所含的合金元素，元素后面的数字表示合金元素平均质量分数（％），若合金元素平均质量分数小于1.5％时，牌号中只标明元素，不标出含量；当其平均质量分数为1.5％，2.5％，3.5％，…时，则元素符号后相应标出2，3，4，…。如15Cr钢，表示合金钢中平均$\omega_C=0.15\%$、平均$\omega_{Cr}<$1.5％，故只标元素，不标含量。又如60Si2Mn，表示平均$\omega_C=6.0\%$、平均$\omega_{Si}=2.0\%$、平均$\omega_{Mn}<1.5\%$的锰钢。合金结构钢常用来制造重要的机器零件，如齿轮、活塞、压力容器等。

c. 合金工具钢。它的牌号组成和合金结构钢相似，只是最前面的数字以名义千分数表示碳的平均质量分数，且当平均$\omega_C\geq1.0\%$时，不标明数字。如高速钢牌号W18Cr4V，表示平均$\omega_C\geq1.0\%$，平均$\omega_W=18\%$，平均$\omega_{Cr}=4\%$，平均$\omega_V<1.5\%$的合金工具钢。合金工具钢主要用来制造在高速、高温条件下工作的刃具、量具、模具等，如钻头、铰刀、量块和冲模等。

d. 特殊性能钢。特殊性能钢牌号的命名规定与合金工具钢类似，也是以碳的质量分数的千分之几来表示含碳量。生产中，常根据工作条件的特殊性来选用相应的特殊钢。

③ 铸钢。铸钢中应用最多的是中碳铸钢，占铸钢件的80％以上。它除具有良好的铸造性能以外，还具有良好的综合机械性能和切削性能，因此常用来制造飞轮、机架、液压缸等。铸钢的牌号是用符号"ZG"和两组数字表示，其中"ZG"是"铸钢"二字汉语拼音前缀，第一组数字表示最低屈服强度值，第二组数字表示最低抗拉强度值。例如ZG200-400，表示$\sigma_s\geq200MPa$，$\sigma_b\geq400MPa$的铸造碳钢。

2.2.3 铸铁

铸铁是工业上广泛应用的一种铸造合金材料，与钢比较，其力学性能较差，但由于其具有良好的铸造性、耐磨性、消振性、切削加工性能、低的缺口敏感性以及生产工艺简单、成本低廉等特点，而被广泛应用于机械制造中，如制作机床床身、导轨、轴承座等。铸铁中运用最广的是灰铸铁，如HT150、HT200等，其它类型的铸铁有可锻铸铁、球墨铸铁、蠕墨铸铁、特殊性能（耐磨、耐热、耐蚀）铸铁。

铸铁是指$\omega_C>2.11\%$、杂质含量比钢多的铁碳合金。工业上常用铸铁的化学成分一般是：$\omega_C=2.5\%\sim4.0\%$，$\omega_{Si}=1.0\%\sim3.0\%$，$\omega_{Mn}=0.5\%\sim1.4\%$，$\omega_S\leq0.15\%$，$\omega_P\leq0.2\%$。有时为了提高铸铁的性能，还需要加入Cr、Cu、Mo、V等合金元素，制成合金铸铁，如耐磨铸铁、耐热铸铁、耐蚀铸铁等。铸铁由于具有优良的铸造性能，切削加工性能、减摩性和减振性，而且熔炼工艺与设备比较简单，成本低廉，因而应用广泛。铸铁件占铸件总产量的80％左右，如机床床身、箱体、阀体等。

碳在铸铁中主要是以石墨形式存在，按铸铁中石墨形态的不同，铸铁可分为五种，其中四种铸铁的石墨形态，如图2-10所示。

 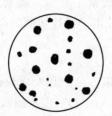 

(a) 灰铸铁(片状石墨)　(b) 球墨铸铁(球状石墨)　(c) 可锻铸铁(团絮状石墨) (d) 蠕墨铸铁(蠕虫状石墨)

图 2-10　不同铸铁中的石墨形态

① 白口铸铁　白口铸铁碳主要以渗碳体 Fe_3C 形式存在，断口呈银白色。白口铸铁硬而脆，难以加工，主要做炼钢的原料，很少用来制造零件。但有时利用其硬度高、耐磨性好的优点制造某些耐磨零件。

② 灰铸铁　灰铸铁碳主要以片状石墨形态存在，见图 2-10（a），断口呈灰色，在铸铁中应用最广。灰铸铁的显微组织是由金属基体和片状石墨组成。根据基体组织的不同，灰铸铁可分为珠光体灰铸铁、珠光体-铁素体灰铸铁以及铁素体灰铸铁三种，其中珠光体-铁素体灰铸铁应用最广。

灰铸铁中由于碳主要以片状石墨形式存在，如同在钢的基体中分布着大量裂纹和孔洞一样，起了割裂作用，减小了基体的有效承载面积。同时，片状石墨端部易引起应力集中，因而使灰铸铁的抗拉强度低，塑性、韧性很差。但由于石墨本身具有良好的润滑性，且还可以吸附储存润滑油，使摩擦面保持油膜连续不断，故耐磨性能好。石墨的存在还能阻止振动能量的传播，故减振性好、缺口的敏感性小。灰铸铁由于流动性好，收缩性极小，故铸造性能很好。由于石墨存在，切削时易断屑，石墨又起到润滑作用，因此具有良好的切削加工性能。灰铸铁的塑性、韧性很低，故不能进行锻造，同时灰铸铁的焊接性很差，热处理性能也差。

灰铸铁的牌号以符号"HT"加三位数字来表示。其中"HT"为"灰铁"的汉语拼音前缀，后面三位数字表示试样的最低抗拉强度值（MPa），如 HT100、HT200 等。灰铸铁壁厚敏感性大，因而只适用于受力不大或冲击载荷很小、形状复杂、需要减振、耐磨性好的中小型铸件。

③ 球墨铸铁　如果在碳、硅含量稍高的铁液内加入适量的球化剂（如稀土镁合金）和孕育剂（如硅铁）进行球化处理和孕育处理，促进石墨球状结晶，就可得到球墨铸铁。球墨铸铁中的碳全部或大部分呈球状石墨形态存在，如图 2-10（b）所示。

球墨铸铁的牌号是以"球铁"的汉语拼音前缀"QT"及其后面的两组数字表示，两组数字分别表示其最低抗拉强度值和伸长率。如 QT400-15，表示 $\sigma_b \geq 400MPa$，$\delta \geq 15\%$ 的球墨铸铁。球墨铸铁的强度远远超过灰铸铁，甚至能与中碳钢媲美。球墨铸铁还有较高的疲劳极限和一定的塑性及冲击韧度，焊接性、热处理性能也比灰铸铁好。此外仍保持灰铸铁的优良性能，如良好的减振性、铸造性能、切削加工性能和较小的缺口敏感性。

目前，应用最广泛的是珠光体球墨铸铁和铁素体球墨铸铁。珠光体球墨铸铁可以代替碳钢制造某些交变载荷较大和受摩擦的重要零件，如曲轴、连杆、凸轮和蜗轮副等。铁素体球墨铸铁的抗拉强度比珠光体球墨铸铁低，但塑性及冲击韧度高，力学性能优于可锻铸铁，我国主要用于代替可锻铸铁制造汽车、拖拉机和农机上的一些零件。

由于球状石墨对铸铁基体的割裂作用减小到最低程度，因而通过热处理改变金属基体组织可以明显地改善球墨铸铁的力学性能，常采用的热处理方法有退火、正火、调质和等温淬火等。

④ 可锻铸铁　可锻铸铁中的碳主要以团絮状石墨形态存在，见图 2-10（c）。它是用碳、硅含量较低的铁液先浇注成白口铸铁件，再将白口铸铁件在固态下经较长时间高温退火（50～70h），使渗碳体分解为团絮状石墨而成。由于石墨呈团絮状，对金属基体的割裂作用大大减轻，因而它同灰铸铁相比不但有较高的强度，而且有较好的塑性和韧性，可锻铸铁也因此而得名，其实它是不可锻造的。

可锻铸铁按退火方法的不同，可分为黑心可锻铸铁、珠光体可锻铸铁和白心可锻铸铁，白心可锻铸铁在我国很少采用。可锻铸铁的牌号是以"可铁"的汉语拼音前缀"KT"及其后面两组数字表示，两组数字分别表示最低抗拉强度值和伸长率。若是黑心可锻铸铁则在

"KT"后加符号"H",珠光体可锻铸铁则加符号"Z"。如 KTH300-06 表示 $\sigma_b \geqslant 300MPa$，$\delta \geqslant 6\%$ 的黑心可锻铸铁；KTZ550-04 表示 $\sigma_b \geqslant 550MPa$，$\delta \geqslant 4\%$ 的珠光体可锻铸铁。

可锻铸铁的力学性能优于灰铸铁，但由于其生产过程较为复杂，退火周期长，铸件成本较高，所以主要适于制造一些形状复杂而又经受振动、性能要求较高的零件，特别是壁厚小于 25mm 的薄壁零件。因为这些零件若用灰铸铁制造，则韧性不足；若用铸钢，则由于铸造性能不良，不易保证质量。

⑤ 蠕墨铸铁　蠕墨铸铁是近十几年来新发展的一种铸铁。它是在一定成分的铁液中加入适量的蠕化剂（如镁钛合金等）和孕育剂，从而获得石墨形态介于片状和球状之间、形似蠕虫状石墨的铸铁，见图 2-10（d）。由于蠕墨铸铁中的石墨形似蠕虫状，即石墨片的长与厚之比较小（一般为 2~10），其端部圆钝，对基体的割裂作用小，因此它的抗拉强度和屈服强度都很好，且有一定的韧性和较高的耐磨性以及较好的导热性和铸造性能，兼有灰铸铁和球墨铸铁的某些优点，常用来代替高强度灰铸铁、合金铸铁、铁素体球墨铸铁和黑心可锻铸铁，制造复杂的大型铸件。

2.2.4　有色金属材料

有色金属材料中运用最广的是铝及铝合金、铜及铜合金。

① 铝及铝合金　纯铝主要用于熔炼铝合金、制造电线以及要求具有导热、耐腐蚀的器具等。铝合金是在纯铝中加入铜、锌、镁等合金元素配制而成的。铝合金除保持纯铝密度小、抗腐蚀性能好的特点外，还具有较高的力学性能，经热处理后铝合金的强度甚至可以和钢铁材料相媲美，因此，铝合金常用于制作各种型材、骨架、铆钉及日常生活用品。常用的铝合金有两类：形变铝合金，包括防锈铝（LF）、硬铝（LY）、超硬铝（LC）和锻铝（LD），如 LF5、LY12、LC4、LD7 等，如其中 LF5 可以解释为 5 号防锈铝；铸造铝合金，其牌号由字母"ZL"＋3 位数字组成，第 1 位数字表示类别（1-铝硅系、2-铝铜系、3-铝镁系、4-铝锌系），后两位数字表示顺序号，如 ZL301 是指 1 号铝镁系铸造铝合金。

② 铜及铜合金　纯铜又称紫铜，具有优良的导电导热性，工业中主要用作导体和配制合金。

黄铜是指以铜和锌为主的铜合金，其力学性能较好，用于制作散热、抗腐蚀等零件，如 H80、H62、HPb59-1。

白铜是指以铜和镍为主的铜合金，主要用于制造精密机械零件、电器组件、装饰器件等，如 B19、BZn。

青铜是指除黄铜和白铜以外的铜合金，含有锡、铝、硅、锰、铍、铅等元素，其中铜锡合金称为锡青铜，其它的称为无锡青铜，用于制作耐磨、抗蚀零件，如滑动轴承、齿轮、轴套等，如 QSn4-3、QBe2、QAl9-4。

2.2.5　非金属材料

在机械工程中常用的非金属材料主要有橡胶、塑料、陶瓷材料、胶黏剂及复合材料等，它们已经成为机械工程材料中不可缺少的重要组成部分。

① 橡胶　橡胶是以高聚物为基础的高分子材料。具有弹性好、抗折、耐磨、可塑性和加工工艺性能好的优点，但易老化，耐热性和热稳定性差，耐碱不耐强酸，耐油、耐溶剂性能差等缺点。广泛用于制作轮胎、胶带、胶管、密封件等橡胶制品。

② 塑料　塑料是以合成树脂为主要原料，加入各种改善性能的添加剂，在一定温度和压力的条件下，塑制成形的高分子材料。塑料是机械制造和日常生活中常用的一种非金属材料，种类很多，具有密度小、耐腐蚀、电绝缘性能好、透明度高、力学性能较高的特点。如

聚氯乙烯（PVC）可代替铜、铝、不锈钢等，用于制作耐腐蚀设备和零件；尼龙（聚酰胺PA）、ABS 塑料由于疲劳强度和刚性较高、耐磨性好的特点，用于制作齿轮等传动件。

③ 陶瓷材料　陶瓷材料是指用天然或合成化合物经过成形和高温烧结制成的一类无机非金属材料，包括陶器、瓷器、玻璃、搪瓷、耐火材料等。陶瓷的优点是硬度很大、抗压强度高、耐高温、抗氧化、耐磨、耐蚀等。缺点是质脆易碎，延展性差，经不起急冷急热的温度突然变化。陶瓷材料最突出的特点是其具有极好的耐热性能、绝缘性能和抗蚀性能。如三氧二铝（刚玉）陶瓷材料可耐高温 1700℃，氮化硅和氮化硼陶瓷材料的硬度接近金刚石，是比硬质合金更优良的刀具材料。

常用陶瓷材料分为两大类：普通陶瓷和特种陶瓷。普通陶瓷是由黏土、长石、石英等天然原料，经粉碎、制坯、烧结等工序以获得所需的性能和形状的制品。按应用范围又可分为日用陶瓷、建筑陶瓷、化工陶瓷、多孔陶瓷和电器绝缘陶瓷。特种陶瓷是用人工化合物为原料，如氧化物、氮化物、硅化物等，采用烧结工艺制成的具有各种特殊的力学、物理或化学性能的陶瓷。特种陶瓷按应用范围又可分为压电陶瓷、磁性陶瓷、电光陶瓷、高温陶瓷、电容陶瓷等，它们主要用于化工、电子、冶金、机械、宇航、火箭和能源工业等。

④ 胶黏剂　胶黏剂又称粘接剂，主要用于胶接物体。胶黏剂一般是由几种组分混合而成，常以高聚物为基料，添加固化剂、填料、溶剂等配制而成，如环氧胶黏剂、聚氨酯胶黏剂、酚醛胶黏剂等。胶黏剂在工业中应用很广，如人造木、书籍装订、器件破损修补、密封等均使用胶黏剂。

⑤ 复合材料　复合材料是由两种或两种以上的化学性质不同的材料经人工合成获得的新型材料。通常是以其中某一组成物（金属或非金属）为基体，而另一组成物是增强材料，用以提高强度或韧性等。复合后的材料既保持了各组分材料的特点，又可使各组分之间取长补短、互相协调，获得一种综合性能优良的新型材料。人们不仅可复合出质轻、强度高、力学性能好的结构材料，也能复合出具有耐磨、耐蚀、导热或绝热、导电、隔声、减振、吸波、抗高能粒子辐射等一系列特殊的功能材料。

2.3　钢的热处理

钢铁材料使用了上千年，仍然历久弥新是与其拥有热处理性能分不开的。在切削加工前，使钢铁变软容易加工；切削之后，使钢铁变硬，提高耐磨性和使用寿命，这是可以通过钢的热处理工艺达到的。

钢的热处理是将钢在固态下，进行加热、保温和冷却，改变其表面或内部组织，从而获得所需性能的工艺方法。通过热处理可以提高材料的力学性能（强度、硬度、塑性和韧性等），同时，还可改善其工艺性能（如改善毛坯或原材料的切削性能，使之易于加工），从而扩大材料的使用范围，提高材料的利用率，满足一些特殊的使用要求。要了解钢的热处理机理，则必须从金属学的角度加以阐述。

2.3.1　金属的晶体结构与结晶

(1) 晶体与非晶体

固态物质按组成原子（或分子、或离子）在内部的排列情况，可分为晶体和非晶体两大类。内部原子在空间按一定次序有规则地排列的物质称为晶体，例如固态的金属及合金、金刚石、石墨、水晶等。内部原子在空间无规则地排列的物质称为非晶体，例如玻璃、沥青、松香、石蜡等。晶体物质都具有固定的熔点、较高的硬度、良好的塑性、良好的导电性和各向异性等特征。非晶体物质没有固定的熔点，而且性能无方向性，即各向同性。

（2）晶格与晶胞

假设把金属晶体中的每一个原子抽象为一个点，并将这些点连接起来构成一个空间格架，称为晶格。晶体的晶格在空间排列上具有结构重复的特点。把晶格中能反映其空间排列规则特征的最小几何单位称为晶胞，如图 2-11 所示。

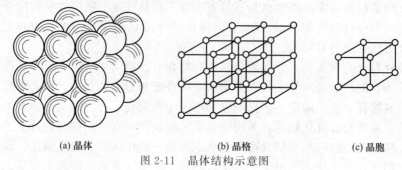

| (a) 晶体 | (b) 晶格 | (c) 晶胞 |

图 2-11　晶体结构示意图

（3）常见金属的晶体结构

① 体心立方晶格　如图 2-12（a）所示，体心立方晶格的晶胞是一个立方体，立方体的 8 个顶点和立方体的中心上各有一个原子。属于这类晶格的金属有铁（Fe）、铬（Cr）、钨（W）、钼（Mo）、钒（V）等。其中，铁在 912℃以下具有体心立方晶格，亦称为 α-Fe。

② 面心立方晶格　如图 2-12（b）所示，面心立方晶格的晶胞也是一个立方体，立方体的 8 个顶点和立方体 6 个面的中心上各有一个原子。属于这类晶格的金属有铁（Fe）、铝（Al）、铜（Cu）、金（Au）、镍（Ni）等。其中，铁在 912~1394℃具有面心立方晶格，亦称为 γ-Fe。

③ 密排六方晶格　如图 2-12（c）所示，密排六方晶格的晶胞是一个六棱柱体，六棱柱体的 12 个顶点上和上、下两个底面的中心处各有一个原子，柱体内部还均匀分布着 3 个原子。属于这类晶格的金属有镁（Mg）、锌（Zn）、铍（Be）、镉（Cd）等。

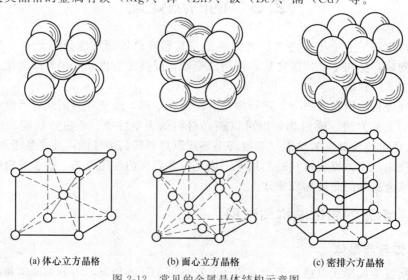

| (a) 体心立方晶格 | (b) 面心立方晶格 | (c) 密排六方晶格 |

图 2-12　常见的金属晶体结构示意图

（4）金属材料的实际晶体结构

如果晶体内部的晶格位向完全一致，则称为单晶体。实际使用的金属材料，绝大部分并非理想的单晶体，而是由许多小单晶体组成。由于每个小单晶体的外形多为不规则的颗粒状，所以常称为晶粒。晶粒与晶粒之间的界面称为晶界。由许多晶格排列规则相同而位向不同的小单晶体（晶粒）组成的晶体结构就称为多晶体结构。

我们常用的金属材料实际上都是多晶体结构，因此对外并不表现出各向异性。

(5) 晶体缺陷

实际金属晶体内部的原子排列并不像理想晶体那样完整和严守规则。由于各种原因，原子的规则排列遭到破坏，这种原子排列不完整和不规则的局部区域称为晶体缺陷。晶体缺陷对金属材料的性能有很大影响。晶体缺陷根据几何特征分为点缺陷、线缺陷和面缺陷三类，如图 2-13 所示。

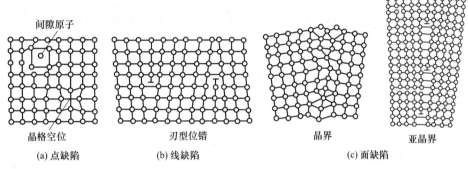

图 2-13　晶体缺陷示意图

① 点缺陷　如图 2-13（a）所示，若晶体晶格中的某些结点未被原子所占据，则这些空着的结点称为晶格空位；若晶体晶格中原子之间的空隙处出现多余的原子，这些处于晶格间隙中的原子称为间隙原子。由于晶格空位和间隙原子的出现，使得原子间距和相互作用力发生了变化，形成"晶格畸变"，从而使金属材料的强度和硬度增大，塑性和韧性降低，形成强化效应。

② 线缺陷　如图 2-13（b）所示，线缺陷指晶体内部某一平面上沿某一方向呈线状（即一个方向尺寸很大，而另两个方向尺寸很小）的缺陷。常见的线缺陷是刃型位错。由于在位错线附近区域形成晶格畸变，从而使金属材料的强度和硬度提高，塑性和韧性下降。

③ 面缺陷　如图 2-13（c）所示，面缺陷指晶体内部呈面状分布（即两个方向尺寸很大，而另一个方向尺寸很小）的缺陷。常见的有晶界缺陷和亚晶界缺陷。由于在晶界和亚晶界附近区域形成晶格畸变，所以造成金属材料的强度、硬度增高而塑性变形困难。

(6) 细晶强化

金属原子的聚集状态由无规则的液态转变为规则排列的固态晶体的过程称为金属的结晶。金属的结晶过程包括晶核的生成和晶核的长大两个过程。

晶粒大小对金属材料的机械性能影响很大，这是因为金属的晶粒越细小，单位体积里所包含的晶粒数量就越多，晶界就越多，晶界面积就越大，晶体缺陷就越多，晶界处的晶格排列方位就越不一致，就越容易形成相互咬合的现象，相互之间的连接也就更加紧密。因此，细晶粒组织的金属强度、硬度、塑性和韧性等都比粗晶粒组织的好，这种现象称为细晶强化。

为了获得细晶粒组织的材料，实际生产中经常采用以下 3 种方法。

① 增大过冷度　金属冷却越快，过冷度也就越大，结晶过程中就会产生更多的晶核，形成更多的晶粒，最终获得细晶粒组织。

② 变质处理 对于形状复杂、结构尺寸大的铸件，实际生产中常常在浇注前向液体金属中加入少量细小的变质剂作为结晶核心，提高其生核率，以获得细晶粒组织，达到改善其力学性能的目的，这种方法称为变质处理，也称孕育处理。

③ 附加振动 实际生产中还可以采用机械振动、超声波振动、电磁搅拌等方法，使金属液体在铸型中产生运动，从而使得晶体在长大过程中不断被破碎，以产生更多的结晶核心，达到细化晶粒的目的。

(7) 铁的同素异晶转变

有些金属在结晶以后，其晶格类型保持不变；也有些金属〔例如铁（Fe）、钛（Ti）、钴（Co）、锰（Mn）、锡（Sn）等〕在不同温度下呈现不同的晶格类型。这种纯金属在固态下随着温度的改变，其晶格类型发生转变的现象，称为同素异晶转变。如图 2-14 所示，为纯铁同素异构转变的冷却曲线。可以看出，铁在 912℃ 以下具有体心立方晶格，称为 α-Fe；在 912～1394℃ 之间具有面心立方晶格，称为 γ-Fe；在 1394～1538℃ 之间具有体心立方晶格，称为 δ-Fe。α-Fe 与 δ-Fe 虽同为体心立方晶格，但其晶胞边长等参数不同，因此属于两种铁。另外，铁在高温下，如 γ-Fe 阶段磁性会消失。铁具有的这种同素异晶转变性质，为钢铁的热处理提供了可能。

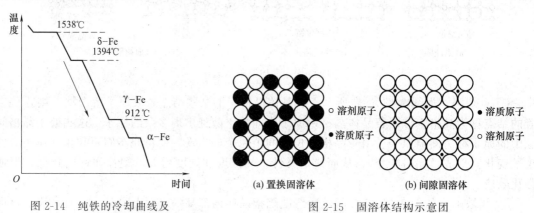

图 2-14　纯铁的冷却曲线及
同素异晶转变示意图

图 2-15　固溶体结构示意图

2.3.2　铁碳合金的基本组织

(1) 合金的相结构

合金中化学成分相同、晶体结构相同或原子聚集状态相同，并与其它部分之间有明确界面的独立均匀组成部分，称为相。例如，通过金相显微镜观察低碳钢显微组织，会发现视野里面有颜色深浅不同的、外形不规则的分属不同的相的颗粒。在合金中，相一般会以 3 种形态存在。

① 固溶体 在固态合金中，一种组元的晶格中溶入另一种或多种其它组元而形成的成分相同、性能均匀、结构与组元之一相同的固相，称为固溶体。在互相溶解时，保留自己原有晶格形式的组元称为溶剂；失去自己原有晶格形式而溶入其它晶格的组元称为溶质。按溶质原子在溶剂晶格中分布的位置，固溶体可分为置换固溶体和间隙固溶体两种。

溶质原子置换溶剂晶格结点上部分原子而形成的固溶体，称为置换固溶体，如图 2-15 (a) 所示。溶质原子溶入溶剂晶格的间隙而形成的固溶体，称为间隙固溶体，如图 2-15 (b) 所示。由于溶质原子的溶入会使溶剂晶格发生晶格畸变，从而提高了固溶体组织的强

22

度、硬度。而且随着溶入溶质原子的增加，饱和程度的加大，这种晶格畸变会变得更严重，强化作用更明显。这种通过溶入溶质原子形成固溶体而使金属材料得到强化的方法称为固溶强化。固溶强化是强化金属材料的又一条基本途径，也是钢铁热处理的基本方法。

② 金属化合物　金属化合物具有明显的金属特性，其晶体结构复杂，熔点较高，硬度高而脆性大。当合金中含有金属化合物时，合金材料的硬度、强度和耐磨性就会提高，而塑性和韧性降低。金属化合物是金属材料中的重要强化相。

③ 机械混合物　机械混合物是由纯金属、固溶体、金属化合物等这些合金的基本相按照固定比例构成的组织。例如，在室温下由铁素体与渗碳体混合形成的，其含碳量稳定在0.77%的机械混合物成为珠光体。

(2) 铁碳合金的基本组织

由于铁和碳元素的相互作用不同，在铁碳合金中形成了以下几种基本组织。

① 铁素体　碳溶于 α-Fe 中形成的间隙固溶体称为铁素体，用符号 F 表示。铁素体溶碳能力几乎为零，可以看作纯铁。铁素体的强度和硬度较低，但具有良好的塑性和韧性。

② 奥氏体　碳溶于 γ-Fe 中形成的间隙固溶体称为奥氏体，用符号 A 表示。奥氏体溶碳能力较强，在 1148℃ 时溶碳可达 2.11%。奥氏体的强度 $\sigma_b \approx 400 \sim 850$MPa，硬度约为 $120 \sim 200$HBS，具有良好的塑性 $\delta \approx 40\% \sim 60\%$，抗变形能力较低，是大多数钢种进行塑性成型的理想组织。一般锻造、热处理都加热到奥氏体区域。

③ 渗碳体　铁与碳形成的金属化合物 Fe_3C，称为渗碳体。其含碳量为 6.69%。渗碳体的硬度很高，可达 800HBW；脆性极大，塑性几乎为零。它是数量、形态、大小、分布对钢的性能有很大的影响。

④ 珠光体　铁素体与渗碳体组成的机械混合物，因其在金相显微镜下呈现扇贝壳表面的纹路，因此称为珠光体，用符号 P 表示。珠光体的含碳量为 0.77%。由于它是铁素体和渗碳体两相组成的混合物，其力学性能介于铁素体与渗碳体之间，强度较高（$\sigma_b \approx 700$MPa），硬度约为 180HBS，有一定的塑性（$\delta \approx 20\% \sim 25\%$）和韧性（$a_K \approx 30 \sim 40$J/cm²）。

⑤ 莱氏体　含碳量为 4.3% 的铁碳合金，在 1148℃ 时从液体中结晶出奥氏体和渗碳体而形成的机械混合物称为莱氏体，用符号 L_d 表示。莱氏体的性能和渗碳体相近，硬度大于700HBW，塑性很差。

2.3.3　铁碳合金相图

铁碳合金相图向我们揭示了不同含碳量的铁碳合金在不同温度下具有什么样的组织和相结构，因此其在炼钢、铸造、锻造、焊接、热处理等工作方面具有极其重要的作用。简化了的铁碳合金相图如图 2-16 所示。

在图中，ACD 线称为液相线，L 表示液态；ECF 线称为共晶线，其温度为 1148℃；PSK 线称为共析线，又称 A_1 线，其温度为 727℃；GS 线称为 A_3 线，SE 线称为 A_{cm} 线。我们现在只研究钢铁的部分，即含碳量 $0 \leqslant \omega_C \leqslant 2.11\%$ 的部分。我们通常把室温下具有全部珠光体组织的铁碳合金称为共析钢，其含碳量 $\omega_C = 0.77\%$；把室温下具有珠光体＋铁素体组织的铁碳合金称为亚共析钢，其含碳量 $0 \leqslant \omega_C < 0.77\%$；把室温下具有珠光体＋渗碳体组织的铁碳合金称为过共析钢，其含碳量 $0.77\% < \omega_C \leqslant 2.11\%$。

例如，通过铁碳合金相图我们可以知道：45 钢（$\omega_C = 0.45\%$ 是亚共析钢）在室温下的组织是 F＋P；加热到 A_1 线以上即 727℃ 时，组织变成 A＋P；加热到 A_3 线以上时，组织变成单一的 A；加热到液相线则会熔化。冷却时，其变化过程则相反。图 2-17 分别表示了三

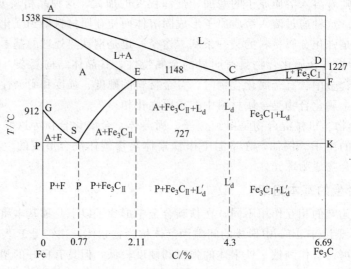

图 2-16 简化铁碳合金相图

种钢在冷却过程中，其金相显微组织的变化情况。

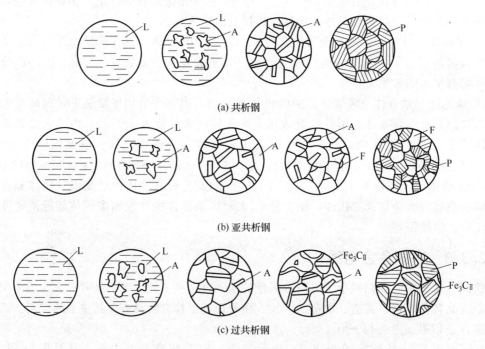

(a) 共析钢

(b) 亚共析钢

(c) 过共析钢

图 2-17 钢在冷却时的金相组织变化

2.3.4 钢在加热与冷却时的相变

① 钢在加热时的相变 因为加入了碳或其它合金元素，且含量有所不同，所以钢材的同素异晶转变温度与纯铁的不一致，一般会降低。把钢材加热到其自身的同素异晶转变温度后，它们最终都会相变为同一种相——奥氏体，只是其化学成分（如含碳量）不同而已。

② 钢在冷却时的相变 钢的加热并不是最终目的，而冷却才是热处理的关键阶段。钢在加热后获得的奥氏体，冷却到相变温度以下时，处于不稳定状态，它有自发地转变为稳定

状态的倾向。处于未转变的、暂时存在的、不稳定的奥氏体称为过冷奥氏体。为了描述过冷奥氏体在连续冷却条件下的转变，需要建立一个连续冷却转变图。过冷奥氏体的连续冷却转变图是指钢经奥氏体化后，在经过不同的冷却速度连续冷却的条件下，获得的转变温度、转变时间、转变产物之间的关系曲线，如图 2-18 所示。

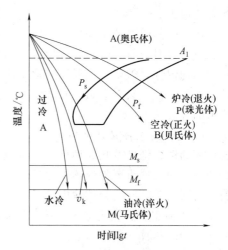

图 2-18 共析钢过冷奥氏体连续冷却转变图

从图中可以看出，冷却速度较慢（炉冷或空冷）时，冷却曲线会越过两条"C曲线"，分别得到硬度较小的珠光体（P）或贝氏体（B）；冷却速度快（如水冷、油冷）时，冷却曲线会进入 M_s 和 M_f 线之间，得到马氏体组织（M）。马氏体是指碳在 α-Fe 中形成的过饱和固溶体。我们知道，α-Fe 对碳是溶解能力几乎为零，由于冷却速度过快，碳来不及析出而被过饱和地固溶在铁的晶格之间，造成严重的晶格畸变。因此，马氏体的硬度极大。而当用较慢的速度冷却时（如炉冷、空冷），则进入 P_s 和 P_f 线之间，得到珠光体类型的组织，且冷却速度越慢，碳能够充分析出，得到的组织硬度越小。

冷却曲线与 A 点相切的冷却速度 v_k 称为临界冷却速度，它是获得全部马氏体组织的最小冷却速度；v_k 越小，钢件在淬火时越易得到马氏体组织。

2.3.5 钢的热处理工艺

在热处理时，要根据零件的形状、大小、材料及性能等要求，采取不同的加热速度、加热温度、保温时间以及冷却速度。因而会分生出不同的热处理方法，常用的有普通热处理和表面热处理两类。常用的普通热处理有退火、正火、淬火和回火，如图 2-19 所示。表面热处理可分为表面淬火与化学热处理两类。

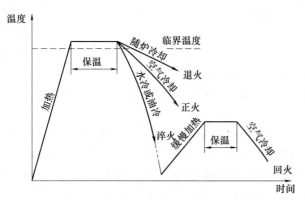

图 2-19 常用热处理方法的工艺曲线

(1) 钢的普通热处理

经热处理后，工件由表及里均发生了组织转变的热处理工艺方法称为钢的普通热处理。

① 退火 将钢加热到某一适当温度，并保温一定时间，然后缓慢冷却（一般随炉冷却）的工艺过程称为退火。退火的主要目的是：改善组织，使成分均匀、晶粒细化，提高钢的力学性能，消除内应力，降低硬度，提高塑性和韧性，改善切削加工性能。退火既为了消除和改善前道工序遗留的组织缺陷和内应力，又为后续工序做好准备，因此，退火又称预先热处理。如在零件制造过程中常对铸件、锻件、焊接件进行退火处理，便于以后的切削加工或为淬火作组织准备。

a. 均匀化退火：又称扩散退火，是将金属铸锭、铸件或锻坯，在相变温度以上长期加热，消除或减少化学成分偏析及显微组织的不均匀性，以达到均匀化目的的热处理工艺称为均匀化退火。

铸件凝固时要发生偏析,造成成分和组织的不均匀性。如果是钢锭,这种不均匀性则在轧制成钢材时,将沿着轧制方向拉长而呈方向性,最常见的如带状组织。由于这种成分和结构的不均匀性,需要长过程均匀化才能消除,因而过程进行得很慢,并要消耗大量的能量,且生产效率低,只有在必要时才使用。因此,均匀化退火多用于优质合金钢及偏析现象较为严重的合金。

b. 完全退火:又称重结晶退火,一般简称为退火。这种退火主要用于亚共析的碳钢和合金钢的铸、锻件及热轧型材,有时也用于焊接结构。一般常作为一些不重要工件的最终热处理或作为某些重要件的预先热处理。完全退火的目的是细化晶粒,均匀组织,降低硬度以利于切削加工,并充分消除内应力。

c. 等温退火:完全退火全过程所需时间比较长,生产率低,对奥氏体比较稳定的合金钢和大型碳钢件,常采用等温退火,其目的与完全退火相同。它是相变后,在珠光体转变温度等温冷却,不仅大大缩短了退火时间,而且转变产物较易控制,同时,由于工件内外都是处于同一温度下发生组织转变,因此能获得均匀的组织和性能。

d. 球化退火:是将钢件加热至相变温度后,充分保温,以缓慢的冷却速度冷却至600℃以下,再出炉空冷的热处理工艺。球化退火工艺的特点是低温短时加热和缓慢冷却。其目的是使珠光体内的渗碳体呈球状或粒状分布在铁素体基体上,从而消除或改善片状渗碳体的不利影响。

e. 去应力退火:是将钢件加热至相变温度以下(一般为500~650℃),保温后缓冷到200℃,再出炉空冷的热处理工艺。其目的是消除工件(铸件、锻件、焊接件、热轧件、冷拉件及粗加工后的工件)的残余应力,以稳定工件尺寸,避免在使用过程中或随后加工过程中产生变形或开裂。去应力退火过程不发生组织转变.只消除内应力。

② 正火 将钢加热到适当温度,保温一定时间,然后在空气中自然冷却的工艺过程称为正火。正火的主要目的与退火基本类似。其主要区别是正火的冷却速度稍快,正火比退火所得到的组织细,强度和硬度比退火的高,而塑性和韧性则稍低,内应力消除不如退火彻底。因此,有些塑性和韧性较好、硬度低的材料(如低碳钢),可以通过正火处理,提高工件硬度,改善其切削性能。正火热处理的生产周期短、效率高,因此,在能达到零件性能要求时,尽可能选用正火。

③ 淬火 将钢加热到临界温度以上,保温一定时间,然后快速冷却的工艺过程称为淬火。淬火的主要目的是:提高工件强度和硬度,增加耐磨性。淬火是钢件强化最经济有效的热处理工艺,几乎所有的工具、模具和重要的零件都需要进行淬火热处理。淬火后,钢的硬度高、脆性大,一般不能直接使用,必须进行回火后(获得所需综合性能)才能使用。

淬火操作的难度比较大,这主要是因为淬火要求得到马氏体,淬火的冷却速度就必须大于临界冷却速度,而快冷总是不可避免地要造成工件产生很大的内应力,这往往会引起工件的变形和开裂。淬火时,最常用的淬火介质是水、盐水和油。水的淬火冷却能力强,但冷却特性不理想。在需要快速冷却650~400℃时,水的冷却速度太小(小于200℃/s);而在马氏体转变区,水的冷却速度又太大,很容易引起工件的变形与开裂。水的冷却特性受水温的影响变化很大,随水温升高,工件在高温区的冷却速度显著下降,而低温时的冷却速度依然较高,所以,淬火时水温一般不超过30℃。盐水的淬冷能力更强,尤其在650~550℃范围内具有很大的冷却能力(>600℃/s),这对保证工件,特别是碳钢件的淬硬来说是非常有利的。用盐水淬火的工件,容易得到高的硬度和光洁的表面,不易产生淬不硬的软点。可是盐水冷却能力相当大,这将使工件变形严重,甚至发生开裂。油的淬冷能力很弱。淬火用的油几乎全部为矿物油，特别适合一些淬透性好的合金钢的淬火。

淬火操作方法有以下几种。

a. 单介质淬火法：是将奥氏体状态的工件，放入一种淬火介质中，一直冷却到室温的淬火方法。这种淬火方法适用于形状简单的碳钢和合金钢工件。

b. 双介质淬火法：是先将奥氏体状态的工件在冷却能力强的淬火介质中冷却至接近 M_s 点温度，再立即转入冷却能力较弱的淬火介质中冷却，直至完成马氏体转变。一般用水作为快冷淬火介质，用油作为慢冷淬火介质。既保证了工件淬透淬硬，又尽量避免了开裂变形。

c. 分级淬火法：是将奥氏体化的工件首先淬入略高于钢的 M_s 点温度的盐浴或碱浴炉中保温，当工件内外温度均匀后，再从浴炉中取出空冷至室温，完成马氏体转变。这种淬火方法由于工件内外温度均匀并在缓慢冷却条件下完成马氏体转变，不仅减小了淬火热应力，而且显著降低组织应力，因而有效地减小或防止了工件淬火变形或开裂。分级淬火只适用于尺寸较小的工件，如刀具、量具和要求变形很小的精密工件。

d. 等温淬火　它是将奥氏体化后的工件淬入 M_s 点以上某温度盐浴中等温保持足够长时间，使之转变为下贝氏体组织，然后于空气中冷却的淬火方法。等温淬火实际上是分级淬火的进一步发展，所不同的是等温淬火获得下贝氏体组织。下贝氏体组织的强度、硬度较高，且韧性良好，故等温淬火可显著提高钢的综合力学性能。等温淬火可以显着减小工件变形和开裂倾向，适宜处理形状复杂、尺寸要求精密的工具和重要的机器零件，如模具、刀具、齿轮等。

所谓钢的淬透性，是指奥氏体化后的钢在淬火时获得马氏体的能力。其大小用钢在一定条件下淬火获得的有效淬硬层深度表示。它是在规定条件下决定钢材淬硬深度和硬度分布的特性，是钢材本身具有的属性。反映了钢在淬火时获得马氏体组织的难易程度。钢的淬硬性是指钢在理想条件下进行淬火硬化所能达到的最高硬度的能力。淬硬性的高低主要取决于钢的含碳量。钢中含碳量越高，淬硬性越好。必须注意，淬硬性与淬透性是两个概念。淬硬性好的钢，其淬透性不一定好；反之，淬透性好的钢，其淬硬性不一定好。

④ 回火　将已经淬火的钢重新加热到一定温度，保温一定时间，然后冷却到室温的工艺过程称为回火。回火一方面可以消除或减少淬火产生的内应力，降低硬度和脆性，提高韧性；另一方面可以调整淬火钢的力学性能，达到钢的使用性能。根据回火温度的不同，回火可分为低温回火、中温回火和高温回火三种。

a. 低温回火：回火温度为 150～250℃，主要是减少工件内应力，降低钢的脆性，保持高硬度和高耐磨性。低温回火主要应用于要求硬度高、耐磨性好的工件，如量具、刃具（钳工实训时用的锯条、锉刀等）、冷变形模具和滚珠轴承等。

b. 中温回火：回火温度为 350～450℃。经中温回火后可以使工件的内应力进一步减少，组织基本恢复正常，因而具有很高的弹性。中温回火主要应用于各类弹簧、高强度的轴及热锻模具等工件。

c. 高温回火：回火温度为 500～650℃。经高温回火后可以使工件的内应力大部分消除，具有良好的综合力学性能（既有一定的强度、硬度，又有一定的塑性、韧性）。

通常将淬火后再高温回火的处理称为调质处理。调质处理适用于中碳钢或中碳合金钢，调质处理后得到的组织是回火索氏体。调质处理被广泛用于综合性能要求较高的重要结构零件，其中轴类零件应用最多。

（2）钢的表面热处理

机械制造中有不少零件表面要求具有较高的硬度和耐磨性，而心部要求有足够的塑性和韧性，即"外坚内韧"的机械性能，这很难通过选择材料来解决。为了兼顾零件表面和心部的不同要求，可采用表面热处理方法。生产中应用较广泛的有表面淬火与化学热处理等。

① 表面淬火　将钢件的表面快速加热到淬火温度，在热量还未来得及传到心部之前迅速冷却，仅使表面层获得淬火组织的工艺过程称为表面淬火。淬火后需进行低温回火，以降低内应力，提高表面硬化层的韧性和耐磨性。表面淬火适用于对中碳钢和中碳合金钢材料的表面热处理。

按加热方法的不同，表面淬火可分为感应加热淬火、火焰加热淬火、接触电阻加热淬火、电解液淬火等。应用最广泛的是感应加热淬火和火焰加热淬火。

a. 感应加热表面淬火：是利用感应电流通过工件时所产生的热效应，使工件表面局部加热并进行快速冷却的淬火工艺。

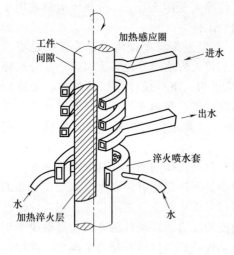

图 2-20　感应加热表面淬火示意图

感应加热的基本原理：把工件放在一个由铜管制成的感应器内，感应器中通入一定频率的交流电，在感应器周围将产生一个频率相同的交变磁场，于是工件内就会产生同频率的感应电流，这个电流在工件内形成回路，称为涡流。此涡流能使电能变为热能加热工件。涡流在工件内分布是不均匀的，表面密度大，心部密度小。通入感应器的电流频率愈高，涡流集中的表层愈薄，这种现象称为集肤效应。由于集肤效应使工件表面迅速被加热到淬火温度，随后喷水冷却，工件表面被淬硬，就达到了淬火的目的，如图 2-20 所示。

感应加热表面淬火加热速度快，淬火质量好，淬硬层深度易于控制，淬火操作便于实现机械化和自动化。但设备费用较高，维修调整较难，故不适用于单件生产。感应加热表面淬火主要用于中碳钢和中碳低合金钢，也可用于高碳工具钢和铸铁。工件在表面淬火前一般先进行正火或调质处理；表面淬火后需进行低温回火，以减小淬火应力和降低脆性。

b. 火焰加热表面淬火：是用氧-乙炔或氧-煤气的混合气体燃烧的火焰喷射在工件表面，使之快速加热，当达到淬火温度时立即喷水冷却，从而获得预期硬度和有效淬硬深度的一种表面淬火方法。

火焰加热表面淬火的优点是设备简单，成本低，使用方便灵活。但生产效率低，淬火质量较难控制，因此只适用于单件、小批量生产或用于中碳钢、中碳合金钢制造的大型工件，如大齿轮、轴的局部表面淬火。

② 化学热处理　有的时候我们为了强化零件表面层，只使用表面淬火是达不到目的的。例如使用低碳钢，由于其含碳量低，淬火后马氏体内部的含碳过饱和程度也低，晶格畸变的程度也小，对外表现为硬度并没有提高太多。化学热处理则是利用化学介质中的某些元素渗入到工件的表面层，来改变工件表面层的化学成分和结构，从而达到使工件的表面层具有特定要求的组织和性能的一种热处理工艺方法。通过化学热处理可以强化工件表面，提高表面的硬度、耐磨性、耐腐蚀性、耐热性及其它性能等。

按照渗入元素的种类不同，化学热处理可分为渗碳、渗氮、氰化和渗金属法等。

渗碳是将零件置于高碳介质中加热、保温，使活性碳原子渗入表面层的过程。零件渗碳再经过表面淬火和低温回火，使工件的表面层具有高硬度和耐磨性，而工件的中心部分仍然保持着低碳钢的韧性和塑性。气体渗碳法是将煤油滴入渗碳炉中，煤油分解出活性碳原子渗入工件表面；固体渗碳法是将工件埋入含有木炭的固体渗碳剂中，通过高温加热，渗碳剂释放出活性碳原子渗入工件表面。

渗氮是将零件置于高氮介质（如氨气）中加热、保温，使氮原子渗入表面层的过程。其目的是提高零件表面层的硬度与耐磨性以及提高疲劳强度、抗腐蚀性等。一般是将氨水滴入渗氮炉中，在高温下氨水分解出活性氮原子渗入工件表面。

氰化（又称碳氮共渗）是使零件表面同时渗入碳原子与氮原子的过程，它使钢表面具有渗碳与渗氮的良好特性。

渗金属是指以金属原子渗入钢的表面层的过程。它使钢的表面层合金化，以使工件表面具有某些合金钢、特殊钢的特性，如耐热、耐磨、抗氧化、耐腐蚀等。生产中常用的有渗铝、渗铬、渗硼、渗硅等。

(3) 热处理设备

热处理车间的常用设备有加热炉、测温仪表、冷却水槽、油槽及硬度计等。

① 加热炉　热处理加热炉主要有各种规格的箱式电阻炉、井式电阻炉和盐浴炉。由于篇幅有限，只介绍箱式电阻炉。箱式电阻炉结构如图2-21所示。其炉膛由耐火砖砌成；炉壳是用角钢、槽钢及钢板焊接而成；电热组件一般是铁铬铝合金或镍铬合金，放置在炉膛两侧的搁砖上和炉底上，炉底电热组件的上方是用耐热合金制成的炉底板；炉门由铸铁制成，内衬以轻质耐火砖；炉门设有观察孔、提升机构和手摇装置；热电偶从炉顶插入炉膛。

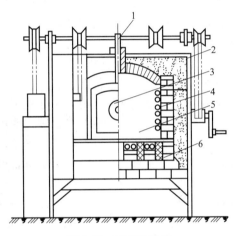

图 2-21　箱式电阻炉
1—热电偶；2—炉壳；3—炉门；
4—电阻丝；5—炉膛；6—耐火砖

② 测温仪表　加热炉的温度测量和控制主要是利用热电偶、温度控制仪表及开关器件，其精度直接影响到热处理的质量。

③ 冷却设备　冷却水槽和油槽是热处理生产中主要的冷却设备。通常用钢板焊接而成，槽的内外涂有防锈油漆，槽体设有溢流装置，油槽的底部或靠近底部的侧壁上开有事故放油孔。

④ 检验设备　热处理质量的检验设备主要有检验硬度的硬度计、测量变形的检弯机以及检验内部组织的金相显微镜等。

(4) 热处理操作规范

① 操作前须进行准备工作，如检查设备是否正常、确认工件及相应的工艺参数等。

② 工件要正确捆扎、装炉。工件装炉时，工件间要留有间隙，以免影响加热质量。

③ 工件淬火冷却时，应根据工件不同的成分和对其力学性能的不同要求，来选择冷却介质。如钢退火时一般是随炉冷却，淬火时碳素钢一般在水中冷却，而合金钢一般在油中冷却。冷却时为防止冷却不均匀，工件放入淬火槽后要不断地摆动，必要时淬火槽内的冷却介质还要进行循环流动。

④ 工件淬火时要注意淬入的方式，避免引起变形和开裂。如对厚薄不均的工件，厚的部分应先浸入；对细长的、薄而平的工件应垂直浸入；对有槽的工件，应槽口向上浸入。

⑤ 热处理后的工件出炉后要进行清洗或喷丸，并检验硬度和变形。

2.4 零件的选材及热处理工艺安排

2.4.1 选材的原则

在加工零件之前，为该零件选择一种材料来制作称之为选材。恰当的选材对制造合格零件，提高企业经济效益具有重大意义。选材一般可按照下列原则进行。

① 选材要满足使用性能要求　使用性能是零件或工具完成指定功能的必要条件，包括力学性能、物理性能和化学性能。其中，力学性能要求是在全面分析零件或工具的使用条件及失效形式的基础上提出的。另外，有时还要考虑物理性能的要求，如导电性、导热性、磁性、热膨胀性等。由于采用不同的强化方法，可以显著提高材料的性能，所以选用材料时，要综合考虑强化方法对材料性能的影响。

② 选材要满足工艺性能要求　工艺性能直接影响零件或工具的质量、生产效率和加工成本。采用铸造成形方法时，应选择铸造性能好的共晶或接近共晶成分的铸铁；采用锻造成形方法时，则应选择高温塑性好的合金；采用焊接成形方法时，则应选用低碳钢或低碳合金钢；采用切削加工成形方法时，一般应选择硬度在 $170\sim260$ HBS 的材料。

③ 选材要满足经济性要求　在满足使用性能要求的前提下，采用廉价的材料，使零部件的总成本包括材料的价格、加工费、试验研究费和维修管理费等达到最低，以取得最大的经济效益。为此，材料选用应充分利用资源优势，尽可能采用标准化、通用化的材料，以降低原材料成本，减少运输、实验研究费用。当然，选材的经济性原则并不仅是指选择价格最低廉的材料，或是生产成本最低的产品，而是指运用价值分析、成本分析等方法，综合考虑材料对产品功能和成本的影响，从而获得最优化的技术效果和经济效益。例如，一些能影响整体生产装置中的关键零部件，如果选用便宜材料制造，则需经常更换，其换件时停车所造成的损失相当大，这时选用性能好、价格高的材料，其总成本往往是最低的。

④ 选材要满足资源、环境友好与可持续发展的要求　随着工业的发展，资源和能源的问题日益突出，选用材料时必须对此有所考虑，特别是对于大批量生产的零件，所用的材料应该是来源丰富并符合我国的资源状况的。例如，我国缺钼，但钨十分丰富，所以选用高速钢时就要尽量多用钨高速钢，而少用钼高速钢。另外，还要注意生产所用材料的能源消耗，尽量选用耗能低的材料。尽量用廉价材料来代替价格相对昂贵的稀有材料，如在一些耐磨部位的套用球铁替代铜套，用含油轴承替代车削加工的一些套，速度负载不大的情况下，用尼龙替代钢件齿轮或者铜蜗轮等。注重材料的回收利用。铜、铝、铅、锌、金、银等大部分有色金属均具有良好的可回收性，能够反复循环使用，而不影响使用性能。充分发挥这个优势，可以大大缓解社会和经济发展对矿产资源不断增长的需求，明显降低有色金属生产过程的能源消耗，减少环境污染，实现有色金属工业的可持续发展。另外，还要注重材料的利用率，如板材、棒料、型材的规格，要合理的搭配加以利用。

总之，在选材上，我们要秉持原则，不能本末倒置。优先考虑经济效益而忽视使用性能的选材方法，生产出的必定是假冒伪劣产品。

2.4.2 热处理的工序位置

零件的加工是沿一定的工艺路线进行的，合理安排热处理的工序位置，对于保证零件质量，改善切削加工性能具有重要意义。

根据热处理的目的和工序位置的不同，热处理可分为预先热处理和最终热处理两大类，两者工序位置安排的一般规律如下。

① 预先热处理　预先热处理包括退火、正火、调质处理等。退火、正火的工序位置通常安排在毛坯生产之后、切削加工之前，以消除毛坯的内应力，均匀组织，改善切削加工性能，并为以后的热处理作组织准备。对于精密零件，为了消除切削加工的残余应力，在半精加工以后还要安排去应力退火。调质处理一般安排在粗加工之后，精加工或半精加工之前，目的是获得良好的综合力学性能，为以后的热处理作组织准备；调质一般不安排在粗加工之前，以免表面调质层在粗加工时大部分被切削掉，失去调质处理的作用。这对于淬透性差的碳钢零件尤为重要。

② 最终热处理　最终热处理包括淬火、回火及表面热处理等。零件经这类热处理后，获得所需的使用性能。因其硬度较高，除磨削外，不宜再进行其它形式的切削加工，故其工序位置一般安排在半精加工之后。有些零件性能要求不高，在毛坯状态下进行退火、正火或调质处理即可满足要求，这时退火、正火和调质处理也可作为最终热处理。

2.4.3　齿轮类零件的选材与热处理安排

齿轮是机械设备中不可或缺的重要零件，其选材与热处理工艺安排具有一定的代表性。齿轮传动如图 2-22 所示，一般来说，齿轮旋转工作时，主要的工作受力部位在轮齿。轮齿与轮齿接触传动时，轮齿整体上承受弯曲载荷，而齿面上主要是摩擦作用较明显。

图 2-22　齿轮传动

(1) 调质类齿轮

该类齿轮的工作条件为：中低速、轻载荷、无较大冲击。工作条件较好，速度低，轮齿表面磨损小，材料具有良好的综合机械性能即可满足工作要求。

① 选择材料：45 钢。

② 热处理工艺方法：调质处理。

③ 加工工序路线：下料—锻造—退火—粗加工—半精加工—淬火＋高温回火（调质处理）—精加工（磨削）—检验。

(2) 表面淬火类齿轮

该类齿轮工作条件为：高速、重载荷、无较大冲击。速度高，要求齿面耐磨；而冲击不太大，也就是对韧性没有特别要求。因此，在整体调质处理后，安排表面淬火，以提高齿面硬度。

① 选择材料：45 钢。

② 热处理工艺：调质处理＋表面淬火。

③ 加工工序路线：下料—锻造—退火—粗加工—半精加工—调质处理—表面淬火—低温回火—精加工（磨削）—检验。

(3) 渗碳类齿轮

该类齿轮工作条件为：高速、重载荷、有较大冲击。这就要求齿面既耐磨，轮齿心部又要有较好的韧性来抵抗冲击。低碳钢具有较好的韧性能满足耐冲击要求，但是低碳钢含碳量少，淬火硬度上不去，因此要通过渗碳来提高齿面含碳量，再表面淬火使齿面硬度提高，增大其耐磨性。

① 选择材料：20CrMnTi。

② 热处理工艺：渗碳处理。

③ 加工工序路线：下料—锻造—正火—粗加工—半精加工—渗碳处理—表面淬火—低温回火—精加工（磨削）—检验。

2.5 机械制图基础知识

图样是工程技术领域组织生产时交流技术思想的重要工具，被称为"工程界的共同语言"。在机械制造的各个环节中，如制作毛坯、加工零件、检验精度、装配等都要以图样为依据。因此，进行工程训练必须要掌握一定的机械制图知识。

2.5.1 图样的基本知识

(1) 图纸幅面

绘图时应优先采用表 2-2 中规定的基本幅面。

表 2-2　基本幅面（第一选择）（摘自 GB/T 14689—2008）　　　单位：mm

幅面代号	A0	A1	A2	A3	A4
B×L	841×1189	594×841	420×594	297×420	210×297

(2) 比例

图形与其实物相应要素的线性尺寸之比，称为比例。为了在图样上直接反映实物的大小，绘图时应尽量采用原值比例，但因各种实物的大小与结构不同，绘图时也可根据实际需要选择合适比例。见表 2-3。

表 2-3　比例系列（GB/T 14690—1993）

种类	定义	优先选择系列	允许选择系列
原值比例	比值为 1 的比例	1∶1	—
放大比例	比值大于 1 的比例	5∶1　2∶1 5×10″∶1　2×10″∶1　1×10″∶1	4∶1　2.5∶1 4×10″∶1　2.5×10″∶1
缩小比例	比值小于 1 的比例	1∶2　1∶5　1∶10 1∶2×10″　1∶5×10″　1∶1×10″	1∶1.5　1∶2.5　1∶3　1∶4　1∶6 1∶1.5×10″　1∶2.5×10″　1∶3×10″ 1∶4×10″　1∶6×10″

(3) 图线

在机械图样中，每种图线的画法及其所表示的含义各不相同，具体参见表 2-4。

表 2-4　常用图线的名称、形式、宽度及用途

图线名称	图线形式	图线宽度	图线用法举例
粗实线	——————————	d	可见轮廓线 可见棱边线
细实线	——————————	$d/2$	尺寸线及尺寸界线 剖面线 过渡线
波浪线	∿∿∿	$d/2$	断裂处的边界线 视图与剖视图的分界线
虚线	— — — — — —	$d/2$	不可见轮廓线 不可见棱边线
双折线	∿√√√√√	$d/2$	断裂处的边界线 视图与剖视图的分界线
粗虚线	▬ ▬ ▬ ▬ ▬ ▪	d	允许表面处理的表示线

图线名称	图线形式	图线宽度	图线用法举例
细点画线	—— · —— · —— · —— · ——	$d/2$	轴线 对称中心线 剖切线
粗点画线	—— · —— · —— · —— · ——	d	限定范围的表示线
细双点画线	— ·· — ·· — ·· — ·· — ·· —	$d/2$	相邻辅助零件的轮廓线 极限位置的轮廓线 成形前的轮廓线 轨迹线

(4) 尺寸

尺寸是图样中的重要内容之一，是加工制造零件的主要依据，不允许出现错误。尺寸标注错误，不完整或不合理，会给生产加工带来困难甚至无法生产。标注尺寸的基本原则如下。

① 机件的真实大小应以图样上所注的尺寸数值为依据，与图形的大小及绘图的准确度无关。

② 图样中的尺寸以毫米为单位时，不需标注单位的符号或名称，如采用其它单位，则必须标明相应的单位符号。

③ 对机件的每一尺寸，一般只标注一次，并应标注在反映该结构最清晰的图形上。

④ 图样中所标注的尺寸，为该图样所示机件的最后完工尺寸，否则应另加说明。

⑤ 标注尺寸时，常用的符号和缩写词见表 2-5。

表 2-5　常用的符号和缩写词

项目名称	符号或缩写词	项目名称	符号或缩写词
直径	ϕ	45°倒角	C
半径	R	深度	↧
球直径	$S\phi$	沉孔或锪平	⊔
厚度	t	埋头孔	∨
正方形	□	均布	EQS
斜度	∠	弧长	⌒

2.5.2　零件的表达方法

(1) 视图

视图是根据有关国家标准和规定用正投影法绘制的图形。视图主要用于表达零件的外部结构形状，其不可见部分用细虚线表示，但必要时也可省略不画。

① 基本视图　零件向基本投影面投射所得到的视图，称为基本视图。表示一个物体可有六个基本投射方向，如图 2-23 (a) 所示。将物体置于第一分角内，物体处于观察者与投影面之间进行投射，然后，按规定展开投影面，使得到六个基本视图。各视图名称规定为：主视图 (A)、俯视图 (B)、左视图 (C)、右视图 (D)、仰视图 (E)、后视图 (F)，如图 2-23 (b) 所示。

基本视图若画在同一张纸上，按图 2-23 (b) 所示的规定位置配置时，一律不标注视图的名称。基本视图之间保持长对正、高平齐、宽相等的投影关系。即主、俯、仰、后视图长相等，主、左、右、后视图高平齐，俯、左、仰、右视图宽相等。

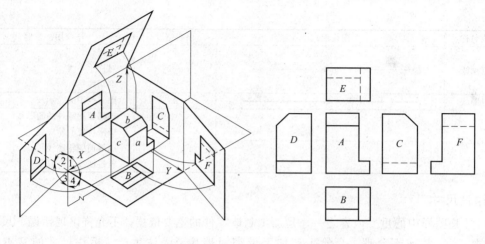

(a) 基本视图的形成及其展开　　(b) 基本视图的配置

图 2-23　基本视图的形成及其配置

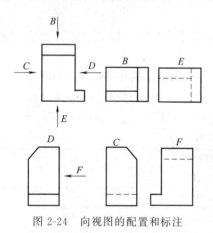

图 2-24　向视图的配置和标注

② 向视图　向视图是可自由配置的视图。为便于读图，应在向视图的上方用大写英文字母标出该向视图的名称（如 "A" "B" "C" 等），并在相应的视图附近用箭头指明投射方向，注上相同字母，如图 2-24 所示。

③ 局部视图　局部视图是将物体的某一局部，单独向基本投影面投影所得的视图，用于表达其局部的形状和结构。如图 2-25 (a) 所示的形体，采用主、俯两个基本视图已清楚表达了主体形状和结构，但对于左、右两个凸缘的形状，如仍采用左视图和右视图加以表达，表达内容重复且作图量大。而如果采用两个局部视图表达左、右凸缘形状，那么图样就简洁且重点突出，如图 2-25 (b) 所示。

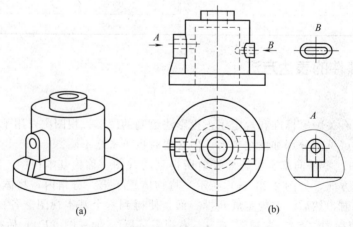

图 2-25　局部视图

④ 斜视图　当形体上有倾斜于基本投影面的结构时，如图 2-26 (a) 所示，此时仍采用基本投影视图进行投影是困难的。为了方便表达倾斜部分的形状和结构，可增设一个与倾斜结构平行且垂直于某基本投影面的辅助投影面，然后将该倾斜结构向辅助投影面投影，并绕

两面交线旋转到基本投影面上，这样形成的视图称为斜视图，如图 2-26（b）、（c）、（d）所示。

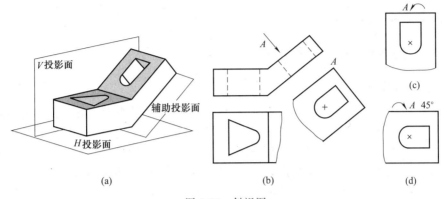

图 2-26　斜视图

（2）剖视图

当形体的内部结构较复杂时，许多虚线会出现在视图上，不便于作图和读图。剖切视图是用假想的剖切面把形体剖开，并将处在观察者和剖切面之间的部分移开，再将剩余部分向投影面投影，所得的图样称为剖视图。其过程如图 2-27 所示，简称剖视。

比较图 2-28（a）与图 2-28（b）可以知道，采用剖视的表达方法，可以使视图中不可见的部分变为可见部分，虚线变成实线，且机体与剖切面接触部分画有剖面符号，形体的内部结构得到清晰地表达。

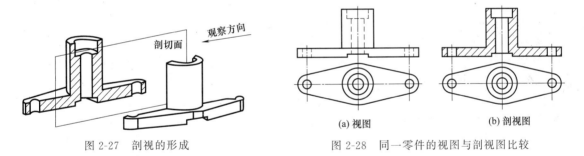

图 2-27　剖视的形成　　　　　图 2-28　同一零件的视图与剖视图比较

按零件被剖开的范围来分，剖视图可分为全剖视图、半剖视图和局部剖视图三种。按剖切面的种类来分，剖视图可分单一剖、阶梯剖和旋转剖切。

（3）断面图

假想用剖切面将物体的某处切断，仅画出该剖切面与物体接触部分的图形，称为断面图，简称断面，如图 2-29 所示。断面图常用来表达零件上的肋板、轮辐、键槽、小孔、杆

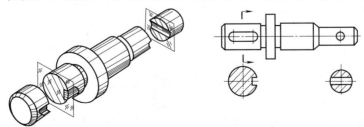

图 2-29　断面图

料和型材等的断面形状。

断面图与剖视图的主要区别在于：断面图仅仅画出零件与剖切平面接触部分，即剖断面的图形，而剖视图则需画出剖切面后方所有可见轮廓线的投影。根据断面图配置的位置不同，可分为移出断面和重合断面两种。

2.5.3 公差标注的识读

(1) 零件的尺寸公差

某一同类型产品（如零件、部件等）在尺寸、功能上能够彼此互相替换的性能，叫做互换性。零件具有互换性，对于机械工业实现现代化协作生产、专业化生产、提高劳动生产率，提供了重要条件。为了使零件具有互换性，则相互对应的尺寸必须相同，但这个要求是不可能做到的。实际生产时，我们在保证零件的机械性能和互换性的前提下，允许零件尺寸有一个变动量，这个允许的尺寸变动量称为公差。

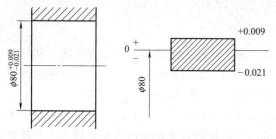

图 2-30　尺寸公差与公差带示例

如图 2-30 所示是对一个通孔进行的尺寸标注。通过分析可以得知：该孔的公称尺寸为直径 80mm，上偏差为 $+0.009$mm，下偏差为 -0.021mm。就是说，当我们按照这个尺寸要求加工出的孔，其直径尺寸在 $80.009 \sim 19.979$mm 之间，即可视为合格。

由代表上、下偏差的两条直线所限定的区域，称之为公差带。公差带越宽，说明允许的误差范围越大，精度越低，越容易加工。国家标准 GB/T 1800.1—2009 中规定了尺寸公差分为 20 个等级，即 IT01，IT0，IT1，IT2，…，IT18。其中，IT01 公差值最小，精度最高；IT18 公差值最大，精度最低。因此，公差值反映了尺寸的精确程度即精度的高低。

在生产中，我们经常要使两个以上的零件配合在一起工作，如车轮与车轴等。孔与轴的配合是最常见的配合方式。我们把公称尺寸相同，相互结合的孔和轴公差带之间的关系，称为配合。根据使用要求不同，国家标准规定配合分为三类：间隙配合、过盈配合和过渡配合。

① 间隙配合　如图 2-31 所示，孔与轴配合时，孔的公差带在轴的公差带之上，具有间隙（包括间隙为零）的配合。

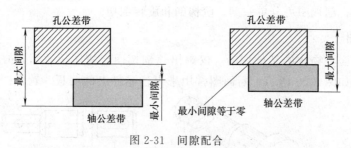

图 2-31　间隙配合

② 过盈配合　如图 2-32 所示，孔与轴配合时，孔的公差带在轴的公差带之下，具有过盈（包括过盈为零）的配合。

③ 过渡配合　如图 2-33 所示，孔与轴配合时，孔的公差带与轴的公差带相互交叠，可能具有间隙或过盈的配合。

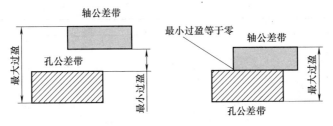

图 2-32　过盈配合

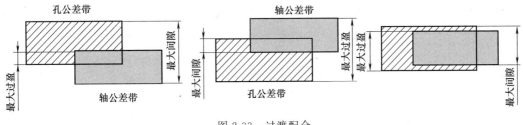

图 2-33　过渡配合

(2) 零件的表面结构公差

零件的表面结构参数有多种，其中轮廓的算术平均偏差（R_a）最常用的。如图 2-34 所示，在一个取样长度（用于判别被评定轮廓不规则特征的 X 轴上的长度）内，纵坐标值 Y (X)（被评定轮廓在任一位置距 X 轴的高度）绝对值的算术平均值。若轮廓线上各点纵坐标值为 y_1，y_2，y_3，…，y_n，Ra 则可用公式表示为：

$$Ra = \frac{|y_1| + |y_2| + |y_3| + \cdots + |y_n|}{n}$$

Ra 的数值越大，说明表面越粗糙，反之则越光洁。标准的 Ra 数值有：0.8，1.6，3.2，6.3，12.5 等，其单位为 μm。

同一图样上，对每一个表面的表面结构要求，只标注一次，并尽可能注在相应的尺寸及其公差的同一视图上。除非另有说明，图样上所标注的表面结构要求是对完工零件表面的要求。国家标准（GB/T 131—2006）规定了表面结构要求在图样上的标注方法，见表 2-6。

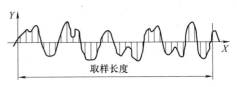

图 2-34　轮廓的算术平均偏差

表 2-6　表面结构要求在图样上的注法

标 注 示 例	说　　　明
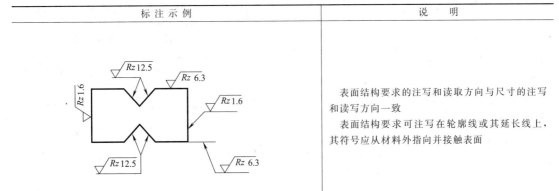	表面结构要求的注写和读取方向与尺寸的注写和读写方向一致 表面结构要求可注写在轮廓线或其延长线上，其符号应从材料外指向并接触表面

标 注 示 例	说 明
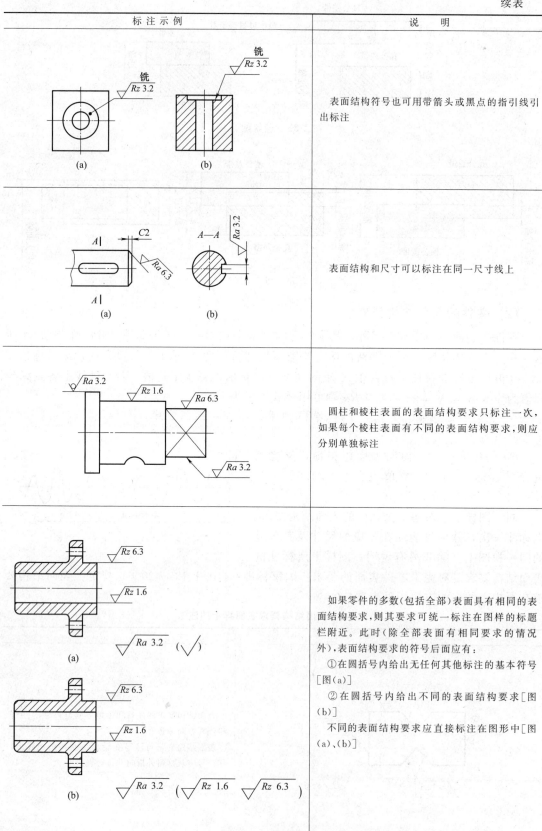	表面结构符号也可用带箭头或黑点的指引线引出标注
	表面结构和尺寸可以标注在同一尺寸线上
	圆柱和棱柱表面的表面结构要求只标注一次，如果每个棱柱表面有不同的表面结构要求，则应分别单独标注
	如果零件的多数（包括全部）表面具有相同的表面结构要求，则其要求可统一标注在图样的标题栏附近。此时（除全部表面有相同要求的情况外），表面结构要求的符号后面应有： ①在圆括号内给出无任何其他标注的基本符号［图(a)］ ②在圆括号内给出不同的表面结构要求［图(b)］ 不同的表面结构要求应直接标注在图形中［图(a)、(b)］

续表

标 注 示 例	说　明
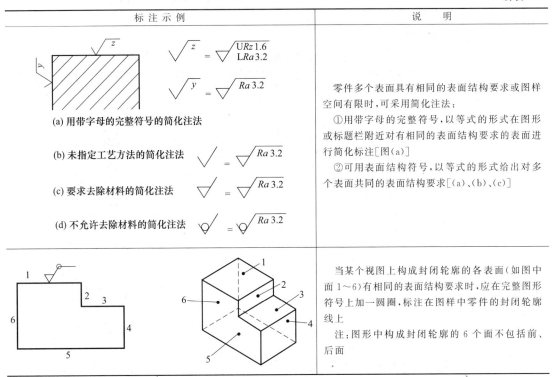	零件多个表面具有相同的表面结构要求或图样空间有限时，可采用简化注法： ①用带字母的完整符号，以等式的形式在图形或标题栏附近对有相同的表面结构要求的表面进行简化标注[图(a)] ②可用表面结构符号，以等式的形式给出对多个表面共同的表面结构要求[(a)、(b)、(c)]
	当某个视图上构成封闭轮廓的各表面(如图中面 1~6)有相同的表面结构要求时，应在完整图形符号上加一圆圈，标注在图样中零件的封闭轮廓线上 注：图形中构成封闭轮廓的 6 个面不包括前、后面

(3) 零件的几何公差

在生产实际中，经过加工的零件，不但会产生尺寸误差，而且会产生形状和位置误差。如图 2-35 (a) 所示为一理想形状的销轴，而加工后的实际形状则是轴线弯曲，如图 2-35 (b) 所示，产生了形状误差，即直线度误差。

又如，图 2-36 (a) 所示为一要求严格的四棱柱，加工后的实际情况却是上表面倾斜，如图 2-36 (b) 所示，产生了位置误差，即平行度误差。

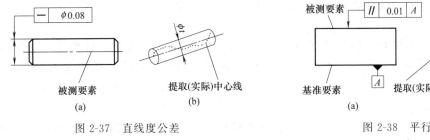

　图 2-35　直线度误差　　　　　　　　　　　　图 2-36　平行度误差

如果零件存在严重的形状和位置误差，将使其装配造成困难，影响机器的质量，因此，对于精度要求较高的零件，除给出尺寸公差外，还应根据设计要求，合理地确定出几何误差的最大允许值。如图 2-37 (a) 中的 $\phi0.08$，表示销轴圆柱面的提取 (实际) 中心线应限定在直径等于 $\phi0.08$ 的圆柱面内，其公差带如图 2-37 (b) 所示；又如图 2-38 (a) 中的 0.01，

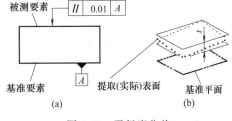

　　图 2-37　直线度公差　　　　　　　　　图 2-38　平行度公差

表示提取（实际）的上表面应限定在间距等于 0.01 的平行于基准 A 的两平行平面之间，其公差带如图 2-38（b）所示。

几何公差的几何特征和符号，见表 2-7。

表 2-7　几何公差的几何特征和符号

公差类型	几何特征	符号	有无基准	公差类型	几何特征	符号	有无基准
形状公差	直线度	—	无	位置公差	位置度	⊕	有或无
	平面度	▱	无		同心度（用于中心点）	◎	有
	圆度	○	无		同轴度（用于轴线）	◎	有
	圆柱度	⌀	无		对称度	=	有
	线轮廓度	⌒	无		线轮廓度	⌒	有
	面轮廓度	⌓	无		面轮廓度	⌓	有
方向公差	平行度	∥	有	跳动公差	圆跳动	↗	有
	垂直度	⊥	有		全跳动	⌰	有
	倾斜度	∠	有				
	线轮廓度	⌒	有				
	面轮廓度	⌓	有				

2.5.4　零件图的识读

(1) 读零件图的目的

① 了解零件的名称、使用材料和它在机器或部件中的用途。

② 通过分析图样画法、尺寸注法、技术要求等想象出零件各组成部分的结构形状、大小、相对位置及各结构在零件中的作用和技术要求的高低，从而理解设计意图。

③ 了解零件加工过程。

(2) 读零件图的方法和步骤

① 读零件图方法　零件图的视图数目往往较多，尺寸标注及各种代号较为繁杂。因此在读零件图时，要逐一确定各结构形状及其相对位置，可利用视图之间的"三等"关系，结合其它视图，把各部分"分离"出来外；此外，我们还要注意分析零件图上的局部视图、标准结构（如螺纹、倒角、退刀槽和中心孔等）的规定画法及简化注法等。

② 读零件图的步骤

a. 阅读标题栏。目的是了解零件名称、所用材料、绘图比例、重量、件数等，初步认识它在机器中的用途和加工方法。如图 2-39 所示，该零件名称为压盖，属于端盖类零件，是水泵的主要零件，用来封堵泵体。绘图比例为 1：1；材料为合金调质钢，用型材作为毛坯后，直接经机械加工而成。

b. 解读零件图的表达方案：首先，我们要找到反映零件结构形状信息量最多的主视

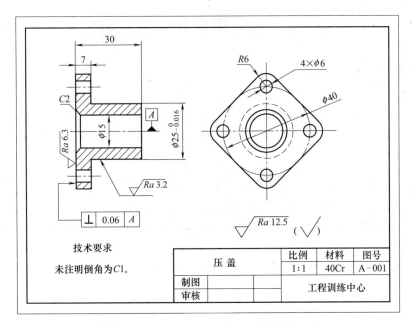

图 2-39　压盖零件图

图；然后，确定其它视图名称、剖切方法和剖切位置；最后，分析各视图之间的对应关系和其要表达的目的。如图 2-39 所示压盖主视图为全剖视图，表达了压盖的内部各孔的结构，所有孔均为通孔，且中心大孔的左端有倒角；因该零件结构较简单，所以只需再绘制一个左视图，表达出压盖的端面法兰结构即可。此时，我们已经对压盖的轮廓有了初步的概念。

　　c. 分析视图，想象零件形状：在纵览全图的基础上，逐个部分地详细分析其内外结构形状。分析时一般以主视图为主，找出各视图对应关系，从而想象出零件各部分的结构形状，综合起来想象零件的整体形状。压盖的立体形状，如图 2-40 所示。

图 2-40　压盖的
立体形状

　　d. 读尺寸标注：根据零件类型及尺寸标注的特点，找出尺寸基准，然后以基准出发，弄清各部分的定形尺寸和定位尺寸，分清主要尺寸与次要尺寸，检查尺寸标注是否齐全、合理。如图 2-39 所示的压盖零件，其长度方向的尺寸以主视图左端为基准；径向尺寸以中心线为基准标注；4 个直径 6mm 的小孔均布在直径 40mm 的圆周上。

　　e. 读技术要求：根据图中标注的表面粗糙度、尺寸公差、形位公差及其它技术要求，加深了解零件上各结构特点和作用，进一步理解设计意图，加工方法。如图 2-39 所示的零件图中，为了美观和便于配合密封，我们只对法兰端面和 $\phi25$ 圆柱面提出了较高的表面精度要求，而其它表面只要求达到 $Ra12.5$ 的较低表面精度；为了安装紧密，对法兰端面与压盖中心线提出了垂直度要求；压盖与泵体壳体孔之间是基轴制配合，因此全图只有 $\phi25$ 给定了尺寸公差要求。另外，从技术要求处我们还可以得知，所有的棱角都要做倒钝处理。

　　f. 全面总结归纳：综合上面的分析，再做一次归纳想象，对零件结构形状，尺寸关系以及技术要求有一个全面的、完整的、清晰的了解，达到读图的要求。应注意在读图过程中，上述步骤不能机械地分开，应适时穿插进行、综合运用。

2.6 常用测量器具的使用

(1) 钢直尺

钢直尺是不可卷的钢质板状量尺,如图 2-41 所示。长度有 150mm、300mm、500mm、1000mm 等,一般尺面除有米制刻线外,有的还有英制刻线,可直接检测长度尺寸。测量准确度米制为 0.5mm,英制为 1/32″或 1/64″。钢直尺的使用和读数方法,如图 2-42 和图2-43 所示。

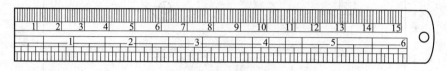

图 2-41 钢直尺

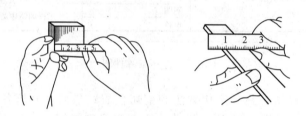

图 2-42 钢直尺的使用

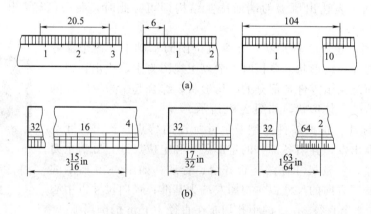

(a)

(b)

图 2-43 钢直尺的读数方法

(2) 游标卡尺

游标卡尺是带有测量量爪并用游标读数的量尺。测量精度较高,结构简单,使用方便,可以直接测出零件的内径、外径、宽度、长度和深度的尺寸值,是生产中应用最广的一种量具。

① 游标卡尺的刻线原理与读数方法 游标卡尺的结构如图 2-44 所示,主要由主尺身和游标组成。游标卡尺的测量准确度有 0.1mm,0.05mm,0.02mm 三种,其测量范围有 0~125mm、0~200mm、0~300mm、0~500mm 等几种。其刻线原理与读数方法,见表 2-8。

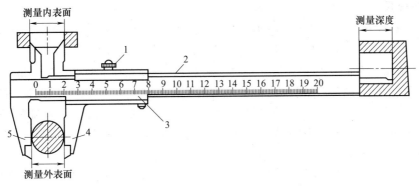

图 2-44　游标卡尺

1—紧固螺钉；2—尺身；3—游标；4,5—量爪

表 2-8　游标卡尺的刻线原理与读数方法

精度值	刻线原理	读数方法及示例
0.1mm	尺身 1 格=1mm 游标 1 格=0.9mm,共 10 格 尺身、游标每格之差=1mm－0.9mm=0.1mm	读数=游标 0 位指示的尺身整数＋游标与尺身重合线数×精度值 示例： 读数=90mm＋4×0.1mm=90.4mm
0.05mm	尺身 1 格=1mm 游标 1 格=0.95mm,共 20 格 尺身、游标每格之差=1mm－0.95mm=0.05mm	读数=游标 0 位指示的尺身整数＋游标与尺身重合线数×精度值 示例： 读数=30mm＋11×0.05mm=30.55mm
0.02mm	尺身 1 格=1mm 游标 1 格=0.98mm,共 50 格 尺身、游标每格之差=1mm－0.98mm=0.02mm	读数=游标 0 位指示的尺身整数＋游标与尺身重合线数×精度值 示例： 读数=22mm＋9×0.02mm=22.18mm

② 使用游标卡尺的注意事项

a. 未经加工的毛面不要用游标卡尺测量，以免损伤量爪的测量面，降低卡尺测量精度。

b. 使用前应看主、副尺零线在量爪闭合时是否重合，如有误差，测量读数时注意修正。

c. 游标卡尺测量方位应放正，不可歪斜。如测量内、外圆直径时应垂直于轴线。

d. 测量时用力适当，不可过紧，也不可过松，特别是抽出卡尺读数时，量爪极易松动，造成测量不准确。

其它游标量具有专门用来测量深度尺寸的深度游标尺；高度游标尺可以测量一些零件的高度尺寸，同时还可以用来进行精密划线。

（3）千分尺

千分尺是精密量具，测量准确度为 0.01mm，有外径千分尺、内径千分尺及深度千分尺等。外径千分尺测量范围有 0～25mm、25～50mm、50～75mm、75～100mm 等，图 2-45 所示是 0～25mm 的外径千分尺。尺架左端有砧座 1，测微螺杆 2 与微分筒 4 是连在一起的，转动微分筒时，测微螺杆即沿其轴向移动。测微螺杆的螺距为 0.5mm，固定套筒 3 上轴向中线上下相错 0.5mm 各有一排刻线，每格为 1mm。微分筒 4 锥面边缘沿圆周有 50 等分的刻度线，当测微螺杆端面与砧座接触时，微分筒上零线与固定套筒中线对准，同时微分筒边缘也应与固定套筒零线重合。

测量时，先从固定套筒上读出毫米数，若 0.5 刻线也露出活动套筒边缘，则加 0.5mm；从微分筒上读出小于 0.5mm 的小数，二者加在一起即测量数值。如图 2-46 所示。例如，读数为：$8.5mm + 0.01mm \times 27mm = 8.77mm$。

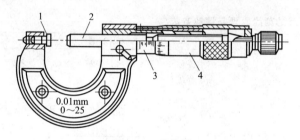

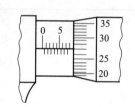

图 2-45　千分尺　　　　　　　　图 2-46　千分尺读数示例

1—砧座；2—测微螺杆；3—固定套筒；4—微分筒

使用千分尺应注意以下事项。

① 校对零点。将砧座与螺杆接触，看圆周刻度零线是否与纵向中线对齐，且微分筒左侧棱边与尺身的零线重合，如有误差修正读数。

② 合理操作。手握尺架，先转动微分筒，当测量螺杆快要接触工件时，必须使用端部棘轮，严禁再拧微分筒。当棘轮发出嗒嗒声时应停止转动。

③ 擦净工件测量面。测量前应将工件测量表面擦净，以免影响测量精度。

④ 不偏不斜。测量时应使千分尺的砧座与测微螺杆两侧面准确放在被测工件的直径处，不能偏斜。

（4）百分表

百分表是一种测量精度为 0.01mm 的机械式量表，是只能测出相对数值不能测出绝对数值的比较量具。百分表用于检测零件的形状和表面相互位置误差（如圆度、圆柱度、同轴度、平行度、垂直度、圆跳动等），也常用于零件安装时的校正工作。

百分表的外形如图 2-47（a）所示。图 2-47（b）是其工作原理，测量杆 1 上齿条齿距为 0.625mm，齿轮 2 齿数为 16，齿轮 3 和齿轮 6 齿数均为 100，齿轮 4 齿数为 10，齿轮 2 与 3 连在一起，表面长针 5 装于齿轮 4 上，短针 8 装于齿轮 6 上。当测量杆移动 1mm 时，齿条则移动 1/0.625＝1.6 齿，使齿轮 2 转过 1.6/16＝1/10r，齿轮 3 也同时转过 1/10r，即转过 10 个齿，正好使齿轮 4 转过一转，使长针 5 转过一周。由于表盘圆周分成 100 格，故长针每转过一格时测量杆移动量为 1/100＝0.01mm。长针转一周的同时，齿轮 4 传动齿轮 6 也转过 1/10r（即 10/100），一般百分表量程为 5mm，故表盘上短针转动刻有 5 个格，每转过一格，表示测量杆移动 1mm。图 2-47（b）中，游丝 7 总使轮齿一侧啮合，消除间隙引起的测量误差。弹簧 9 总使测量杆处于起始位置。

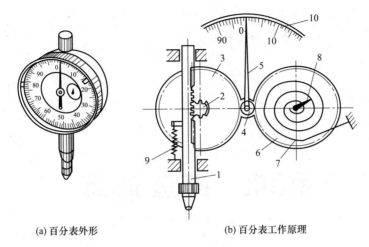

(a) 百分表外形　　　　　(b) 百分表工作原理

图 2-47　百分表

1—测量杆；2,3,4,6—齿轮；5—长针；7—游丝；8—短针；9—弹簧；10—表盘

第3章 铸造训练

3.1 砂型铸造

机械制造的工艺方法有很多种类。我们把利用加热的方法使毛坯或工件发生形状和尺寸的变化叫做金属的热加工，例如铸造、锻造、焊接等加工方法；而把使用刀具切除工件表面多余金属，获得具有一定精度的零件的加工方法叫做金属的冷加工，又称切削加工、机械加工或机加，例如车削、铣削、刨削、磨削等。

铸造是把金属熔化后，浇注到铸型内凝固成形的工艺方法。铸造的产品称为铸件，一般属于零件的毛坯，需经切削加工后才成为符合要求的零件。铸造的方法有多种，应用最广的是砂型铸造。砂型铸造所用的铸型称为砂型，制造砂型（简称造型）所用的主要材料是型砂。砂型铸造的基本过程，如图 3-1 所示。

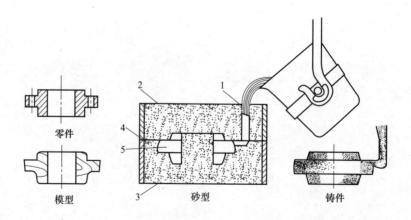

图 3-1　砂型铸造的基本过程

1—浇口；2—上型；3—下型；4—分型面；5—型腔

砂型铸造适用于各种金属的铸造，能生产各种形状、大小的铸件。缺点是一个砂型只能使用一次，需要耗费大量造型工时。因此，造型工作是砂型铸造生产过程中的主要工序，也是铸造实训中的主要任务。

3.1.1 型砂

(1) 型砂的组成

常用的型砂是由石英砂粒、黏土和水分所组成的混合物，称为黏土砂，黏土含量约为8％～12％，水分含量约为4.5％～6.5％。型砂受到一定的外力挤压后，石英砂粒就被黏结起来，并能塑成一定形状的型腔。图 3-2 所示为砂粒黏结后的型砂结构示意图。

(2) 型砂的性能

一般来说，型砂应具备下列性能：

① 强度 型砂制成砂型后应有足够的强度，以抵抗浇注时金属液体的冲击力和静压力。否则，有可能使铸件产生冲砂、胀砂和跌砂等缺陷，如图 3-3 所示。

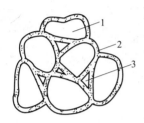

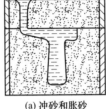 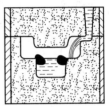

(a) 冲砂和胀砂　　　　　(b) 冲砂和跌砂

图 3-2　型砂结构示意图
1—石英砂粒；2—黏土薄膜；
3—透气空隙

图 3-3　型砂的强度不够

型砂的强度除与其所含黏土和水分的多少有关外，还与造型时紧砂的程度有关。在砂型的某些薄弱部分插钉子或木片，能有效地增加该处型砂的强度。必要时，可把整个砂型烘干，则其强度能提高到湿态时的几倍。

② 透气性 型砂制成砂型后应有足够的透气性，以便排除浇注时所产生的大量水蒸气和型腔中的空气，如图 3-4 所示。如果透气性不足，这些气体会进入金属液体，使铸件中产生气孔。情况严重时，型腔中的气体压力有可能使金属液体从浇口中喷出，不仅铸件报废，而且会造成事故，如图 3-5 所示。

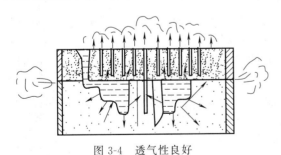 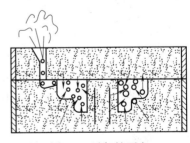

图 3-4　透气性良好　　　　　　　　　　　图 3-5　透气性不良

型砂的透气性除与其所含的砂粒大小以及黏土和水分的多少有关外，同时也与造型时紧砂的程度有关。在砂型上打上透气针孔，有利于气体外逸；采用干砂型则能避免产生水蒸气。这些造型工艺措施都能有效地防止铸件中形成气孔。

③ 耐火性 型砂能承受金属液体的高温作用，而不被烧熔和烧结的性质称为耐火性。耐火性差的型砂，在高温的金属液体作用下，会黏结在铸件表面，形成粘砂，这将会给铸件的清理工作和后续的切削加工造成困难。

型砂的耐火性主要取决于石英砂粒中所含二氧化硅的纯度。纯粹的二氧化硅有很高的熔点。但是，如果石英砂粒中含有碱性氧化物就会显著降低其熔点，影响耐火性。生产铸铁件时，常在型腔表面涂一层石墨粉，使铁水与型砂隔离，如图 3-6 所示。由于石墨有很高的耐火性，因此能有效地防止铸铁件表面产生粘砂。

④ 退让性　型芯在铸件冷却时的收缩压力作用下，能被压缩和压碎的性能称为退让性。因为型芯是处在铸件的内腔中，所以当金属液体凝固之后进行收缩时，会使型芯受到很大的压力，如图 3-7 所示。如果型芯砂缺乏退让性，将使铸件内腔的清理工作发生困难。严重时，由于铸件不能自由收缩，有可能导致铸件开裂。

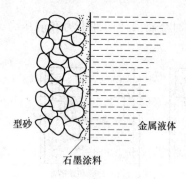

型砂　　　　　　金属液体

石墨涂料

图 3-6　石墨涂料的作用

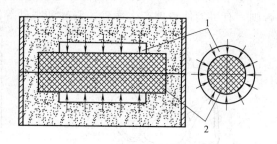

图 3-7　铸件对型芯的收缩压力
1—铸件；2—型芯

用油类作黏结剂的型芯砂（称为油砂）具有良好的退让性。油砂型芯在高温金属液体的作用下，油被烧损，体积缩小，而且使黏结作用脆弱。当受到铸件的收缩压力时，油砂型芯就被压碎。因此，油砂型芯不会阻碍铸件的收缩，而且便于清理铸件内腔。黏土砂的退让性较差。在黏土砂中配入适量木屑，能改善其退让性。用这种型砂制造型芯，效果虽然不如油砂，但较油砂经济。

(3) 型砂的制备

浇注时，砂型表面受高温铁水的作用，砂粒碎化、煤粉燃烧分解，型砂中灰分增多，部分黏土丧失黏结力，均使型砂的性能变坏。所以，落砂后的旧砂，一般不直接用于造型，需掺入新材料，经过混制，恢复型砂的良好性能后才能使用。旧砂混制前需经磁选及过筛以去除铁块及砂团。型砂的混制是在混砂机中进行的，在碾轮的碾压及搓揉作用下，各种原材料混合均匀并使黏土膜均匀包敷在砂粒表面。型砂的混制过程是：先加入新砂、旧砂、膨润土和煤粉等干混 2～3min，再加水湿混 5～7min，性能符合要求后从出砂口卸砂。混好的型砂应堆放 4～5h，使水分均匀。使用前还要用筛砂机或松砂机进行松砂，以打碎砂团和提高型砂性能，使之松散好用。

3.1.2　手工造型的工具及附具

由于手工造型的种类较多、方法各异，再加上生产条件、地域差异和使用习惯等的不同，造成了手工造型时使用的造型工具、修型工具及检验测量用具等附具也多种多样，结构形状和尺寸也可各不相同。如图 3-8 所示，为常见的一些造型工具和附具。

① 砂箱　砂箱一般是由铸铁、钢、木料等材料制成的、坚实的方形或长方形框子。砂箱要有准确的定位和锁紧装置。砂箱通常由上箱和下箱组成，上、下箱之间用销子定位。手工造型常用的砂箱有可拆式砂箱、无挡砂箱、有挡砂箱等形式。

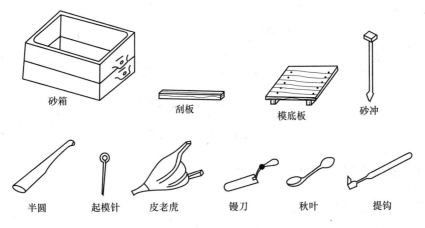

图 3-8　造型工具和附具

② 造型模底板　造型模底板用来安装和固定模样用，在造型时用来托住模样、砂箱和砂型。一般由硬质木材或铝合金、铸铁、铸钢制成。模底板应具有光滑的工作面。

③ 刮板　刮板也称刮尺，在型砂舂实后，用来刮去高出砂箱的型砂。刮板一般用平直的木板或铁板制成，其长度应比砂箱宽度长些。

④ 砂冲　砂冲也称舂砂锤、捣砂杵，舂实型砂用的。其平头用来锤打紧实、舂平砂型表面，如砂箱顶部的砂；尖头（扁头）用来舂实模样周围及砂箱靠边处或狭窄部分的型砂。

⑤ 起模针和起模钉　起模针和起模钉用于从砂型中取出模样。起模针与通气针十分相似，一般比通气针粗，用于取出较小的木模；起模钉工作端为螺纹形，用于取出较大的模样。

⑥ 半圆　半圆也称竹片梗、平光杆，用来修整砂型垂直弧形的内壁和底面。

⑦ 皮老虎　皮老虎用来吹去模样上的分型砂及散落在型腔中的散砂、灰土等。使用时注意不要碰到砂型或用力过猛，以免损坏砂型。

⑧ 镘刀　镘刀也称刮刀，用来修理砂型或砂芯的较大平面，也可开挖浇注系统、冒口，切割大的沟槽及在砂型插钉时把钉子揿入砂型。镘刀通常由头部和手柄两部分构成，头部一般用工具钢制成，有平头、圆头、尖头几种，手柄用硬木制成。

⑨ 秋叶　秋叶也称双头铜勺，用来修整砂型曲面或窄小的凹面。

⑩ 提钩　提钩也称砂钩，用来修理砂型或砂芯中深而窄的底面和侧壁及提出掉落在砂型中的散砂，由工具钢制成。常用的提钩有直砂钩和带后跟砂钩。

3.1.3　手工造型的工艺流程

用型砂及模样等工艺装备制造铸型的过程称为造型。造出的砂型是由上砂型、下砂型、型腔（形成铸件形状的空腔）、砂芯、浇注系统和砂箱等部分组成的，铸型的组成及各部分名称如图 3-9 所示。上、下砂型的接合面称为分型面。上、下砂型的定位可用泥记号（单件、小批量生产）或定位销（成批、大量生产）。

一个完整的造型工艺过程，应包括准备工作、安放模样、填砂、紧实、起模、修型、合型等主要工序。图 3-10 为手工造型的主要工艺流程图。

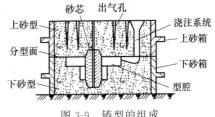

图 3-9　铸型的组成

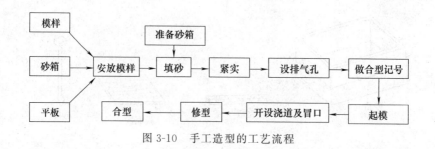

图 3-10　手工造型的工艺流程

3.1.4　造型工艺知识

(1) 铸件浇注位置的选择

浇注位置是指金属浇注时铸件在铸型中所处的空间位置。浇注位置的选择是否正确，对铸件质量影响很大。浇注位置的选择一般应考虑下列原则。

① 铸件的重要加工面和主要工作面应朝下或位于侧面。这是因为铸件上部凝固速度慢，晶粒较粗大，易形成缩孔、缩松，而且气体、非金属夹杂物密度小，易在铸件上部形成砂眼、气孔、渣气孔等缺陷。铸件下部的晶粒细小，组织致密，缺陷少，质量优于上部。当铸件有几个重要加工面或重要面时，应将主要的和较大的加工面朝下或侧立。

② 铸件的大平面应朝下。若朝上放置，不仅易产生砂眼、气孔、夹渣等缺陷，而且高温金属液体使型腔上表面的型砂受强烈热辐射的作用急剧膨胀，产生开裂或拱起，在铸件表面造成夹砂结疤缺陷。

③ 铸件上面积较大的薄壁部分，应处于铸型的下部或处于垂直、倾斜位置。这样可增加液体的流动性，避免铸件产生浇不到或冷隔缺陷。

④ 易形成缩孔的铸件，应将截面较厚的部分放在分型面附近的上部或侧面，便于安放冒口，使铸件自下而上，朝冒口方向定向凝固。

⑤ 应尽量减少砂芯的数量，有利于砂芯的安放、固定和排气。

(2) 铸型分型面的选择

分型面是指同一铸型组元中可分开部分的分界面。分型面通常与上、下砂箱之间的接触面相同。分型面的选择是否合理，不但影响铸件的质量，而且也影响制模、造型、制芯、合箱等工序的复杂程度，需认真考虑。选择分型面的主要原则如下：

① 分型面应选择在铸件的最大截面处，以便于起模。图 3-11 所示为连杆铸件分型面的选择方案。按图 3-11 (b) 中所示的分型面为一平直面，可用分模造型、起模方便。如果采用图 3-11 (a) 弯曲对称面为分型面，则需采用挖砂或假箱造型，使造型过程复杂化。

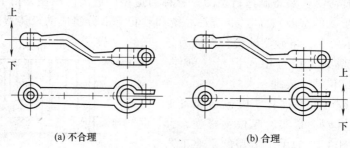

(a) 不合理　　　　　　　　　　(b) 合理

图 3-11　连杆铸件分型面

② 应使铸型的分型面最少，这样不仅可简化造型过程，而且也可减少因错型造成铸件误差。图 3-12 所示为槽轮铸件分型面的选择方案。图 3-12（a）所示为分离模活砂块两箱造型，轮槽部分用环状活湿砂块形成。虽有一个分型面，但造型时必须用手工操作，多次翻动砂箱才能取出模样，铸件的精度低，生产率低。图 3-12（b）所示有两个分型面，需三箱手工造型，操作复杂。图 3-12（c）所示只有一个分型面。轮槽部分用环状型芯来形成，可用整模两箱机器造型。这样既简化了造型过程，又保证了铸件质量，提高了生产率，是最佳方案。

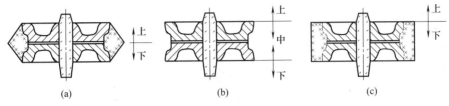

图 3-12　槽轮铸件分型面

③ 应尽量使铸件全部或大部分在同一个砂箱内。这样不仅减少了因错箱造成的误差，而且使铸件的基准面与加工面在同一个砂箱内，保证了铸件的位置精度。

对具体铸件而言，由于铸件材料、铸造方法、批量大小不同，选用的原则也有很大区别，应根据具体情况合理解决。分型面选定以后，用红或蓝实线从分型面处引出，画出箭头，标明上下。

（3）浇注系统

浇注系统是为填充金属液体而开设于铸型中的一系列通道。浇注系统通常由外浇道、直浇道、横浇道和内浇道组成。图 3-13 所示为典型的浇注系统。

① 外浇道：也叫外浇口，常用的外浇道有漏斗形和浇口盆两种形式。造型时将直浇道上部扩大成漏斗形外浇道，因结构简单，常用于中小型铸件的浇注。浇口盆用于大中小铸件的浇注。外浇道的作用是承受来自浇包的金属液，缓和金属液的冲刷，使它平稳地流入直浇道。

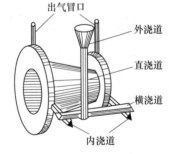

图 3-13　浇注系统

② 直浇道：是浇注系统中的垂直通道，其形状一般是一个有锥度的圆柱体。它的作用是将金属液体从外浇道平稳地引入横浇道，并形成充型的静压力。

③ 横浇道：是连接直浇道和内浇道的水平通道，截面形状多为梯形。它除向内浇道分配金属液体外，主要起挡渣作用，阻止夹杂物进入型腔。为了便于集渣，横浇道必须开在内浇道上面，末端距最后一个内浇道要有一段距离。

④ 内浇道：是引导金属液体进入型腔的通道，截面形状为扁梯形、三角形或月牙形，其作用是控制金属液体流入型腔的速度和方向，调节铸型各部分温度分布。

⑤ 冒口：由于铸件冷却凝固时体积收缩会产生缩孔和缩松，为防止缩孔和缩松，往往在铸件的顶部或厚实部位设置冒口。冒口是指在铸型内特设的空腔及注入该空腔的金属。冒口中的金属液体可不断地补充铸件的收缩，从而使铸件避免出现孔洞。清理时冒口和浇注系统均被切除掉。冒口除了补缩作用外，还有排气和集渣的作用。

3.1.5　手工造型方法

手工造型是全部用手工或手动工具紧实的造型方法，其特点是操作灵活，适度性强。因此，在单件、小批量生产中，特别是不宜用机器造型的重型复杂件，常用此法，但手工造型效率低，劳动强度大。

将造型过程中紧砂和起模两项最主要的操作实现机械化的造型方法称为机器造型。在现代化的铸造车间里，铸造生产中的造型、制芯、型砂处理、浇注、落砂等工序均由机器来完成，并把这些工艺过程组成机械化连续生产流水线，不仅提高了生产率，而且也提高了铸件精度和表面质量，改善了劳动条件。尽管设备投资较大，但在大批量生产时，铸件成本可显著降低。

手工造型常用方法如下。

(1) 整体模造型

整体模造型的特点是模样为整体，模样截面由大到小，放在一个砂箱内，可一次从砂中取出，造型比较方便。图 3-14（a）所示为轴承座零件图，在主视图中可以看出，其截面由底面到顶面逐渐缩小，因此，可采用整体模造型。图 3-14 为轴承座零件两箱整体模造型的操作示意图，主要操作要点如下。

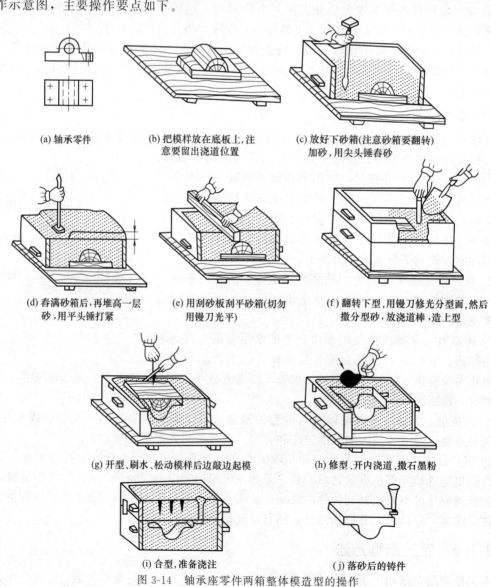

(a) 轴承零件　　(b) 把模样放在底板上，注意要留出浇道位置　　(c) 放好下砂箱(注意砂箱要翻转)加砂，用尖头锤舂砂

(d) 舂满砂箱后，再堆高一层砂，用平头锤打紧　　(e) 用刮砂板刮平砂箱(切勿用镘刀光平)　　(f) 翻转下型，用镘刀修光分型面，然后撒分型砂，放浇道棒，造上型

(g) 开型、刷水、松动模样后边敲边起模　　(h) 修型、开内浇道，撒石墨粉

(i) 合型、准备浇注　　(j) 落砂后的铸件

图 3-14　轴承座零件两箱整体模造型的操作

① 安放模样　如图 3-14（b）所示，首先选择平直的底板和尺寸适当的砂箱。放稳底板后，清除板上的散砂，放好下砂箱，将模样擦净放在底板上适当的位置，如图 3-14（c）所示。

② 填砂和舂砂　如图 3-14（d）所示，舂砂时必须将型砂分次加入，每次加入量要适当。先加面砂，并用手将模样周围的砂塞紧，然后加背砂。舂砂时应均匀地按一定路线进行，以保证型砂各处紧实度均匀，并注意不要撞到模样上，舂砂力大小要适当。同一砂型的各处的紧实度是不同的：靠近砂箱内壁应舂紧，以免塌箱；靠近模样处应较紧，以使型腔承受熔融金属的压力；其他部分应较松，以利于透气。舂满砂箱后，应再堆高一层砂，用平头锤打紧。下砂箱应比上砂箱舂得稍紧实些。

③ 刮平砂箱与扎出气孔　如图 3-14（e）所示，用刮砂板刮去砂箱上面多余的型砂后，使其表面与砂箱四边齐平，再用通气针扎出分布均匀、深度适当的气孔。气孔应扎在模样投影面的上方，出气孔的底部应离模样上表面 10mm 左右。

④ 撒分型砂与放上砂箱　下型造好后，将其翻转 180°，如图 3-14（f）所示。在造上型之前，应在分型面上撒分型砂，以防上、下型砂粘在一起。撒分型砂时手应距砂型稍高，一边转圈，一边摆动，使分型砂从五个指尖合拢的中心均匀地撒落下来。

⑤ 填砂与紧实　先放置浇道棒，如图 3-14（f）所示。浇道棒的位置要合理可靠，并先用面砂固定它们的位置。其填砂和舂砂操作与造下型相同。连接处应修成圆滑过渡，以引导熔融金属平稳流入砂型。

⑥ 修整上砂箱面与开型　如图 3-14（g）所示，先用刮板刮去多余背砂，使砂型表面与砂箱四边齐平，再用镘刀光平浇冒口处的型砂。用通气针扎出气孔，取出浇冒口模样，在直浇道上端开挖浇口杯。如果砂箱没有定位装置，则还需要在砂箱外壁上、下型相接处，做出定位符号（粉笔号、泥号），以免上、下砂型合箱时，铸件产生错箱缺陷。然后，再取下上箱，将上箱翻转 180° 后放平。

⑦ 起模　如图 3-14（g）所示，清除分型面上的分型砂，用掸笔沾些水，刷在模样周围的型砂上，以增强这部分型砂的强度和塑性，防止起模时损坏砂型。刷水时应一刷而过，且不宜过多。起模时，起模针应钉在模样的重心上，并用小锤前后左右轻轻地敲打起模针的下部，使模样和砂型之间松动，然后将模样慢慢地向上垂直提起。

⑧ 修型、开挖横浇道和内浇道　如图 3-14（h）所示，先开挖浇注系统的横浇道和内浇道，并修光浇注系统的表面；起模时若砂型损坏，则需修型，修型时应由上而下、由里向外进行。

⑨ 烘干与合型　如图 3-14（i）所示，修型完毕后需要将上、下砂型烘干，以增强砂型的强度和透气性。砂型烘干后即可合箱，合箱时应注意使砂箱保持水平下降，并应对准定位符号，防止错箱。

⑩ 浇注与落砂　将熔融金属平缓地注入铸型中，称为浇注；待熔融金属在铸型中充分冷却和凝固后，用手工或机械的方法将铸件从型砂、砂芯和砂箱中分开的操作，称为落砂。图 3-14（j）所示为落砂后的铸件。

（2）分开模造型

分开模造型的特点是当铸件截面不是由大到小逐渐递减时，可将模样在最大水平截面处分开，从而使分开的模样在分型面两侧或不同的分型面上顺利起出。最简单的分开模造型为两箱分开模造型，如图 3-15 所示。

（3）挖砂造型

有些铸件的分型面是一个曲面，起模时覆盖在模样上面的型砂阻碍模样的起出，因此，

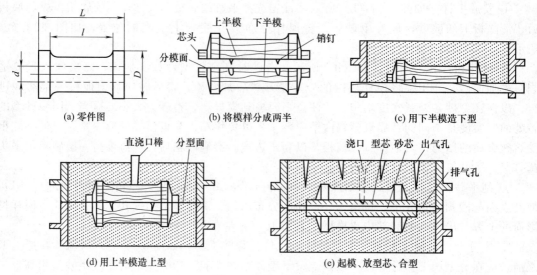

图 3-15 分开模造型

必须将覆盖在其上的型砂挖去才能正常起模，这种造型方法称为挖砂造型。图 3-16 为手轮的挖砂造型过程。挖砂造型生产率低，对操作人员的技术水平要求较高，一般仅适用于单件、小批量生产小型铸件。当铸件的生产数量较多时，可采用假箱造型代替挖砂造型。

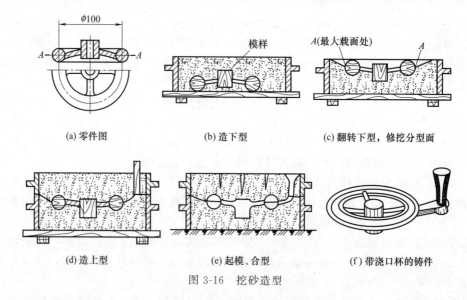

图 3-16 挖砂造型

（4）假箱造型

假箱造型是利用预制的成形底板（亦称翻箱板）或假箱，来代替挖砂造型中所挖去型砂的造型方法，如图 3-17 所示为两种假箱造型方法。

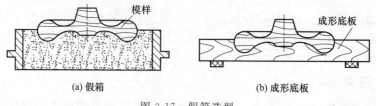

图 3-17 假箱造型

（5）活块造型

活块造型是将整体模或芯盒侧面的伸出部分做成活块，起模或脱芯后，再将活块取出的造型方法，如图 3-18 所示。活块用钉子或燕尾榫与模样主体连接。造型时应特别细心，防止春砂时活块位置移动；起模时要用适当的方法从型腔侧壁取出活块。因此，活块造型操作难度大，生产效率低，适用于单件、小批量生产。

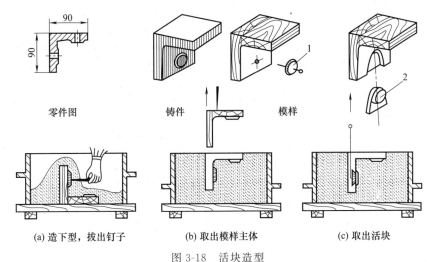

(a) 造下型，拔出钉子　　(b) 取出模样主体　　(c) 取出活块

图 3-18　活块造型
1—用钉子连接的活块；2—用燕尾榫连接的活块

3.1.6　造芯

（1）砂芯的作用

① 形成铸件的内腔、内孔。砂芯的几何形状与要形成的内腔及内孔相一致。

② 形成铸件的外形。对于外部形状复杂的局部凹凸面，工艺上均可用砂芯来形成。

③ 加强铸型强度。某些特定铸件的重要部分或铸型浇注条件恶劣处，可用砂芯形成。

（2）手工造芯方法

手工造芯是传统的造芯方法，一般依靠人工填砂紧实，也可借助木锤或小型捣固机进行紧实，制好后的砂芯放入烘炉内烘干硬化。砂芯一般是用芯盒制成的，芯盒的空腔形状和铸件的内腔相适应。根据芯盒的结构，手工制芯方法可以分为下列三种。

① 对开式芯盒制芯　适用于圆形截面的较复杂砂芯，其制芯过程如图 3-19 所示。

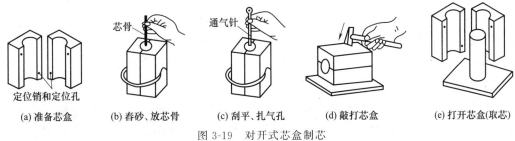

(a) 准备芯盒　　(b) 春砂、放芯骨　　(c) 刮平、扎气孔　　(d) 敲打芯盒　　(e) 打开芯盒(取芯)

图 3-19　对开式芯盒制芯

② 整体式芯盒制芯　用于形状简单的中、小砂芯，其制芯过程如图 3-20 所示。

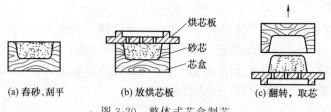

(a) 舂砂、刮平　　　(b) 放烘芯板　　　(c) 翻转，取芯

图 3-20　整体式芯盒制芯

③ 可拆式芯盒制芯　对于形状复杂的中、大型砂芯，当用整体式和对开式芯盒无法取芯时，可将芯盒分成几块，分别拆去芯盒取出砂芯，如图 3-21 所示。芯盒的某些部分还可以做成活块。

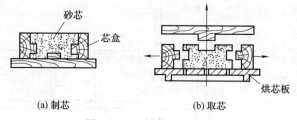

(a) 制芯　　　　　　　(b) 取芯

图 3-21　可拆式芯盒制芯

(3) 手工造芯要点

① 保持芯盒内腔干净，这是砂芯达到良好表面质量的关键。因此，必须经常用柴油等清洗剂喷刷芯盒型腔，喷刷后还要吹干净。

② 活块座与活块之间的配合要良好，保持其清洁。造芯时不得有残余砂，并注意防止磨损。

③ 在填砂紧实时，各处紧实度要均匀，要特别注意局部薄弱部位和深凹处的紧实度。

④ 正确使用紧实工具。如用木锤、捣固机紧实时，不得舂在芯盒体上，以防损坏芯盒。

⑤ 在设置气道操作时，所设置的通气道与芯头出气孔相通，通气道不得开设在型腔上。

⑥ 型芯中应放入芯骨以提高其强度，小型芯的芯骨可用铁丝做成，大中型芯的芯骨要用铸铁铸成。安放芯骨时，一要注意芯骨周围用砂塞紧，二要注意外层吃砂量不得过小。

3.1.7　铸件的浇注生产

造型完成后的砂型经烘干后即可进入铸件的浇注生产流程，其主要过程如下。

(1) 合型

将上型、下型、砂芯、浇口盆等组合成一个完整铸型的操作过程称为合型，又称合箱。合型是制造铸型的最后一道工序，直接关系到铸件的质量。即使铸型和砂芯的质量很好，若合型操作不当，也会引起气孔、砂眼、错箱、偏芯、飞翅和呛火等缺陷。

(2) 熔炼

用于铸造的金属材料种类繁多，有铸铁、铸钢、铸造铝合金、铸造铜合金等，其中铸铁件应用最多，占铸造金属材料总重量的 80% 左右。目前，使用最广的熔炼设备是冲天炉、工频感应炉、中频感应炉、电炉及坩埚炉等。熔炼质量的好坏对能否获得优质的铸件有着重要的影响，因此，熔炼质量应满足下列几个要求。

① 熔液的温度要合理。熔液的温度过低，会使铸件产生冷隔、浇不足、气孔及夹渣等缺陷；熔液的温度过高，会导致铸件总收缩量增加、吸收气体过多、粘砂严重等缺陷。

② 熔液的化学成分要稳定，并且在所要求的范围内。如果熔液的化学成分不合格、不稳定，会影响铸件的力学性能和物理性能。

③ 熔炼生产率要高，成本低。

(3) 浇注

把熔融金属从浇包浇入铸型的过程称为浇注，如图 3-22 所示。由于浇注操作不当，常使铸件产生气孔、冷隔、浇不到、缩孔、夹渣等缺陷。

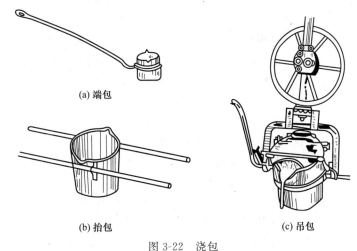

(a) 端包

(b) 抬包

(c) 吊包

图 3-22　浇包

① 浇注前准备工作：

a. 准备浇包。浇包数量要足，使用前必须烘干烘透，否则会降低熔液温度，而且还会引起熔液沸腾和飞溅。

b. 整理好场地，引出熔液出口、熔渣出口的下面不能有积水，要铺上干砂。

② 浇注要点

a. 浇包内金属液不能太满，以免抬运时飞溅伤人。

b. 浇注时须对准浇口，并且熔液不可断流，以免铸件产生冷隔。

c. 应控制浇注温度和浇注速度。浇注温度与合金种类、铸件大小及壁厚有关。速度应适中，太慢不易充满铸型，太快会冲刷砂型，也会使气体来不及逸出，使铸件内部产生气孔。

d. 浇注时应将砂型中冒出的气体点燃，以防 CO 气体对人体的危害。

(4) 落砂

落砂是用手工或机械使铸件和型砂、砂箱分开的操作。落砂时要注意开箱时间，开箱过早铸件未凝固部分易发生烫伤事故，并且开箱太早也会使铸件表面产生硬化层，造成机械加工困难，甚至会使铸件产生变形和开裂等缺陷。落砂后应对铸件进行初步检验，如有明显缺陷，则应单独存放，以决定其是否报废或修补。初步合格的铸件，才可进行铸件的后处理。

3.1.8　铸件的后处理

(1) 清砂

清砂是指落砂后从铸件上清除表面粘砂、型砂、飞翅和氧化皮等过程的总称。

（2）去除浇冒口

对于铸铁件，去除浇口及冒口凝料多用锤头敲打，敲打时应注意锤击方向，如图 3-23 所示，以免将铸件敲坏。敲打时应注意安全，敲打方向不应正对他人。铸钢件因塑性很好，一般用气割去除浇冒口，而有色金属多用锯割方法除掉浇冒口。

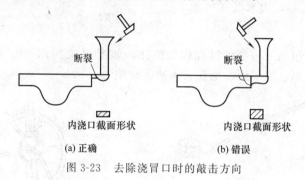

(a) 正确 (b) 错误

图 3-23 去除浇冒口时的敲击方向

（3）检验

根据用户要求和图纸技术条件等有关协议的规定，用目测、量具、仪表或其他手段检验铸件是否合格的操作过程称铸件质量检验。铸件质量检验是铸件生产过程中不可缺少的环节。

① 铸件外观质量检验　利用工具、夹具、量具或划线检测等手段检查铸件实际尺寸是否落在铸件图规定的铸件尺寸公差带内。利用铸造表面粗糙度比较样块评定铸件实际表面粗糙度是否符合铸件图上规定的要求。用肉眼或借助于低倍放大镜检查暴露在铸件表面的宏观质量。如飞边、毛刺、抬型、错箱、偏心、表面裂纹、黏砂、夹砂、冷隔、浇不到等。也可以利用磁粉检验、渗透检验等无损检测方法检查铸件表面和近表面的缺陷。

② 铸件内在质量检验　包括常规力学性能检验，如测定铸件抗拉强度、屈服点、伸长率、断面收缩率、挠度、冲击韧性、硬度等；非常规力学性能检验，如断裂韧性、疲劳强度、高温力学性能、低温力学性能、蠕变性能等。除硬度检测外，其他力学性能的检验多用试块或破坏抽验铸件水体进行。铸件特殊性能检验如铸件的耐热性、耐腐蚀性、耐磨性、减振性、电学性能、磁学性能、压力密封性能等。铸件化学性质、显微组织等也是重要的检测项目。

（4）热处理

铸件在冷却过程中，因各部位冷却速度不同，会产生一定的内应力。内应力的存在会引起铸件的变形和开裂。因此，清理后的铸件一般要进行消除内应力的时效处理。铸铁件时效处理方法有人工时效和自然时效两种。人工时效是将铸铁件缓慢加热至 500～600℃，保温一定时间，然后随炉缓慢冷至 300℃ 以下出炉空冷；自然时效是将铸铁件露天放置一年以上，利用日光照射使铸造内应力缓慢松弛，从而使铸铁件尺寸稳定的处理方法，自然时效特别适用于大型铸铁件。

（5）铸造缺陷分析

铸件生产是一项较为复杂的工艺过程，影响铸件质量的因素很多，往往由于原材料质量不合格、工艺方案不合理、生产操作不恰当、工厂管理不完善等原因，容易使铸件产生各种各样的缺陷。对铸件缺陷进行分析，其目的是找出产生缺陷的原因，以便于采取合理措施防止出现铸件缺陷。常见铸件的缺陷特征及其产生的主要原因，见表 3-1。

表 3-1　常见铸件的缺陷及其产生原因

缺陷名称	图　例	特　征	产生的主要原因
气孔	气孔	在铸件内部或表面有大小不等的光滑孔洞,呈球形或梨形	型砂含水过多,透气性差,起模和修型时倒水过多;型砂烘干不良或型芯通气孔堵塞;浇注温度过高或浇注速度过快
缩孔	缩孔	缩孔多分布在铸件厚壁处,呈倒锥形,形状不规则,孔内粗糙	铸件结构不合理,如壁厚相差过大,造成局部金属集聚;浇注系统和冒口的位置不合理,或冒口过小;浇注温度太高,或金属化学成分不合格,收缩过大
砂眼	砂眼	铸件内部或表面带有砂粒的孔洞	型砂和芯型的强度不够,砂型和芯型的实度不够,合型时砂型和芯型局部损坏,浇注系统不合格
错型	错型	铸件沿分型面有相对位置错移;使铸件的外形和尺寸与图纸不相符	模样的上半模和下半模未对好,合型时上下砂型未对准
冷隔	冷隔	铸件上有未完全融合的缝隙或注坑,其交接处是圆滑的	浇注温度太低,浇注速度太慢或浇注过程曾有中断,浇注系统位置开设不合理或内浇道横截面积太小

3.2　特种铸造

除砂型铸造以外的其他铸造方法统称为特种铸造。

3.2.1　金属型铸造

在重力下把金属液体浇入金属铸型而获得铸件的方法称为金属型铸造。金属型一般用铸铁或铸钢做成,型腔表面需喷涂一层耐火涂料。图 3-24 所示为垂直分型的金属型,由活动半型和固定半型两部分组成,设有定位装置与锁紧装置,可以采用砂芯或金属芯铸孔。

(1) 金属型铸造的优点

① 一型多铸,一个金属铸型可以铸造出几百个甚至几万个铸件;

② 生产率高;

③ 冷却速度较快,铸件组织致密,力学性能较好;

④ 铸件表面光洁,尺寸准确,铸件尺寸精度高。

(2) 金属型铸造的缺点

① 金属型成本高,加工费用大;

② 金属型没有退让性,不宜生产形状复杂的铸件;

③ 金属型冷却快,铸件易产生裂纹。

金属型铸造常用于大批量生产有色金属铸件（如铝、镁、铜合金铸件）,也可浇注铸铁件。

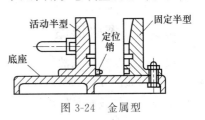

图 3-24　金属型

3.2.2 压力铸造

压力铸造是将金属液体在高压下高速充型，并在压力下凝固获得铸件的方法。其压力从几到几十兆帕，铸型材料一般采用耐热合金钢。用于压力铸造的机器称为压铸机。压铸机的种类很多，目前应用较多的是卧式冷压室压铸机，其生产工艺过程如图 3-25 所示。

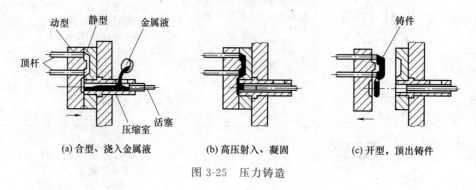

(a) 合型、浇入金属液　　　　(b) 高压射入、凝固　　　　(c) 开型，顶出铸件

图 3-25　压力铸造

(1) 压力铸造的优点

① 由于金属液在高压下成形，因此可以铸出壁很薄、形状很复杂的铸件；

② 压铸件在高压下结晶凝固，组织致密，其力学性能比砂型铸件提高 20%～40%；

③ 压铸件表面精度和尺寸精度都很高，一般不需再进行机械加工或只需进行少量机械加工；

④ 生产率很高。每小时可生产几百个铸件，而且易于实现半自动化、自动化生产。

(2) 压力铸造的缺点

① 铸型结构复杂，加工精度和表面粗糙度要求很严，成本很高；

② 不适于压铸铸铁、铸钢等金属，因浇注温度高，铸型的寿命很短；

③ 压铸件易产生皮下气孔缺陷，不宜进行机械加工和热处理，否则气孔会暴露出来，形成凸瘤。

压力铸造适用于有色合金的薄壁小件大批量生产，在航空、汽车、电器和仪表工业中广泛应用。

3.2.3 离心铸造

离心铸造是将金属液体浇入旋转的铸型中，然后在离心力的作用下凝固成形的铸造方法，其原理如图 3-26 所示。离心铸造一般都是在离心铸造机上进行的，铸型多采用金属型，可以围绕垂直轴或水平轴旋转。

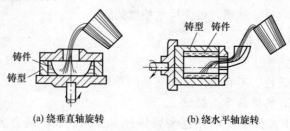

(a) 绕垂直轴旋转　　　　　(b) 绕水平轴旋转

图 3-26　离心铸造

(1) 离心铸造的优点

① 合金液体在离心力的作用下凝固，组织细密，无缩孔、气孔、渣眼等缺陷，铸件的力学性能较好；

② 铸造圆形中空的铸件可不用型芯；

③ 不需要浇注系统，提高了金属液体的利用率。

(2) 离心铸造的缺点

① 内孔尺寸不精确，非金属夹杂物较多，增加了内孔的加工余量；

② 易产生比重偏析，不宜铸造比重偏析大的合金，如铅青铜。

离心铸造适用于铸造铁管、钢辊筒、铜套等回转体铸件，也可用来铸造成形铸件。

3.2.4 熔模铸造

熔模铸造是用易熔材料（如蜡料）制成模样（称蜡模），用加热的方法使模样熔化流出。从而获得无分型面、形状准确的型壳，经浇注获得铸件的方法，又称失蜡铸造。

如图 3-27 所示为叶片的熔模铸造工艺过程。先在压型中做出单个蜡模，如图 3-27（a）所示；再把单个蜡模焊到蜡质的浇注系统上，统称蜡模组，如图 3-27（b）所示；随后在蜡模组上分层涂挂涂料及撒上石英砂，并硬化结壳。熔化蜡模，得到中空的硬型壳，如图3-27（c）所示；型壳经高温焙烧去掉杂质后浇注，如图 3-27（d）所示；冷却后，将型壳打碎取出铸件。熔模铸造的型壳也属于一次性铸型。

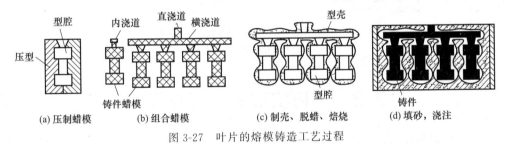

图 3-27　叶片的熔模铸造工艺过程

(1) 熔模铸造的优点

① 铸件精度高，一般可以不再进行机械加工。

② 适用于各种铸造合金，特别是对于熔点很高的耐热合金铸件，它几乎是目前唯一的铸造方法，因为型壳材料是耐高温的。

③ 因为是用熔化的方法取出蜡模，因而可做出形状很复杂、难于机械加工的铸件，如汽轮机叶片等。

(2) 熔模铸造的缺点

① 工艺过程复杂，生产成本高。

② 因蜡模易软化变形，且型壳强度有限，故不能用于生产大型铸件。

熔模铸造广泛用于航空、电器、仪器和刀具等制造部门。

3.2.5 消失模铸造

消失模铸造是将高温金属液浇入包含泡沫塑料模样在内的铸型内，模样受热逐渐气化燃烧，从铸型中消失，金属液逐渐取代模样所占型腔的位置，从而获得铸件的方法，也称为实型铸造。

消失模铸造是迅速发展起来的一种铸造新工艺。与传统的砂型铸造相比，有下列主要区别：一是模样采用特制的可发泡聚苯乙烯颗粒制成，这种泡沫塑料密度小，570℃左右气化、燃烧，气化速度快、残留物少；二是模样埋入铸型内不取出，型腔由模样占据；三是铸型一般采用无黏结剂和附加物质的干态石英砂振动紧实而成，对于单件生产的中大型铸件可以采用树脂砂或水玻璃砂按常规方法造型。

消失模铸造工艺过程如图 3-28 所示。

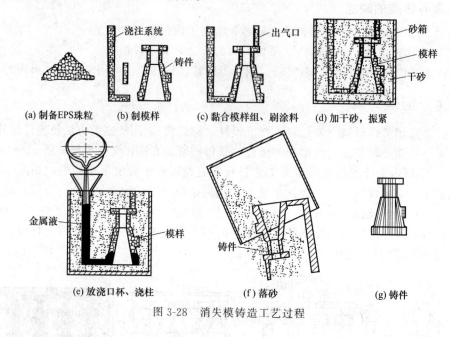

(a) 制备EPS珠粒　(b) 制模样　(c) 黏合模样组、刷涂料　(d) 加干砂，振紧

(e) 放浇口杯、浇柱　　　　(f) 落砂　　　　(g) 铸件

图 3-28　消失模铸造工艺过程

3.3　铸造实训安全操作规程

① 进入实训车间前必须按本工种规定穿戴好劳动保护用品。

② 造型时注意防止压勺、通气针等物刺伤人；放入模型和用手塞沙子时注意铁刺和铁钉；不要用嘴吹分型砂。

③ 扣箱和翻箱时，动作要协调一致，小心碰伤手脚。

④ 在开炉与浇注时，应戴好防护眼镜，站在安全地点；浇包内剩余液体金属不能泼在有水地面上；不参加浇注的人，应远离浇包。

⑤ 所有操作熔炼炉、出铝水、抬包、浇注等工作，必须在指导教师指导下进行，实训学生严禁私自动手。

⑥ 不得用冷工具进行挡渣、撇渣，或在剩余铝水内敲打，以免爆溅。

⑦ 不能正对着人敲打浇冒口或凿毛刺；不能用手、脚接触尚未冷却到室温的铸件。

⑧ 不许动与实训无关设备的开关。要做到文明实训，工作场地要保持整洁；使用完的工具、工件应摆放整齐，防止埋入沙堆。

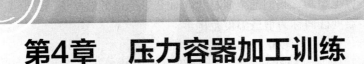

第4章 压力容器加工训练

4.1 压力加工的分类、特点及方法

压力加工是利用金属在外力作用下所产生的塑性变形，来获得具有一定形状、尺寸和力学性能的原材料、毛坯或零件的生产方法，又称金属塑性加工。

4.1.1 金属压力加工的分类和特点

金属的压力加工工艺方法主要有以下几种。

① 锻造：是使已加热的金属坯料在上下砧铁之间承受冲击力（自由锻锤）、压力（压力机）、塑模力（模型锻造）而变形的过程，用于制造各种形状的零件毛坯。

② 冲压：使金属板坯在冲模内受到冲击力或压力而成形的过程，也分冷冲压与热冲压。

③ 轧制：使金属坯料通过一对回转轧辊之间的空隙而受到压延的过程，包括冷轧（金属坯料不加热）和热轧（金属坯料加热），用于制造如板材、棒材、型材、管材等。

④ 挤压：把放置在模具型腔内的金属坯料从模孔中挤出来成形为零件的过程，包括冷挤压和热挤压，多用于壁厚较薄的零件以及制造无缝管材等。

⑤ 拉拔：将金属坯料拉过模孔以缩小其横截面的过程，用于制造如丝材、小直径薄壁管材等，也分为冷拉拔和热拉拔。

金属压力加工具有以下特点。

① 能改善金属的组织，提高其力学性能。这是由于加工时的塑性变形可以使金属坯料获得较细密的晶粒，并能消除钢锭遗留下来的内部缺陷（微裂纹、气孔等），合理控制零件的纤维方向，因而制成的产品力学性能较好。

② 能节约金属，提高经济效益。由于锻造可使坯料的体积重新分配，获得更接近零件外形的毛坯，加工余量小，因此在零件的制造过程中材料损耗少。

③ 能加工各种形状及重量的产品。如形状简单的螺钉，形状复杂的曲轴；重量极轻的表针及重达数百吨的大轴。

4.1.2 自由锻造

锻造可分为自由锻造和模型锻造。将加热后的金属坯料放在铁砧上或锻造机械的上、下砧之间进行的锻造，称为自由锻造。前者称为手工自由锻造，后者称为机器自由锻造。自由锻造所用的设备、工具有极大的通用性，工艺灵活性高，最适合于形状较简单的单件或小批生产件和大型锻件的生产。

(1) 锻件的加热

坯料在锻打前需要在加热炉中进行加热，加热的目的是提高坯料的塑性，降低其变形抗力。锻件的整个锻打过程是在金属的锻造温度范围内进行的。我们把允许加热的最高温度称为始锻温度。始锻温度一般低于熔点100～200℃。在锻打过程中随着坯料温度的降低，塑性下降，其变形抗力也增高。我们把金属材料允许变形的最低温度称为终锻温度。从始锻温度到终锻温度这一温度区间称为锻造温度范围。

坯料加热不当，容易产生以下缺陷。

① 氧化和脱碳　金属坯料在加热时，表面将与炉中的氧化性介质（氧气）发生反应形成一层氧化皮，这即是氧化，在工艺上称为火耗损失。一般每加热一次，氧化皮所造成的损失可达坯料重量的2％～3％。减少氧化的措施是严格控制送风量、快速加热，或采用少、无氧化等加热方法。

② 过热和过烧　金属坯料因加热温度超过一定温度或在高温下保温时间过长，而引起晶粒粗大的现象称为过热。过热会使坯料力学性能降低，应尽量避免。如果把坯料加热到接近熔点温度，由于炉气中的氧化性气体的渗入，使晶粒间的物质被氧化，这种现象叫过烧。过烧是无法挽救的加热缺陷。

③ 裂纹　加工大型锻件时，如果加热温度过高或加热速度过快，坯料心部和表层温差过大，产生的热应力超过材料的强度极限，会使坯料产生裂纹，故加热应分段进行。

(2) 自由锻造设备

空气锤以空气作为传递运动的媒介物，它是生产小型锻件的常用设备。如图4-1所示。空气锤有压缩缸和工作缸。电动机带动压缩缸内活塞运动，将压缩空气经旋阀送入工作缸的下腔或上腔，驱使上砧铁或锤头上下运动进行打击。通过脚踏杆或手柄操作控制阀可使锻锤空转、落下部分即锤头（工作活塞、锤杆、上砧铁）上悬、锤头下压、连续打击和单次锻打等多种动作，满足锻造的各种需要。

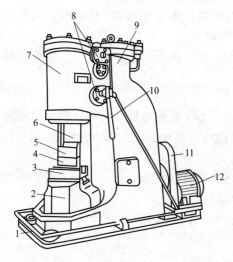

图 4-1 空气锤

1—踏杆；2—砧座；3—砧垫；4—下砧铁；
5—上砧铁；6—锤头；7—工作缸；8—控制阀；
9—压缩缸；10—手柄；11—减速机构；12—电动机

(3) 自由锻造的基本工序及其操作方法

自由锻造的基本工序有镦粗、拔长、冲孔、弯曲、扭转、错移和切割。下面介绍前两种基本工序。

① 镦粗：是使坯料长度减小，横截面增大的操作。主要用于齿轮坯、法兰盘等饼块状锻件，也可用于冲孔前的准备或作为拔长的准备工序以增加其拔长的锻造比。镦粗可分为完全镦粗和局部镦粗两种，如图4-2所示。

镦粗操作的规则和注意事项如下。

a. 镦粗用的坯料不能过长，应使镦粗部分原长与原直径之比小于2.5，以免镦弯；工件镦粗部分加热必须均匀，否则镦粗时工件变形不均匀，有时还可能镦裂。

b. 镦粗下料时坯料的端面往往切得不平，因此，开始镦粗时应先用手锤轻击坯料端面，使端面

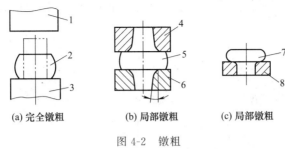

(a) 完全镦粗　　　(b) 局部镦粗　　　(c) 局部镦粗

图 4-2　镦粗

1—上砧；2,5,7—坯料；3—下砧；4,6,8—漏盘

平整并与坯料的轴线垂直，以免镦粗时镦歪。

c. 镦粗时锻打力要重且正，如图 4-3（a）所示，否则工件会被镦成细腰形，若不及时纠正，在工件上还会产生夹层，如图 4-3（b）所示；锻打时，锤还要打正，且锻打力的方向应与工件轴线一致，否则工件会被镦歪或镦偏，如图 4-3（c）所示。

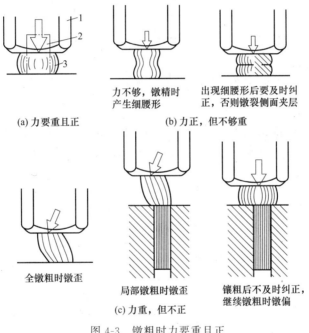

(a) 力要重且正　　　　　　　(b) 力正，但不够重

力不够，镦精时产生细腰形

出现细腰形后要及时纠正，否则镦裂侧面夹层

全镦粗时镦歪

局部镦粗时镦歪

镦粗后不及时纠正，继续镦粗时镦偏

(c) 力重，但不正

图 4-3　镦粗时力要重且正

1—大锤；2—坯料；3—工件

② 拔长：是使坯料长度增大，横截面减小的操作。主要用于轴、拉杆、炮筒等具有长轴线的锻件。拔长操作的规则和注意事项如下。

a. 拔长时工件要放平，锤打要准，力的方向要垂直，以免产生菱形，如图 4-4 所示。

b. 拔长时工件应沿上、下砧的宽度方向送进，每次送进量 L 应为砧面宽度 B 的 0.3～0.7 倍，如图 4-5（a）所示。送进量太大，锻件主要向宽度方向流动，降低延

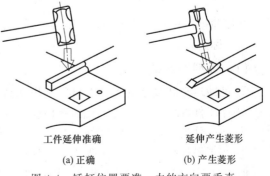

工件延伸准确　　　延伸产生菱形

(a) 正确　　　　　(b) 产生菱形

图 4-4　锤打位置要准，力的方向要垂直

伸效率，如图 4-5（b）所示；送进量太小，容易产生夹层，如图 4-5（c）所示。

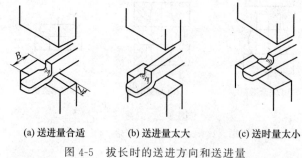

（a）送进量合适　　　（b）送进量太大　　　（c）送时量太小

图 4-5　拔长时的送进方向和送进量

c. 单边压下量 h 应小于送进量 L，否则会产生折叠，如图 4-6 所示。

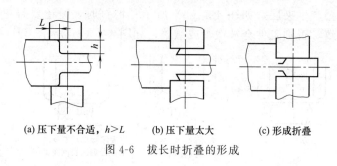

（a）压下量不合适，$h>L$　　（b）压下量太大　　（c）形成折叠

图 4-6　拔长时折叠的形成

d. 为了保证坯料在拔长过程中各部分的温度及变形均匀，不产生弯曲，需将坯料不断地绕轴线翻转，常用的翻转方法有反复 90°翻转和沿螺旋线翻转两种，如图 4-7 所示。

e. 圆形截面坯料的拔长，必须先把坯料锻成方形截面，在拔长到边长接近锻件的直径时，再锻成八角形，最后滚成圆形，其过程如图 4-8 所示。

（a）反复90°翻转　　　（b）沿螺旋线翻转

图 4-7　拔长时的翻转方法　　　　　　图 4-8　拔长圆形截面坯料的截面变化过程

4.1.3　板料冲压

利用冲模对板料施加压力，使其变形或分离，从而获得具有一定形状和尺寸冲压件的加工方法，称为板料冲压。

（1）板料冲压的特点

① 可冲出形状复杂的零件，材料利用率高。

② 冲压件的尺寸精度高，表面粗糙度值低，互换性能好。

③ 冲压件的强度高，刚度好，有利于减轻结构的重量。

④ 冲压操作简单，工艺过程便于实现机械化、自动化、生产率高。

但冲模制造复杂，精度要求高。因此在大批量生产时才能使冲压生产来降低成本。

（2）冲压的基本工序

冲压的基本工序可分为分离工序和变形工序两大类。

① 分离工序：是将坯料的一部分与另一部分相互分开的工序，如剪切、落料、冲孔、整修等。

a. 剪切：是使坯料沿不封闭的轮廓线分离的工序，生产中主要用于下料。

b. 落料和冲孔：都是使坯料沿封闭的轮廓线分离的工序，这两个工序的模具结构与坯料的变形过程都是一样的，只是用途不同而已。落料时冲下的部分是成品，周边是废料；冲孔时冲下的部分是废料，周边是成品，如图 4-9 所示。

c. 整修：使落料或冲孔后的成品获得精确轮廓的工序，称为整修。利用整修模沿冲压件外缘或内孔刮削一层薄薄的切屑或切掉落料或冲孔时在冲压件断面上存留的剪裂带和毛刺，从而提高冲压件的尺寸精度，降低其表面粗糙度值。

② 变形工序：是使坯料的一部分相对于另一部分产生塑性变形而不破裂的工序，如弯曲、拉深、翻边和成形等。

a. 弯曲：使坯料的一部分相对于另一部分弯曲成一定角度的工序，称为弯曲。如图 4-10 为弯曲变形过程。

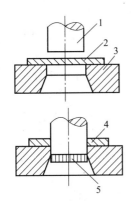

图 4-9　落料和冲孔

1—冲头；2—坯料；3—凹模；4—冲孔产品；5—落料产品

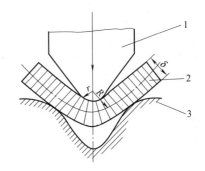

图 4-10　弯曲工序

1—冲头；2—弯曲件；3—凹模

b. 拉深：使坯料变形成开口空心零件的工序称为拉深，如图 4-11 为拉深过程。

c. 翻边：使带孔坯料孔口周围获得凸缘的工序称为翻边，如图 4-12 所示。图中 d_0 为坯料上孔的直径，δ 为坯料的厚度，d 为凸缘的平均直径，h 为凸缘的高度。

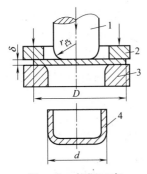

图 4-11　拉深工序

1—冲头；2—压板；3—凹模；4—拉深件；δ—拉深件厚度

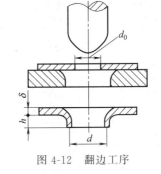

图 4-12　翻边工序

d. 成形：利用局部变形使坯料或半成品改变形状的工序称为成形，图 4-13 为鼓形容器成形简图。用橡胶芯子来增大半成品的中间部分，在凸模轴向压力作用下，对半成品壁产生均匀的侧压力而成形，其中凹模是可以分开的。

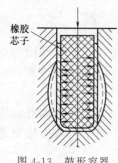

图 4-13 鼓形容器
成形工序

4.1.4 铆工

(1) 铆工基本知识

铆工是把板材、型材、线材、管材等通过焊接、铆接、螺栓连接等加工方法制作成钢结构的一个金属加工工种。铆工是金属构件施工中的指挥者。按加工工作的内容，铆工又可细分为：放样、号料、下料、成型、制作、校正、安装等工种。

铆工的主要工作内容有：铆工能矫正变形较大或复合变形的原材料及一般结构件，能作形体的展开图，计算展开料长；能使用维护剪床、气割、电焊机等设备；能装配桁架类、梁柱类、箱壳类、箱门类和低中压容器等，并进行全位置定位焊、铆接、螺纹连接，检验尺寸、形状位置等工作。

(2) 放样工作

所谓放样就是在施工图的基础上，根据产品的结构特点、施工需要等条件，对全部或部分图纸进行工艺处理和必要的展开与计算，最后获得施工所需要的数据、样板和草图。

① 放样的工作内容

a. 检验图纸中的尺寸和有关连接位置是否正确。如有错误，可在实样上显示出来，即可告知有关技术部门加以修改和纠正。

b. 放样过程中，应注意图纸中尺寸的变动和材料代用等问题，以达到检验样板制作的准确性。

c. 按实样制作金属结构制造中的号料样板、弯曲及拉伸件内、外卡检验样板和异形件展开号料样板等。

d. 对于结构上的零件尺寸，有时在图纸上不易计算准确，往往是近似值或在图纸上不加标注，对这种类型的结构更需放实样，经过放实样，才能得出正确的尺寸和各件连接位置的准确。

② 放样前准备工作

a. 熟悉图纸和工艺文件，明白各项要求，如有不清应与技术人员共同研究清楚，并确定放样方法。

b. 认真核对零件图样和装配图样的尺寸关系，了解工艺过程、装配公差、加工余量、焊接收缩量等，并弄清所用的材质、规格、配料卡片、材料改代等情况。

c. 清整放样地板。地板要求平整、干净，与放样无关的物品勿放在地板上，并测量放样地板的尺寸大小能否满足放样的需要。

d. 根据构件的精度、大小、生产批量和使用性质确定制作样板或样杆的材料。

e. 准备好放样用的工具和合格的量具。

③ 放样技术要点

a. 对于一般需要校对设计尺寸的结构件，应按 1：1 的比例放样。根据结构件的具体情况可全部放样，也可局部放样，并可用计算法简化放样工作。

b. 放样工作中，划线都必须采用几何作图法，划线用石笔要尖细。对于长直线必须用粉线弹出，不允许用直尺分段自延长取得，且粉线不可太粗。划线时要先划基准线，再根据基准线划其他轮廓线。

c. 放样划线允许偏差规定：相邻两孔中心线±0.5mm；孔中心与样板边缘±1mm 样冲眼中心与孔中心线距离为±0.3mm；样板的外围尺寸偏差±1mm。

d. 凡重迭放样时，应采用不同颜色、符号把层次轮廓区分清楚。

e. 划好实样后，应检查基本尺寸与设计图线是否相符，发现问题及时修正。

④ 展开放样　展开放样是在结构放样的基础上进行的。多数钢结构在生产过程中需绘出必要的投影图，以获得准确的形状和完整的尺寸，并进行必要的结构性处理，如确定各部分表面的连接位置，求取全部的实长、实形及厚板制件的板厚处理等结构放样之后，再进行展开放样。展开图正确与否直接影响到产品质量和原材料利用率的高低。

将金属板构件的表面全部或局部按它的实际形状和大小依次画在平面上就叫做表面展开，简称展开。展开后画出的平面图形称为展开图。作展开图的过程一般叫展开放样。作展开图的方法通常有两种：一是作图法，二是计算法，现场多采用作图法展开。常用表面的分类：直纹表面：以直线为母线而形成的表面，如柱面、锥面（圆柱、棱柱、圆锥、棱锥）为可展平面。曲纹表面：以曲线为母线而形成的表面，如圆球面、椭球面、圆环面。为不可展表面。

a. 利用旋转法求一般位置直线的实长。求形体表面的实际形状或素线实长时，可以采用旋转法求这些表面一般位置直线的实长。一般位置直线的投影特点是在各个投影面的投影都是倾斜的直线，每一个投影都不反映直线的真实长度。

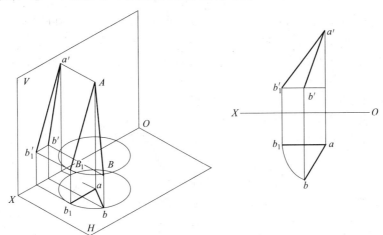

图 4-14　利用旋转法求一般位置直线的实长

在图 4-14 的示例中，AB 为空间一般位置直线，在 V 和 H 投影面上的投影都不反映实长。假想通过点 A 作一根轴线与 H 投影面垂直，绕这根轴线转动直线 AB，到达与 V 面平行的位置 AB_1。这时水平面投影 ab 绕点 a 转动成为 ab_1，与 OX 轴平行，其正面投影 $a'b'$ 中，a' 不动，b' 沿 OX 轴移动，到达与 b_1 对正的位置为，由于 AB_1 为正平线，正面投影 a 即 AB_1 直线，也就是直线 AB 的实际长度。

b. 平行线法做展开图。平行线法就是把立体的表面，看作由无数条相互平行的素线组成，只要将每一小平面的真实大小，依次顺序地画在平面上，就得到了立体表面的展开图。棱柱体、圆柱体都可用平行线法展开。

例如用平行线法对图 4-15 所示的斜口圆管的做展开图。

用平行线法作柱体表面的展开。必须画出柱体的两面视图和柱体表面上各平行素线的投影。具体作法如下：

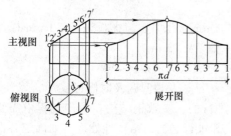

图 4-15 平行线法做斜口圆管展开图

第一步，按已知尺寸画出主视图和俯视图；

第二步，12 等分俯视图圆周，等分点为 1，2，3，4，5，6，7，6，…，1，由各等分点向主视图引素线，与上口线交点为 1′，2′，3′，4′，5′，6′，7′；

第三步，延长主视图的下口线作为展开的基准线，将圆周展开在延长线上得 1，2，3，4，5，6，7，6，…，1 各点。在展开图上，通过各分点向上作垂线，与主视图 1′～7′ 上各点向右所引水平线对应相交。将交点连成光滑曲线，即得展开图。

(3) 号料工作

利用样板、样杆、号料草图及放样得出的数据，在板料或型钢上画出零件真实的轮廓和孔口的真实形状及与之连接构件的位置线、加工线等，并标出加工符号，这一工作过程称为号料。号料通常由手工操作完成。号料的技术要求如下：

① 熟悉施工图样和产品制造工艺，合理安排各零件号料的先后次序，零件在材料上的排布位置，应符合制造工艺的要求。

② 根据施工图样，验明样板、样杆、草图及号料数据，核对钢材牌号、规格，保证图样、样板、材料三者的一致。对重要产品所用的材料，应有检验合格证书。

③ 检查材料有无裂缝、夹层、表面疤痕或厚度不均匀等缺陷，并根据产品的技术要求，酌情处理。当材料有较大变形，影响号料精度时，应先进行矫正。

④ 号料前应将材料垫放平整、稳妥，既要利于号料画线和保证精度，又要保证安全和不影响他人工作。

⑤ 正确使用号料工具、量具、样板和样杆，尽量减小因操作引起的号料偏差。例如弹画粉线时，搜起的粉线应在欲画之线的垂直平面内，不得偏斜。

⑥ 号料画线后，在零件的加工线、接缝线以及孔的中心位置等处，应根据加工需要打上契印或样冲眼。同时，按样板上的技术说明，用白铅油或瓷漆标注清楚，为下道工序提供方便。文字、符号、线条应端正、清晰。

(4) 天圆地方的展开放样示例

如图 4-16 所示，圆方变形管接头可视为由

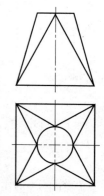

图 4-16 天圆地方形管接头

4 个平面截切一圆台后所形成。为简化作图，用直线代替了截平面与圆角相交的曲线。画展开图时，将视图中的四个圆角分为若干小三角形，用近似方法依次求得其实形。

作图步骤如下。

① 在俯视图上 3 等分圆弧 ad，等分点为 b、c。用旋转法或其他方法，求出视图中的一般位置直线 IA、IB 的实长，如图 4-17 所示。

② 依次画出圆角中的各小三角形的实形，如图 4-18 中的 $\triangle AB \, I$、$\triangle BC \, I$、$\triangle CD \, I$ 等。其中 $AB = BC = CD = ab$ 的弦长。

③ 光滑连接 A、B、C、D 各点，并对称画出其他部分图形，即得展开图，如图 4-18 所示。

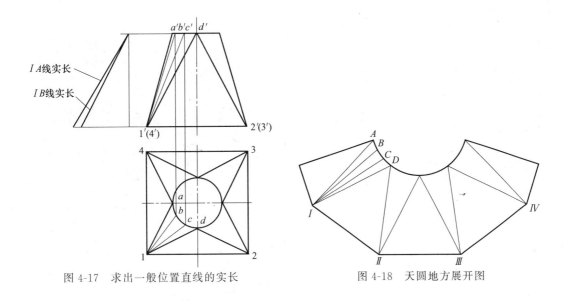

图 4-17　求出一般位置直线的实长　　　　　图 4-18　天圆地方展开图

4.2　压力容器加工的主要设备及使用

4.2.1　卷板机

卷板机是将金属板材卷弯成圆柱面、圆锥面或任意形状的柱面的通用设备，是目前国内普遍使用的板材弯卷设备，如图 4-19 所示。根据卷板时板料温度的不同可分为冷卷、热卷与温卷。它是根据板料的厚度和设备条件来决定。

图 4-19　卷板机外形

当上辊轴下降时，板材产生弯曲，当下辊轴旋转时，板材依靠上、下辊轴间的摩擦力朝着下辊轴旋转的方向向前移动，产生弯曲，并带动上辊轴旋转，使板材在辊到的范围内形成圆弧，如图 4-20 所示。滚弯的实质就是连续不断的压弯。在辊弯的过程中，板材的外层纤维伸长，内层纤维缩短，而中性层不变。板材的外伸内缩是有限度的，它取决于弯曲半径 R 和板厚 t。钢板在冷态下弯曲，工件的半径 R 应大于 $(20\sim25)t$；当 $R<(20\sim25)t$ 时，则应在热态辊弯。

4.2.2　剪板机

剪板机用于板料的剪切，把板料剪切成需要宽度的条料。剪板机的结构形式很多，按传动方式可分为机械和液压两种；按其工作性质又可分为剪曲线和剪直线两大类，如图 4-21 所示为机械式直线剪板机。

剪板机的传动系统如图 4-22 所示。电动机 4 经带轮 5、齿轮 10、离合器 11 使曲轴 7 转动，曲轴又带动装有上刀刃 2 的滑块 8 沿导轨 3 上下移动，与装在工作台上的下刀刃 1 相配合，进行剪切。下料的尺寸由挡铁 12 控制。制动器 6 的作用是使上刀刃剪切后停在最高位置上，为下一次剪切做好准备。

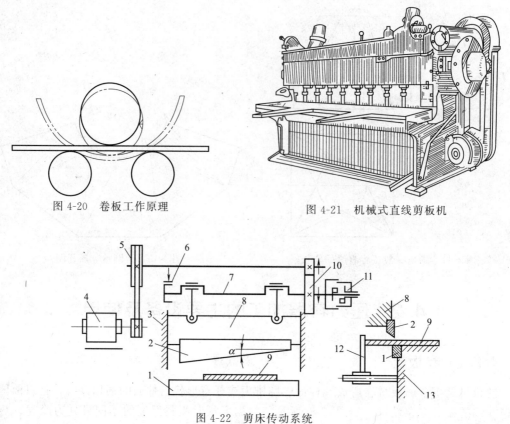

图 4-20　卷板工作原理　　　　　图 4-21　机械式直线剪板机

图 4-22　剪床传动系统

1—下刀刃；2—上刀刃；3—导轨；4—电动机；5—带轮；6—制动器；7—曲轴；8—滑块；
9—板料；10—齿轮；11—离合器；12—挡铁；13—工作台

　　工作时，首先是电动机带动带轮空转，这时由于离合器处于松开位置，制动器处于闭锁位置，故其余部分均不运动。踏下脚踏开关后，在操纵机构（图中未画出）的作用下，离合器闭合，同时制动器松开，带轮通过传动轴上的齿轮，带动工作曲轴旋转，曲轴又带动装有上剪刃的滑块沿导轨上下运动，与装在工作台上的下剪刃配合，进行剪切。完成一次剪切后，操纵机构又使离合器松开，同时使制动器锁闭，从而使曲轴停转。在传动系统中，离合器和制动器要经常检查调整；否则，易造成剪切故障。例如，引起上剪刀自发地连续动作或曲轴停转后上剪刀不能回原位等，甚至会造成人身和设备事故。

4.2.3　冲床

　　冲床是冲压加工的基本设备，如图 4-23 所示为双柱冲床。电动机 11 通过减速系统使大带轮 4 转动。踩下踏板 7 后，通过拉杆使离合器 3 闭合，并带动曲轴 2 旋转，再通过连杆 12 带动滑块 6 沿导轨 9 作上下往复运动，进行冲压。如果将踏板踩下后立即抬起，滑块便在制动器的作用下冲压一次后就停止在最高位置上，否则将进行连续冲压。

　　冲模是使板料分离或变形不可缺少的工具，它可分为简单模、连续模和复合模三种。在冲床滑块的一次行程中只完成一道工序的模具称为简单模；连续模是把两个或两个以上的简单模安装在一个模板上，在滑块的一次行程内于模具的不同部位上，同时完成两个以上的冲压工序的模具；在滑块的一次行程内，在模具的同一位置完成两个以上的冲压工序的模具称为复合模具。

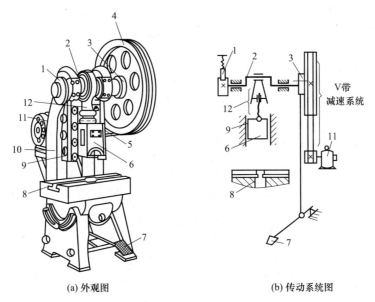

(a) 外观图　　　　　　　(b) 传动系统图

图 4-23　双柱冲床

1—制动器；2—曲轴；3—离合器；4—带轮；5—V 带；6—滑块；
7—踏板；8—工作台；9—导轨；10—床身；11—电动机；12—连杆

4.3　压力容器的制作训练

4.3.1　压力容器基本知识

压力容器是指盛装气体或者液体，承载一定压力的密闭设备。为了更有效地实施科学管理和安全监检，我国《压力容器安全监察规程》中根据工作压力、介质危害性及其在生产中的作用将压力容器分为Ⅰ类、Ⅱ类、Ⅲ类。压力容器按在生产工艺过程中的作用原理，分为反应压力容器、换热压力容器、分离压力容器、储存压力容器。

① 反应压力容器（代号 R）：主要是用于完成介质的物理、化学反应的压力容器，如反应器、反应釜、分解锅、硫化罐、分解塔、聚合釜、高压釜、超高压釜、合成塔、变换炉、蒸煮锅、蒸球、蒸压釜、煤气发生炉等。

② 换热压力容器（代号 E）：主要是用于完成介质的热量交换的压力容器，如管壳式余热锅炉、热交换器、冷却器、冷凝器、加热器、消毒锅、染色器、烘缸、蒸炒锅、预热锅、溶剂预热器、蒸锅、蒸脱机、电热蒸汽发生器、煤气发生炉水夹套等。

③ 分离压力容器（代号 S）：主要是用于完成介质的流体压力平衡缓冲和气体净化分离的压力容器，如分离器、过滤器、集油器、缓冲器、洗涤器、吸收塔、铜洗塔、干燥塔、汽提塔、分汽缸、除氧器等。

④ 储存压力容器（代号 C，其中球罐代号 B）：主要是用于储存、盛装气体、液体、液化气体等介质的压力容器，如各种型式的储罐。

4.3.2　压力容器的制造

压力容器制造工序一般可以分为：原材料验收工序、划线工序、切割工序、除锈工序、机加工（含刨边等）工序、滚制工序、组对工序、焊接工序（产品焊接试板）、无损检测工

工程训练教程

序、开孔划线工序、总检工序、热处理工序、压力试验工序、防腐工序。

我们以石油石化行业常见的缓冲罐为例，介绍其加工制作过程，缓冲罐装配图如图4-24所示。

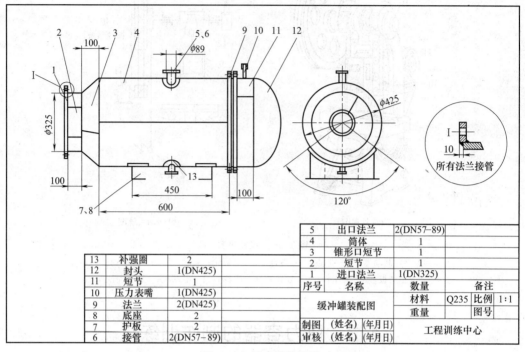

图 4-24　缓冲罐装配图

13	补强圈	2	
12	封头	1(DN425)	
11	短节	1	
10	压力表嘴	1(DN425)	
9	法兰	2(DN425)	
8	底座	2	
7	护板	2	
6	接管	2(DN57-89)	

5	出口法兰	2(DN57-89)	
4	筒体	1	
3	锥形口短节	1	
2	短节	1	
1	进口法兰	1(DN325)	
序号	名称	数量	备注
		材料 Q235	比例 1:1
缓冲罐装配图		重量	图号
制图 (姓名) (年月日)		工程训练中心	
审核 (姓名) (年月日)			

（1）缓冲罐加工工艺步骤

① 看图：根据缓冲罐设备总图，各结构部件工艺尺寸，认真审视图纸。

② 备料：对于所涉及的材料及材质和厚度情况，须按零件图设计尺寸，计算出实际下料工艺尺寸，认真检查并做好标记。

③ 划线：按尺寸划出切割线（剪切线）和检查线。

④ 下料：按材料的尺寸和厚度，可选用剪切或火焰切割进行下料，下料公差为±1.5mm。

⑤ 成型：按卷板工艺要求对半才进行滚制成型。

⑥ 组对：对所滚制的筒体进行校圆后，按分度进行组对。

⑦ 开孔：按图纸设计尺寸要求，画出开空线、开孔。

⑧ 接管、法兰、底座及各部件组对。

（2）缓冲罐各筒节划线图纸及尺寸

① 件号 2——短节：$\phi 325mm \times L90mm$，$\delta=3mm$，对角线允许公差±1.5mm，检查线 10mm。如图 4-25（a）所示。

② 件号 3——锥形口短节：如图 4-25（b）所示。

③ 件号 4——筒体：$\phi 425mm \times L600mm$，$\delta=3mm$，对角线允许公差±1.5mm，检查线 50mm。如图 4-25（c）所示。

④ 件号 11——封头短节：$\phi 425mm \times L90mm$，$\delta=3mm$，对角线允许公差±1.5mm，检查线 10mm。如图 4-25（d）所示。

74

⑤ 件号 7——护板：$R215.5$，$\delta=4mm$。展开如图 4-25(e) 所示。

⑥ 件号 8——底座：$\delta=4mm$，如图图 4-25(f) 所示。

⑦ 件号 12——封头：$\delta=4mm$，封头直边 50mm，如图 4-25(g) 所示。

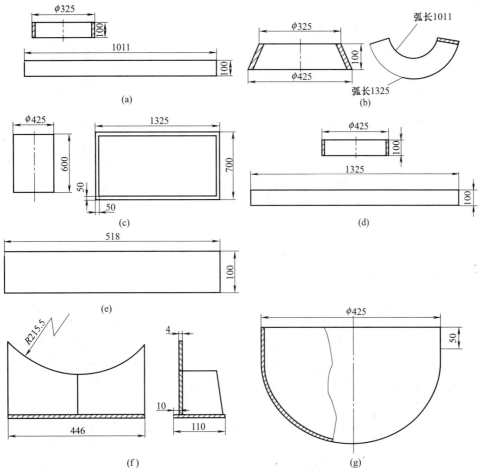

图 4-25　缓冲罐各筒节划线图纸及尺寸

(3) 筒体成型工艺过程

如图 4-26 所示。

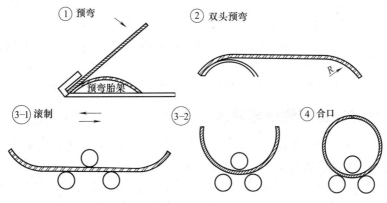

图 4-26　缓冲罐筒体成型工艺过程

(4) 缓冲罐开孔方位

缓冲罐上面的两个开孔位置，应当严格按照图 4-27 所示的开孔方位图进行（以焊接线即接缝处）作为 0°基准，分别在 90°和 270°的位置上开孔）。避免开孔过大或过小，以及开孔位置不合理的现象产生。

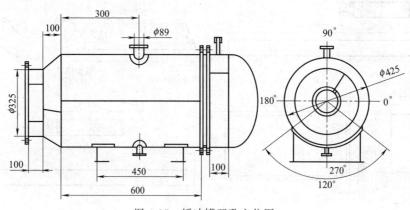

图 4-27　缓冲罐开孔方位图

4.3.3　压力容器的检验

压力容器的检验包括以下三方面。

① 外部检验　又称运行中检查，检查的主要内容有：压力容器外表面有无裂纹、变形、泄漏、局部过热等不正常现象；安全附件是否齐全、灵敏、可靠；紧固螺栓是否完好、全部旋紧；基础有无下沉、倾斜以及防腐层有无损坏等异常现象。外部检查既是检验人员的工作，也是操作人员日常巡回检查项目。发现危及安全现象（如受压元件产生裂纹、变形、严重泄渗等）应予停运并及时报告有关人员。

② 内外部检验　压力容器内外部检验这种检验必须在停车和容器内部清洗干净后才能进行。检验的主要内容除包括外部检查的全部内容外，还要检验内外表面的腐蚀磨损现象；用肉眼和放大镜对所有焊缝、封头过渡区及其他应力集中部位检查有无裂纹，必要时采用超声波或射线探伤检查焊缝内部质量；测量壁厚。若测得壁厚小于容器最小壁厚时，应重新进行强度校核，提出降压使用或修理措施；对可能引起金属材料的金相组织变化的容器，必要时应进行金相检验；高压、超高压容器的主要螺栓应利用磁粉或着色进行有无裂纹的检查等。通过内外部检验，对检验出的缺陷要分析原因并提出处理意见。修理后要进行复验。

③ 全面检验　压力容器全面检验除了上述检验项目外，还要进行耐压试验（一般进行水压试验）。对主要焊缝进行无损探伤抽查或全部焊缝检查。但对压力很低、非易燃或无毒、无腐蚀性介质的容器，若没有发现缺陷，取得一定使用经验后，可不作无损探伤检查。容器的全面检验周期，一般为每六年至少进行一次。对盛装空气和惰性气体的制造合格容器，在取得使用经验和一两次内外检验确认无腐蚀后，全面检验周期可适当延长。

4.3.4　压力容器的使用与管理

压力容器使用不当会发生极为严重的后果，因此我们在对压力容器的使用与管理过程中，严格遵守有关规定，坚决杜绝下列情况发生。

① 使用不合法的压力容器　购买一些没有压力容器制造资质的工厂生产的设备作为承压设备，并非法当压力容器使用，以避开报装、使用注册登记和检验等安全监察管理，留下

无穷后患。

② 容器虽合法而管理操作不符合要求　企业不配备或缺乏懂得压力容器专业知识和了解国家对压力容器的有关法规、标准的技术管理人员。压力容器操作人员未经必要的专业培训和考核，无证上岗，极易造成操作事故。

③ 压力容器管理处于"四无"状态　即一无安全操作规程，二无建立压力容器技术档案，三无压力容器持证上岗人员和相关管理人员，四无定期检验管理。使压力容器和安全附件处于盲目使用、盲目管理的失控状态。

④ 擅自改变使用条件，擅自修理改造　经营者无视压力容器安全，为了适应某种工艺的需要而随意改变压力容器的用途和使用条件，甚至带"病"操作，违规超负荷超压生产等造成严重后果。

4.4　压力加工安全操作规程

4.4.1　锻工安全操作规程

① 工作前要穿戴好规定的劳保用品。

② 工作前必须进行设备及工具检查，如上下砧的楔铁、锤柄有无松动，锤头、铁砧、垫铁、钳子、摔子、冲子等有无开裂现象。

③ 为了保证夹持牢靠，钳子的钳口必须与锻件的截面相适应，以防锻打时坯料飞出伤人。

④ 握钳时应握紧钳子的尾部，并将钳把置于身体侧面。严禁将钳把或带柄工具的尾部对准身体的正面，或将手指放在钳股之间，以防伤人。

⑤ 锻打时应将锻件的锻打部位置于下砧的中部。锻件及垫铁等工具必须放正、放平，以防飞出伤人。

⑥ 禁止打过烧或加热温度不够的坯料。过烧的坯料一打即碎，加热温度不够的坯料锤击时易弹起，二者都可能伤人。

⑦ 放置及取出工具，清除氧化皮时，必须使用钳子、扫帚等工具，不许将手伸入上下砧之间。

4.4.2　冲压工安全操作规程

① 采用机械压力机作冲裁、成型时，应遵守本规程；进行锻造或切边时，还应遵守锻工有关规程。

② 暴露在外的传动部件，必须安装防护罩。禁止在卸下防护罩的情形下开车或试车。

③ 开车前应检查设备及模具的主要紧固螺栓有无松动，模具有无裂纹，操纵机构、急停机构或自动停止装置、离合器、制动器是否正常。必要时，对大压床可开动点动开关试车，对小压床可用手板试车，试车过程要注意手指安全。

④ 模具安装调试应由经培训的模具工进行；安装调试时应采取垫板等措施，防止上模零件坠落伤手。冲压工不得擅自安装调试模具。模具的安装应使闭合高度正确；尽量避免偏心载荷；模具必须紧固牢靠，经试车合格，方能投入使用。

⑤ 工作中注意力要集中。禁止边操作、边闲谈或抽烟。送料、接料时严禁将手或身体其它部分伸进危险区内。加工小件应选用辅助工具（专用镊子、钩子、吸盘或送接料机构）。模具卡住坯料时，只准用工具去解脱和取出。

⑥ 两人以上操作时，应定人开车，统一指挥，注意协调配合好。

⑦ 发现冲压床运转异常或有异常声响，如敲键声、爆裂声，应停机查明原因；传动部件或紧固件松动，操纵装置失灵发生连冲，模具裂损应立即停车修理。

⑧ 在排除故障或修理时，必须切断电源、气源，待机床完全停止运动后方可进行。

⑨ 每冲完1个工件，手或脚必须离开按钮或踏板，以防止误操作。严禁用压住按钮或脚踏板的办法，使电路常开，进行连车操作。连车操作应经批准或根据工艺文件。

⑩ 操作中应站稳或坐好。他人联系工作应先停车，再接待。无关人员不许靠近冲床或操作者。

⑪ 配合行车作业时，应遵守挂钩工安全操作规程。

⑫ 生产中坯料及工件堆放要稳妥、整齐、不超高；冲压床工作台上禁止堆放坯料或其它物件；废料应及时清理。

⑬ 工作完毕，应将模具落靠，切断电源、气源，并认真收拾所用工具和清理现场。

4.4.3 铆工安全操作规程

① 工作前仔细检查所使用的各种工具：大小锤、平锤、冲子及其它承受锤击之工具顶部有无毛刺及伤痕，锤把是否有裂纹痕迹，安装是否结实。各种承受锤击之工具顶部严禁在淬火情况下使用。

② 进行铲、刹、铆等工作时，应戴好防护眼镜，不得对着人进行操作。使用风铲，在工作间断时必须将铲头取下，以免发生事故。噪声超过规定时，应戴好防护耳塞。

③ 工作中，在使用油压机、摩擦压力机、刨边机、剪板机等设备时，应先检查设备运转是否正常，并严格遵守该设备安全操作规程。

④ 凿冲钢板时，不准用圆的东西（如铁管子、铁球、铁棒等）做下面的垫铁，以免滚动将人摔伤。

⑤ 用行车翻工作物时，工作人员必须离开危险区域，所用吊具必须事先认真检查，并必须严格遵守行车起重安全操作规程。

⑥ 使用大锤时，应注意锤头甩落范围。打锤时要瞻前顾后，对面不准站人，防止抢锤时造成危险。

⑦ 加热后的材料要定点存放。搬动时要用滴水试验等方法，视其冷却后方可用手搬动，防止烫伤。

⑧ 用加热炉工作时，要注意周围有无电线或易燃物品。地炉熄灭时应将风门打开，以防爆炸。熄火后要详细检查，避免复燃起火。加热后的材料要定点存放。

⑨ 装铆工件时，若孔不对也不准用手探试，必须用尖顶穿杆找正，然后穿钉。打冲子时，在冲子穿出的方向不准站人。

⑩ 高处作业时，要系好安全带，遵守高处作业的安全规定，并详细检查操作架、跳板的搭设是否牢固。在圆形工件工作时，必须把下面垫好。有可能滚动时上面不准站人。

⑪ 远距离扔热铆钉时，要注意四周有无交叉作业的其他工人。为防止行人通过，应在工作现场周围设置围栏和警示牌。接铆钉的人要在侧面接。

⑫ 连接压缩空气管（带）时，要先把风门打开，将气管（带）内的脏物吹净后再接。发现堵塞要用铁条透通时，头部必须避开。气管（带）不准从轨道上通过。

⑬ 捻钉及捻缝时，必须戴好防护眼镜；打大锤时，不准戴手套。

⑭ 使用射钉枪时，应先装射钉，后装钉弹。装入钉弹后，不得用手拍打发射管，任何时候都不准对人体。若临时不需射击，必须立即将钉弹和射钉退出。

第5章 焊接训练

5.1 焊条电弧焊

焊接是指通过适当的物理化学过程，如加热、加压或二者并用等方法，使两个或两个以上分离的物体产生原子（分子）间的结合力而连接成一体的连接方法，是金属加工的一种重要工艺。广泛应用于机械制造、造船业、石油化工、汽车制造、桥梁、锅炉、航空航天、原子能、电子电力、建筑等领域。

焊条电弧焊是利用电弧热源加热零件实现熔化焊接的方法。焊接过程中电弧把电能转化成热能和机械能，加热零件，使焊丝或焊条熔化并过渡到焊缝熔池中去，熔池冷却后形成一个完整的焊接接头。电弧焊应用广泛，可以焊接板厚从 0.1mm 以下到数百毫米的金属结构件，电弧焊在焊接领域中占有十分重要的地位。

5.1.1 焊条电弧焊设备

焊条电弧焊机简称为弧焊机，按供应的电流性质可分为弧焊变压器（交流弧焊机）、弧焊整流器（直流弧焊机）和逆变电源。

① 弧焊变压器　弧焊变压器是一种具有一定特性的降压变压器。它将工业电的电压（380V）降低，使空载时只有 60～80V，焊接时保持在 20～30V。此外，它能供给很大的电流，且可按焊接需要来调节电流的大小，短路时电流则有一定限度。故它具有结构简单、价格低、使用维护方便等优点，但电流的稳定性较差。目前，国内常用的弧焊变压器如图 5-1 所示，其型号为 BX1-200。其中"B"表示弧焊变压器，"X"表示下降外特性（电源输出端电压与输出电流的关系称为电源的外特性），"1"为系列品种序号，"200"表示弧焊电源的额定焊接电流为 200A。

② 弧焊整流器　弧焊整流器是电弧焊专用的整流器。它是利用交流电经过变压、整流后获得直流电，既弥补了交流电焊机稳定性差的缺点，又比已淘汰的旋转式直流弧焊机结构简单、节能，噪声也低。

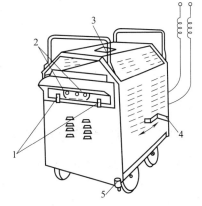

图 5-1　弧焊变压器

1—焊接电源两极；2—线圈抽头；
3—电流指示；4—调节手柄；5—接地螺钉

③ 逆变电源 逆变电源是近几年发展起来的新一代弧焊电源，其基本原理是将输入的三相380V交流电经整流滤波成直流，再经逆变器变成频率为2000～30000Hz的交流电，再经单相全波整流和滤波输出。逆变电源具有体积小、重量轻、节省材料、高效节能、适应性强等优点，是新一代的焊接电源。预计在未来几年内将取代目前的弧焊整流器。

5.1.2 焊条

① 焊条的组成 焊条由焊芯和药皮组成。焊芯是焊接用钢丝作为填充材料，以其直径作为焊条直径，常用规格有2.0mm、2.5mm、3.2mm、4.0mm、5.0mm等。为保证焊接时焊条有足够的刚性，焊条的长度根据其直径不同而不同，一般在250～450mm之间，直径越小，长度越短。

在焊接时，焊芯有两个作用：一是作为电极传导电流；二是作为填充金属熔化后与熔化的母材一起组成焊缝金属。

药皮由多种矿石粉、铁合金属和黏结剂等原料按一定的比例配制而成。其主要作用：一是使电弧易于引燃，保持电弧稳定燃烧，减少飞溅，有利于形成外观良好的焊缝；二是保护熔池和焊缝，药皮燃烧产生的气体可保护熔池不受空气中有害气体的侵蚀，燃烧后形成的熔渣覆盖在刚凝固的焊缝表面，保护焊缝不受氧化；三是药皮中的矿石粉所含的某些元素过渡到熔池中，可去除熔池中的有害杂质，且使焊缝金属合金化，有利于提高焊缝金属的力学性能。

② 焊条型号 按熔渣的化学性质不同，焊条可分为酸性焊条和碱性焊条两类。典型的酸性焊条型号是E4303，牌号是J422。典型的碱性焊条型号是E5015，牌号是J507和型号是E5016，牌号是J506。它们所表示的意义如下：

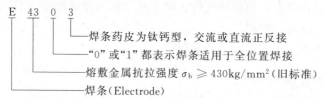

E 43 0 3
— 焊条药皮为钛钙型，交流或直流正反接
— "0"或"1"都表示焊条适用于全位置焊接
— 熔敷金属抗拉强度 $\sigma_b \geqslant 430\text{kg/mm}^2$（旧标准）
— 焊条（Electrode）

③ 焊条牌号 焊条牌号是根据焊条的主要用途及性能特点对焊条产品具体命名的，由焊条厂制定。我国从1968年开始，在焊条行业采用统一牌号。为与国际接轨，现已被新的国家标准所替代，但考虑到焊条牌号已应用多年，焊工已习惯使用，所以生产实践中还是把焊条牌号与型号对照使用，但以焊条型号为主。如上例中的型号E4303，相当于牌号J422，其含义如下：

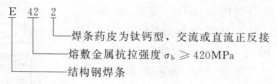

E 42 2
— 焊条药皮为钛钙型，交流或直流正反接
— 熔敷金属抗拉强度 $\sigma_b \geqslant 420\text{MPa}$
— 结构钢焊条

5.1.3 焊条电弧焊工艺

焊条电弧焊工艺包括接头形式、坡口形状、焊接位置和焊接参数等。

① 接头形式 接头形式应根据板厚和结构要求来确定。常用的接头形式有对接、搭接、角接和T形接等，如图5-2所示。

② 坡口形状 为了保证焊透，应合理选择坡口形状及尺寸。对接接头常见坡口形状和尺寸见表5-1。

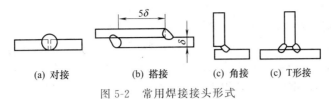

图 5-2　常用焊接接头形式

表 5-1　对接接头常见坡口形状和尺寸

坡口名称	焊件厚度 δ/mm	坡口形状	焊缝形式	坡口尺寸/mm
I 形坡口	1～3	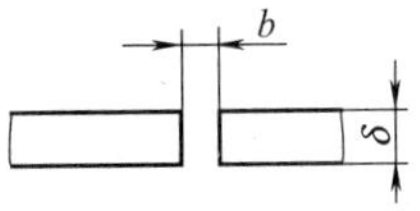	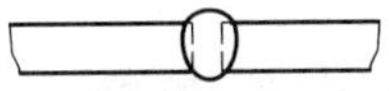	$b=0～1.5$
	3～6			$b=0～2.5$
Y 形坡口	3～26	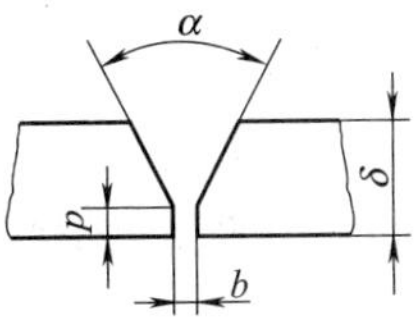	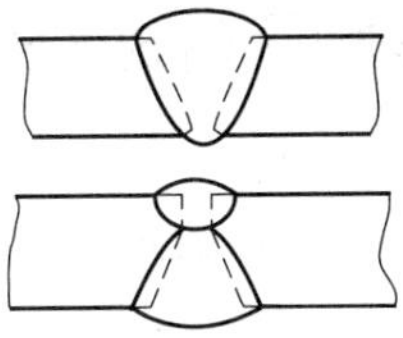	$\alpha=40°～60°$ $b=0～3$ $p=1～4$
带钝边 U 形坡口	20～60	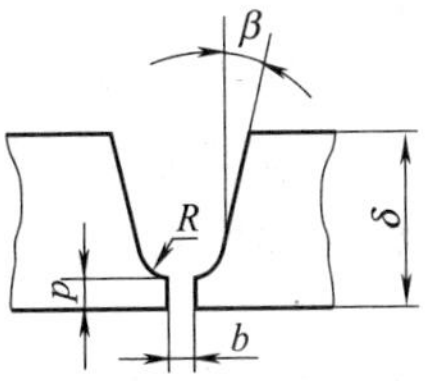	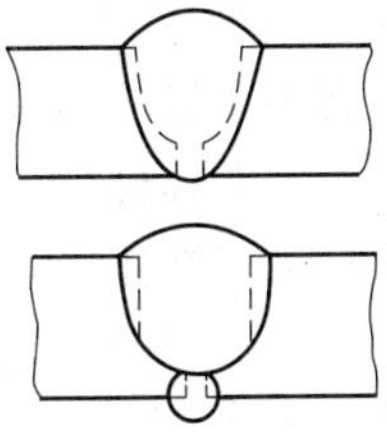	$\beta=1°～8°$ $b=0～3$ $p=1～3$ $R=6～8$

③ 焊接位置　焊接时焊缝所处的空间位置称为焊接位置。焊接位置有平焊、横焊、立焊和仰焊，如图 5-3 所示。平焊操作容易、生产效率高、焊接质量容易保证，故应尽量采用平焊位置焊接。

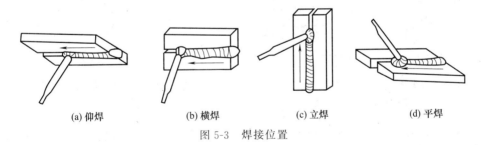

(a) 仰焊　　　　(b) 横焊　　　　(c) 立焊　　　　(d) 平焊

图 5-3　焊接位置

④ 焊接参数　焊条电弧焊的焊接参数主要是指焊条直径、焊接电流、焊接速度和电弧长度等。正确选用焊接参数是保证焊接质量、提高生产效率的重要因素。

焊条直径主要根据工件厚度来选择，见表 5-2。

表 5-2　焊条直径的选择

焊件厚度/mm	<2	2～4	4～10	12～14	>14
焊条直径/mm	1.5～2.0	2.5～3.2	3.2～4.0	4.0～5.0	>5.0

焊接电流主要根据焊条直径来选择，对平焊和低合金钢焊件，焊条直径为 3～6mm 时，其电流大小按下式进行选择：

$$I=(30\sim50)d$$

式中，I 为焊接电流，A；d 为焊条直径，mm。

在实际工作时，电流的大小还应考虑焊件的厚度、接头形式、焊接位置和焊条种类等因素。焊件厚度较薄，在横焊、立焊、仰焊和使用不锈钢焊条等条件下，焊接电流均应比平焊时电流小 $10\%\sim15\%$，也可通过试焊来调节电流的大小。

焊接速度在手工焊时一般不作规定，可根据操作者的技术水平结合电流大小等灵活掌握。

电弧长度一般要求用短弧，尤其是在用碱性焊条时，更应使用短弧，否则，将会影响保护效果，降低焊缝质量。

5.1.4 焊条电弧焊操作要领

焊条电弧焊的基本操作技术包括引弧、运条、焊缝接头和收弧。在焊接操作过程中，运用好这四种操作技术，才能保证焊缝的施焊质量。

(1) 引弧

电弧焊开始时，引燃焊接电弧的过程叫引弧。焊条电弧焊一般采用接触引弧方法，主要包括碰击法和划擦法。

① 碰击引弧法 方法是始焊处作焊条垂直于焊件的接触碰击动作，形成短路后迅速提起焊条 $2\sim4$mm 的距离后电弧即引弧，如图 5-4 所示。碰击引弧法是一种理想的引弧方法，其优点是可用于困难的位置，污染焊件轻。其缺点是受焊条端部状况限制；用力过猛时，药皮易大块脱落，造成暂时性偏吹；操作不熟练时，易粘在焊件表面。碰击法不容易掌握，但焊接淬硬倾向较大的钢材时最好采用碰击法。

② 划擦引弧法 是将焊条在焊件表面上划动一下，即可引燃电弧。这种方法的优点是易掌握，不受焊条端部状况的限制。其缺点是操作不熟练时易污染焊件，容易在焊件表面造成电弧擦伤，所以必须在焊缝前方的坡口内划擦引弧，如图 5-5 所示。

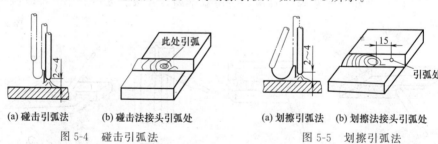

(a) 碰击引弧法　(b) 碰击法接头引弧处　　(a) 划擦引弧法　(b) 划擦法接头引弧处

图 5-4 碰击引弧法　　　　　　图 5-5 划擦引弧法

引弧时，如果发生焊条和焊件粘在一起时，只要将焊条左右摆动几下，就可脱离焊件。如果这时还没有脱离焊件，就应立即将焊钳放松，使焊接回路断开，待焊条稍冷后再处理。

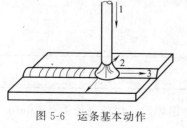

图 5-6 运条基本动作

1—焊条送进；2—焊条摆动；3—沿焊缝移动

(2) 运条

焊接过程中，焊条相对焊缝所做的各种动作的总称叫运条。运条时，有三个基本动作要互相配合，即焊条沿轴线向熔池方向送进、焊条沿焊接方向纵向移动、焊条作横向摆动，这三个动作组成焊条有规则的运动，如图 5-6 所示。

① 焊条沿轴线向熔池方向送进。焊接时，要保持

电弧的长度不变，则焊条向熔池方向送进的速度要与焊条熔化的速度相等。如果焊条送进速度小于熔化速度，则电弧的长度增加，导致断弧；如果焊条送进速度过快，则电弧长度迅速缩短，使焊条末端与焊件接触发生短路，同样会使电弧熄灭。所以，一般情况下，应尽量采用短弧（弧长小于或等于焊条直径）焊接。

② 焊条沿焊接方向的纵向移动。移动速度必须适当才能使焊缝均匀。移动速度过快，会出现未焊透或焊缝较窄；移动速度太慢，会使焊缝过高、过宽、外形不整齐，在焊较薄焊件时容易焊穿。

③ 焊条的横向摆动。横向摆动的作用是为了获得一定宽度的焊缝，并保证焊缝两侧熔合良好。其摆动幅度应根据焊缝宽度与焊条直径决定。横向摆动力求均匀一致，才能获得宽度整齐的焊缝。

常用的运条方法及适用范围，见表 5-3。

表 5-3　常用的运条方法及适用范围

运 条 方 法		运 条 示 意 图	适 用 范 围
直线形运条法			①3～5mm 厚度 I 形坡口对接平焊 ②多层焊的第一层焊道 ③多层多道焊
直线往返运条法			①薄板焊 ②对接平焊（间隙较大）
锯齿形运条法			①对接接头（平焊、立焊、仰焊） ②角接接头（立焊）
月牙形运条法			同锯齿形运条法
三角形运条法	斜三角形		①角接接头（仰焊） ②对接接头（开 V 形坡口横焊）
	正三角形		①角接接头（立焊） ②对接接头
圆圈形运条法	斜圆圈形		①角接接头（平焊、仰焊） ②对接接头（横焊）
	正圆圈形		对接接头（厚焊件平焊）
八字形运条法			对接接头（厚焊件平焊）

(3) 焊缝接头

后焊焊缝与先焊焊缝的连接处称为焊缝的接头。为了防止接头处的焊缝产生过高、脱节、宽窄不一等缺陷，接头处的焊缝应力求均匀。

(4) 收弧

收弧是焊接过程中的关键动作。焊接结束时，若立即将电弧熄灭，则焊缝收尾处会产生凹陷很深的弧坑，影响焊缝收尾处的强度。为了防止缺陷，必须采用合理的收弧方法填满焊缝收尾处的弧坑。收弧方法有反复断弧法、划圈收弧法、转移收弧法和回焊法。

5.2 氩弧焊

氩弧焊是使用氩气作为保护气体的一种焊接技术，又称氩气体保护焊。就是在电弧焊的周围通上氩气保护气体，将空气隔离在焊区之外，目的是防止焊区的氧化。

5.2.1 氩弧焊的分类及用途

① 钨极氩弧焊　它是以钨棒作为电弧的一极的电弧焊方法，钨棒在电弧焊中是不熔化的，故又称不熔化极氩弧焊，简称 TIG 焊。焊接过程中可以用从旁送丝的方式为焊缝填充金属，也可以不加填丝；可以手工焊也可以进行自动焊；它可以使用直流、交流和脉冲电流进行焊接。工作原理如图 5-7 所示。

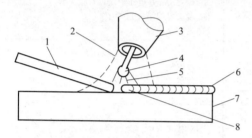

图 5-7　钨极氩弧焊示意图
1—填充焊丝；2—保护气体；3—喷嘴；4—钨极；
5—电弧；6—焊缝；7—零件；8—熔池

由于被惰性气体隔离，焊接区的熔化金属不会受到空气的有害作用，所以钨极氩弧焊可用以焊接易氧化的有色金属如铝、镁及其合金，也用于不锈钢、铜合金以及其他难熔金属的焊接。因其电弧非常稳定，还可以用于焊薄板及全位置焊缝。钨极氩弧焊在航空航天、原子能、石油化工、电站锅炉等行业应用较多。

钨极氩弧焊的缺陷是钨棒的电流负载能力有限，焊接电流和电流密度比熔化极弧焊低，焊缝熔深浅，焊接速度低，厚板焊接要采用多道焊和加填充焊丝，生产效率受到影响。

② 熔化极氩弧焊　熔化极氩弧焊又称 MIG 焊，用焊丝本身作电极，相比钨极氩弧焊而言，电流及电流密度大大提高，因而母材熔深大，焊丝熔敷速度快，提高了生产效率，特别适用于中等和厚板铝及铝合金，铜及铜合金、不锈钢以及钛合金焊接，脉冲熔化极氩焊用于碳钢的全位置焊。

5.2.2 氩弧焊设备及焊丝

(1) 氩弧焊机

氩焊机与焊条电焊机在主回路、辅助电源、驱动电路、保护电路等方面都是相似的，但它在后者的基础上增加了手动开关控制、高频高压控制、增压起弧控制等环节。另外在输出回路上，氩弧焊机采用负极输出方式，输出负极接电极针，而正极接工件。常用是氩弧焊机有 WSE 系列交直流方波氩弧焊机、WS 系列 IGBT 逆变式直流氩弧焊机、WSM 逆变式脉冲直流钨极氩弧焊机等。

图 5-8 所示为氩弧焊机的连接方法。焊接时需要按要求接入电源、地线、氩气瓶，连接焊件及焊丝。

图 5-9 所示为 WSM-160 氩弧焊机外形。其前面板主要功能如图 5-10 所示。其后面板主要功能如图 5-11 所示。

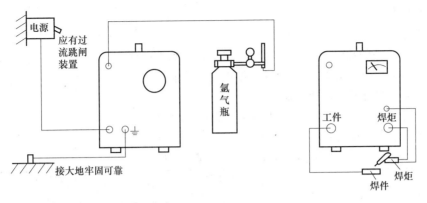

图 5-8　氩弧焊机的连接方法

图 5-9　WSM-160 氩弧焊机外形

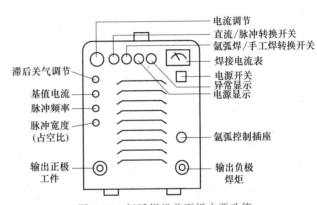

图 5-10　氩弧焊机前面板主要功能

氩弧焊机的使用方法如下。

① 手工焊　将"氩弧焊/手工焊"转换开关置于"手工焊"位置，把"直流/脉冲"开关置于"直流"位置，此时可根据要求任意调节"焊接电流"旋钮，选用规范电流进行手工电弧焊接。

② 直流氩弧焊　焊前应把氩气瓶开关打开，把氩气流量计上氩气流量开关选择在适当流量的位置上。将"氩弧焊/手工焊"转换开关置于"氩弧焊"位置，把"直流/脉冲"开关置于"直流"位置，调节"电流调节"旋钮至合适的电流值，按下焊炬开关，斯泰尔氩弧焊机引弧方式为高频

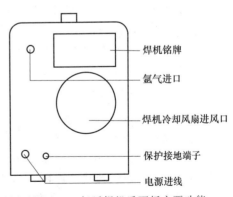

图 5-11　氩弧焊机后面板主要功能

引弧，钨极无需与工件接触（为防止钨极烧损，均勿碰触焊件）即可引弧焊接，焊接结束，松开焊枪开关，电弧熄灭，气体经"滞后关气时间"调节旋钮选择延时关闭时间。

③ 脉冲氩弧焊　将"氩弧焊/手工焊"转换开关置于"氩弧焊"位置，将"直流/脉冲"转换开关置于"脉冲"位置。调节"电流调节""基值电流"旋钮使电流调节大于基值电流即可产生脉冲焊的效果。脉冲氩弧焊可以用来准确控制焊件的熔池尺寸，每个熔点加热和冷却迅速，适合焊接导热性能和厚度差别大的焊件。

（2）氩弧焊丝

氩弧焊丝选用的基本原则如下：

① 应满足接头的化学成分、力学性能和其它特殊性能要求。

② 焊接工艺性能要好，具有抗裂、防止气孔的能力。

③ 焊丝含有害杂质 S、P 等要少。

④ 焊丝应清洁、光滑、干燥、无油渍、污物和锈蚀。

常用氩弧焊用焊丝型号见表 5-4。

表 5-4　常用氩弧焊用焊丝

母材	焊丝牌号（型号）	焊丝标准号
碳钢和抗拉强度 490MPa 以下的低合金结构钢如 Q235、20、16Mn、15MnV 等	H08Mn2SiA（ER49-1）	GB/T 8110
	ER50-2	GB/T 8110
	H10MnSi	GB/T 14958
0.5Cr-0.5Mo 耐热钢	H08CrMoA	GB/T 14957
	ER55-B2Mn(ER80S-G)	GB/T 8110
1Cr-0.5Mo 耐热钢	H13CrMoA	GB/T 14957
	ER55-B2Mn(ER80S-B2)	GB/T 8110
1Cr-0.5Mo-V 耐热钢	H08CrMoVA	GB/T 14957
珠光体钢与奥氏体不锈钢异种钢焊接	H1Cr24Ni13	YB/T 5091
	H1Cr26Ni21	YB/T 5091

5.2.3　氩弧焊操作要点

（1）焊前清理

焊前用角向磨光机将坡口面及坡口两侧 10～15mm 范围内打磨至露出金属光泽，用圆锉、砂布清理锈蚀及毛刺，如有必要可用丙酮清洗坡口表面及焊丝。

（2）焊丝选用原则

手工钨极氩弧焊打底所选用的焊丝，除应满足机械性能要求外，还应具有良好的可操作性并且不易产生缺陷。H08Mn2SiA 焊丝打底焊缝的抗拉强度均比其原焊丝 H08A 较高；H08A 焊丝打底容易产生气孔，且焊缝成型差；必须使焊缝材料保持适当的 Mn/Si 比值，该比值越高，焊缝金属的韧性越好。

（3）氩弧焊操作过程

① 焊接前应先备好氩气瓶，瓶上装好氩气流量计，然后用气管与焊机背面板上的进气孔接好，连接处要紧好以防漏气。

② 将氩弧焊枪、气接头、电缆快速接头、控制接头分别与焊机相应插座连接好。工件通过焊接地线与"＋"接线栓连接。

③ 将焊机的电源线接好，并检查接地是否可靠。

④ 接好电源后，根据焊接需要选择交流氩弧焊或直流氩弧焊，并将线路切换开关和控制切换开关搬到交流（AC）挡或直流（DC）挡。注意：两开关必须同步使用。

⑤ 将焊接方式切换开关置于"氩弧"位置。

⑥ 打开氩气瓶和流量计，将试气开关拨至"试气"位置，此时气体从焊枪中流出，调好气流后，再将试气与焊接开关拨至"焊接"位置。

⑦ 焊接电流的大小，可用电流调节手轮调节，顺时针旋转电流减小，逆时针旋转电流增大。电流调节范围可通过电流大小转换开关来限定。

⑧ 选择合适的钨棒及对应的卡头，再将钨棒磨成合适的锥度，并装在焊枪内，上述工作完成后按动焊枪上开关即可进行焊接了。

⑨ 焊接时，焊炬、焊丝及焊件的相对位置如图 5-12 所示。电弧长度一般取 1～1.5 倍电极直径。

⑩ 停止焊接时，首先从熔池中抽出焊丝，热端部仍需停留在氩气流的保护下，以防止其氧化。

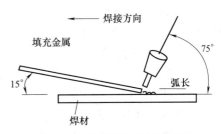

图 5-12　氩弧焊的操作示意图

5.3　气焊与气割

5.3.1　气焊

(1) 气焊的特点及应用

气焊是利用气体火焰加热并熔化母体材料和焊丝的焊接方法。与电弧焊相比，其优点如下：

① 气焊不需要电源，设备简单；

② 气体火焰温度比较低，熔池容易控制，易实现单面焊双面成形，并可以焊接很薄的零件；

③ 在焊接铸铁、铝及铝合金、铜及铜合金时焊缝质量好。

气焊也存在热量分散，接头变形大，不易自动化，生产效率低，焊缝组织粗大，性能较差等缺陷。

气焊常用于薄板的低碳钢、低合金钢、不锈钢的对接、端接，在熔点较低的铜、铝及其合金的焊接中仍有应用，焊接需要预热和缓冷的工具钢、铸铁也比较适合。

(2) 气焊的火焰

气焊主要采用氧-乙炔火焰，在两者的混合比不同时，可得到以下 3 种不同性质的火焰。

① 如图 5-13 (a) 所示，当氧气与乙炔的混合比为 1～1.2 时，燃烧充分，燃烧过后无剩余氧或乙炔，热量集中，温度可达 3050～3150℃。它由焰心、内焰、外焰三部分组成，焰心是呈亮白色的圆锥体，温度较低；内焰呈暗紫色，温度最高，适用于焊接；外焰颜色从淡紫色逐渐向橙黄色变化，温度下降，热量分散。中性焰应用最广，低碳钢、中碳钢、铸铁、低合金钢、不锈钢、紫铜、锡青铜、铝及铝合金、镁合金等气焊都使用中性焰。

② 如图 5-13 (b) 所示，当氧气与乙炔的混合比小于 1 时，部分乙炔未曾燃烧，焰心较长，呈蓝白色，温度最高达 2700～3000℃。由于过剩的乙炔分解的碳粒和氢气的原因，有还原性，焊缝含氢增加，焊低碳钢时有渗碳现象，适用于气焊高碳钢、铸铁、高速钢、硬质合金、铝青铜等。

③ 如图 5-13 (c) 所示，当氧气与乙炔的混合比大于 1.2 时，燃烧过后的气体仍有过剩的氧气，焰心短而尖，内焰区氧化反应剧烈，火焰挺直发出"嘶嘶"声，温度可达 3100～3300℃。由于火焰具有氧化性，焊接碳钢易产生气体，并出现熔池沸腾现象，很少用于焊接，轻微氧化的氧化焰适用于气焊黄铜、锰黄铜、镀锌铁皮等。

(3) 气焊操作要点

① 点火、调节火焰及灭火。点火时先微开氧气阀门，然后开大乙炔阀门，点燃火焰，

这时火焰为碳化焰，可看到明显的三层轮廓，然后开大氧气阀门，火焰开始变短，淡白色的中间层逐步向白亮的焰心靠拢，调到刚好两层重合在一起，整个火焰只剩下中间白亮的焰心和外面一层较暗淡的轮廓时，即是所要求的中性焰。灭火时应先关乙炔阀门，后关氧气阀门。

② 平焊操作技术。气焊一般用右手握炬，左手握焊丝，两手互相配合，沿焊缝向左或向右移动焊接。在焊接薄工件时多采用向左移动焊炬，在焊接厚工件时，向右移焊炬具有热量集中、熔池较深、火焰能更好地保护焊缝等优点。焊嘴与焊丝轴线的投影应与焊缝重合。焊炬与焊缝间夹角越大，热量就越集中。正常焊接时夹角一般保持30°～50°左右，还应使火焰的焰心距熔池液面约 2～4mm，如图 5-14 所示。

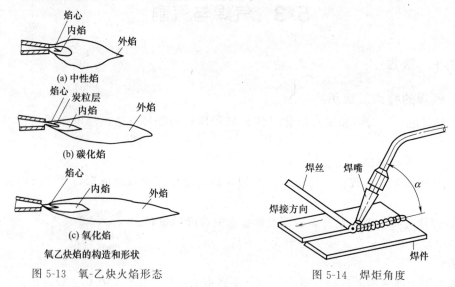

图 5-13 氧-乙炔火焰形态   图 5-14 焊炬角度

③ 焊接开始，应保持较大的角使工件熔化形成熔池，然后将焊条有节奏地点入熔池熔化，并使焊炬沿焊缝向前移动，始终保持熔池一定大小。应避免将熔化焊丝滴在焊缝上，形成熔合不好的焊缝。为了减少烧穿，必须注意观察熔池，如发现有下陷的倾向就说明热量过多，应及时将火焰暂时离远或减小焊炬倾角 α，也可加快前进速度。

5.3.2 气割

氧气切割简称气割，它是利用气体火焰的热能将工件切割处预热到一定温度，然后通以高速切割氧气流，使金属燃烧（剧烈氧化）并放出热量实现切割的方法。常用氧-乙炔焰作为气体火焰进行切割，也成氧乙炔气割。

进行气割的金属必须具备下列条件：金属的燃点低于本身的熔点；金属氧化物的熔点低于金属本身的熔点；金属的导热性低。满足上述条件的低碳钢、中碳钢、低合金钢等都可以使用气割；而不锈钢、铸铁、铝、铜等不能气割。

气割设备与气焊基本相同，只需把焊炬换成割炬即可。割炬与焊炬相比，增加了输送切割氧气的管道和调节阀，割炬喷嘴有两条通道，中间为切割氧气出口，周围是氧乙炔混合气出口。

5.4 激 光 焊

激光焊是利用大功率相干单色光子流聚集而成的激光束为热源进行焊接的方法。激光的产生是利用原子受激辐射的原理，当粒子（原子、分子等）吸收外来能量时，从低能级跃升至高能级，此时若受到外来一定频率的光子的激励，又跃迁到相应的低能级，同时发出一个和外来光子完全相同的光子。如果利用装置（激光器）使这种受激辐射产生的光子去激励其他粒子，将导致光放大作用，产生更多的光子，在聚光器的作用下，最终形成一束单色的、方向一致和亮度极高的激光输出。再通过光学聚焦系统，可以使焦点上的激光能量密度达到极高程度，然后以此激光用于焊接。激光焊接装置如图 5-15 所示。

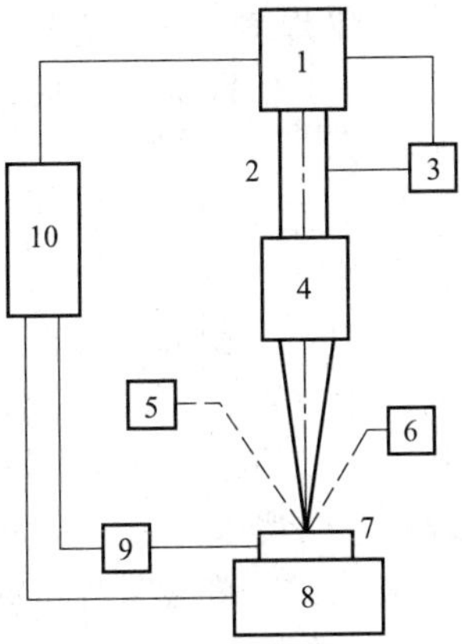

激光焊和电子束焊同属高能密束焊范畴，与一般焊接方法相比有以下优点。

① 激光功率密度高，加热范围小（＜1mm），焊接速度高，焊接应力和变形小。

② 可以焊接一般焊接方法难以焊接的材料，实现异种金属的焊接，甚至用于一些非金属材料的焊接。

③ 激光可以通过光学系统在空间传播相当长距离而衰减很小，能进行远距离施焊或对难接近部位焊接。

④ 相对电子束焊而言，激光焊不需要真空室，激光不受电磁场的影响。

激光焊的缺点是焊机价格较贵，激光的电光转换效率低，焊前零件加工和装配要求高，焊接厚度比电子束焊低。

激光焊应用在很多机械加工作业中，如电子器件的壳体和管线的焊接、仪器仪表零件的连接、金属薄板对接、集成电路中的金属箔焊接等。

图 5-15　激光焊接装置示意图
1—激光发生器；2—激光光束；
3—信号器；4—光学系统；
5—观测瞄准系统；6—辅助能源；
7—焊件；8—工作台；
9，10—控制系统

5.5　焊接的检验

5.5.1　常见焊接缺陷

(1) 焊接变形

工件焊后一般都会产生变形，如果变形量超过允许值，就会影响使用。焊接变形的几个例子如图 5-16 所示。焊接变形产生的主要原因是焊件不均匀地局部加热和冷却。

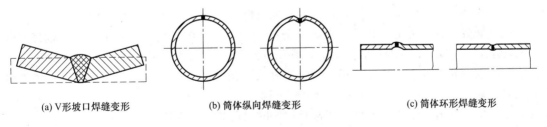

(a) V形坡口焊缝变形　　　(b) 筒体纵向焊缝变形　　　(c) 筒体环形焊缝变形

图 5-16　焊接变形示意图

(2) 焊缝的外部缺陷

焊缝的外部缺陷常见有焊缝增强过高、焊缝过凹、焊缝咬边、焊瘤及烧穿等。由于缺陷存在于焊缝的外表，肉眼就能发现，并可及时补焊。如果操作熟练，一般可以避免。

(3) 焊缝的内部缺陷

焊缝的内部缺陷主要有以下几种。

① 未焊透　未焊透是指工件与焊缝金属或焊缝层间局部未熔合的一种缺陷。未焊透减弱了焊缝工作截面，造成严重的应力集中，大大降低接头强度，它往往成为焊缝开裂的根源。

② 夹渣　焊缝中夹有非金属熔渣，即称夹渣。夹渣减少了焊缝工作截面，造成应力集中，会降低焊缝强度和冲击韧性。

③ 气孔　焊缝金属在高温时，吸收了过多的气体（如 H_2）或由于溶池内部冶金反应产生的气体（如 CO），在溶池冷却凝固时来不及排出，而在焊缝内部或表面形成孔穴，即为气孔。气孔的存在减少了焊缝有效工作截面，降低接头的机械强度。若有穿透性或连续性气孔存在，会严重影响焊件的密封性。

④ 裂纹　焊接过程中或焊接以后，在焊接接头区域内所出现的金属局部破裂叫裂纹。裂纹可能产生在焊缝上，也可能产生在焊缝两侧的热影响区。有时产生在金属表面，有时产生在金属内部。

5.5.2 焊接质量检验

① 外观检查　外观检查一般以肉眼观察为主，有时用 $5\sim20$ 倍的放大镜进行观察。通过外观检查，可发现焊缝表面缺陷，如咬边、焊瘤、表面裂纹、气孔、夹渣及焊穿等。焊缝的外形尺寸还可采用焊口检测器或样板进行测量。

② 无损探伤　隐藏在焊缝内部的夹渣、气孔、裂纹等缺陷的检验。目前使用最普遍的是采用 X 射线检验，还有超声波探伤和磁力探伤。对于离焊缝表面不深的内部缺陷和表面极微小的裂纹，还可采用磁力探伤。

③ 水压试验和气压试验　对于要求密封性的受压容器，须进行水压试验和（或）进行气压试验，以检查焊缝的密封性和承压能力。其方法是向容器内注入 $1.25\sim1.5$ 倍工作压力的清水或等于工作压力的空气，停留一定的时间，然后观察容器内的压力下降情况，并在外部观察有无渗漏现象。

5.6　焊接加工安全操作规程

5.6.1　焊条电弧焊安全操作规程

① 严格遵守焊工安全操作规程，熟练掌握、遵守《焊接作业安全操作规定》。

② 金属焊接作业人员，必须经专业安全技术培训，工作前必须穿好工作服，戴好工作帽、手套、劳保鞋。工作服口袋应盖好，并扣好纽扣。工作时用面罩。

③ 启动焊机前检查电焊机和闸刀开关，外壳接地是否良好。检查焊接导线绝缘是否良好。在潮湿地区工作应穿胶鞋或用干燥木板垫脚。

④ 每隔 3 个月对电焊机进行一次检查，保障设备及性能良好 。

⑤ 搬动电焊机要轻，以免损坏其线路及部件。

⑥ 禁止在储有易燃、易爆的场所或仓库附近进行焊接。在可燃物品附近进行焊接时，必须距离 10m 外，在露天焊接必须设置挡风装置，以免火星飞溅引起火灾。在风力级以上，不宜在露天焊接。

⑦ 在高空焊接时，必须扎好安全带，焊接下方须放遮板，以防火星落下引起火灾或灼

伤他人。

⑧ 拆卸或修理电焊设备的一次线，应由电工进行。必须焊工自己修理时，在切断电源后，才能进行。

⑨ 焊接中停电，应立即关电焊机。工作完毕后应立即关电焊机断开电源。

⑩ 焊接时，注意周围人员，以免被电弧光灼伤眼睛。

5.6.2　氩弧焊安全操作规程

① 工作前要穿好工作服、绝缘鞋等安全防护用品，工作时必须戴上防紫外线眼镜，女工要戴好工作帽。工作时随时佩戴静电防尘口罩。

② 检查设备、工具是否良好，氩气、水源必须畅通。如有漏水现象立即通知修理。

③ 氩弧焊设备要有专人负责，经常检查、维修，严禁乱拆乱卸。出现故障应找电工修理，不能带病使用。

④ 在电弧附近不准赤身和裸露其它部位，不准在电弧附近吸烟，进食，以免臭氧、烟尘吸入体内。

⑤ 机器上和机器周围不准堆放导电物品。

⑥ 钨极手工氩弧焊机的变压器严禁烧电焊用。

⑦ 使用变压器时一定要有外壳，初级接头必须封闭，否则不能使用。

⑧ 氩弧焊工作场地必须空气流通。工作中应开动通风排毒设备，通风装置失效时，应停止工作。夏季，一个人连续操作不得超过半个小时，平时连续操作一小时后应稍休息再操作。

⑨ 非氩弧焊工不准随意操作，学员和培训人员不经班长同意不能单独操作，参观者未经许可不准动用设备。

⑩ 严禁焊接带有压力及易燃，易爆和装过剧毒的工件。

⑪ 氩气瓶不准碰撞砸，立放必须有支架，并远离明火 3m 以上。

⑫ 安装氩气表时要十分注意，必须将表母和瓶嘴丝扣拧紧（至少五扣）。开气时身体、头部严禁对准氩气表和气瓶节门，以防氩气表和节门打开伤人。

⑬ 工作现场、机器周围要保持清洁卫生，电线要保持整齐完好，用完后必须盘好。

⑭ 工作完毕要关好气门、水门及各种电闸，然后方可离开工作岗位。

⑮ 如发生人身、设备事故要保护现场，并报告有关部门。

5.6.3　气焊、气割安全操作规程

① 工作前，必须将操作对象和工作场地了解清楚，并提出安全措施，以防发生事故。

② 使用前须检查乙炔瓶、氧气瓶及软管、阀、仪表是否齐全有效，紧固连接，不得松动；氧气瓶及其附件、胶管、工具上均不得粘有油污；操作人必须随身携带专用工具如扳手、钳子等。

③ 乙炔瓶的压力要保持正常，压力超过 $1.5\mathrm{kgf/cm^2}$ 时应停止使用，不得用金属棒等硬物敲击乙炔瓶、氧气瓶。

④ 氧气瓶、乙炔气瓶应分开放置，间距不得少于 5m，距离明火不得少于 10m。作业点宜备清水，以备及时冷却焊嘴。乙炔瓶、氧气瓶应放在操作地点的上风口，不得放在高压线及一切电线下面。氧气、乙炔瓶严禁在地下滚动或阳光下曝晒，以免爆炸。

⑤ 气割作业时，应先开乙炔气，再开氧气。焊（割）炬点火前，应用氧气吹风，检查有无风压及堵塞、漏气现象。当气焊（割）炬由于高温发生炸鸣时，必须立即关闭乙炔供气

阀，将焊（割）炬放入水中冷却，同时也应关闭氧气阀。在作业时，如发现氧气瓶阀门失灵或损坏不能关闭时，应将瓶内的氧气自动逸尽后，再行拆卸修理；严禁将胶皮软管背在背上操作；严禁使用未安装减压器的氧气瓶进行作业。

⑥ 气焊（割）作业中。当乙炔管发生脱落、破裂、着火时，应先将焊炬或割炬的火焰熄灭，然后停止供气。当氧气管着火时，应立即关闭氧气瓶阀，停止供氧。进入容器内焊割时，点火和熄灭均应在容器外进行。气焊时不要把火焰喷到人身上和胶皮管上。不得拿着有火焰的焊炬和割炬到处行走。

⑦ 熄灭气焊火焰时，先灭乙炔，后关氧气，以免回火。当发生回火时，应迅速关闭氧气阀和乙炔气阀门，然后采取灭火措施。

⑧ 发现乙炔瓶因漏气着火燃烧时，应立即把乙炔瓶朝安全方向推倒，并用砂或消防灭火器材扑灭。

⑨ 乙炔软管、氧气软管不得错装，使用时氧气软管着火时，不得折弯软管断气，应迅速关闭氧气阀门，停止供氧；乙炔软管着火时，应先关熄炬火，可采取折弯前面一段软管的办法来将火熄灭。

⑩ 作业后，应卸下减压器，拧上气瓶安全帽。将软管卷起捆好，挂在库内干燥处。氧气瓶中的氧气不得全部用完，应保留 $0.5\mathrm{kgf/cm^2}$ 的剩余压力。

第6章 钳工训练

6.1 钳工概述

钳工是以手持工具作业方式为主，对工件进行加工、对机器进行装配和修理等工作的工艺方法。因其常在钳工工作台上用台虎钳夹持工件操作而得名。

(1) 钳工的加工特点

① 使用的工具简单，操作灵活。

② 可以完成机械加工不便加工或难以完成的工作。

③ 与机械加工相比，劳动强度大、生产效率低。

(2) 钳工的应用范围

① 机械加工前的准备工作，如清理毛坯，在工件上划线等。

② 适于单件或小批生产、制造精度要求一般的零件。

③ 加工精密零件，如样板、刮削或研磨机器和量具的配合表面等。

④ 装配、调整和修理机器等。

(3) 钳工常用的设备

钳工常用的设备包括钳工工作台、台虎钳等。

(4) 钳工的基本操作

钳工的基本操作包括划线、锯割、锉削、攻套螺纹、刮削、錾削、研磨等。此外，还包括矫正、弯曲以及机器的装配、调试与维修等。

6.2 钳工工作台和台虎钳

6.2.1 钳工工作台

钳工工作台一般是用木材制成的，也有用铸铁件制成的，要求坚实和平稳，台面高度800~900mm，其上装有防护网，如图6-1所示。

6.2.2 台虎钳

台虎钳用来夹持工件，有固定式和回转式两种结构类型，如图6-2所示。图6-2（a）所

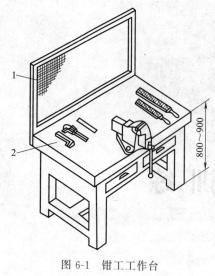

图 6-1　钳工工作台
1—防护网；2—工具摆放处

示为固定式台虎钳；图 6-2（b）所示为回转式虎钳，其构造和工作原理如下：活动钳身 2 通过导轨与固定钳身 5 的导轨作滑动配合，丝杠 1 装在活动钳身上，可以旋转，但不能轴向移动，并与安装在固定钳身内的丝杠螺母 6 配合。摇动手柄 13 使丝杠旋转，带动活动钳身做轴向移动，起夹紧或放松工件的作用。弹簧 12 借助挡圈 11 和销 10 固定在丝杠上，其作用是当放松丝杠时，可使活动钳身及时地退出。在固定钳身和活动钳身上，各装有钢质钳口 4，并用螺钉 3 固定。钳口的工作面上制有交叉的网纹，使工件夹紧后不易产生滑动。钳口经过热处理淬硬，具有较好的耐磨性。固定钳身装在转座 9 上，并能绕转座轴心线转动，当转到要求的方向时，扳动手柄 7 使夹紧螺钉旋紧，便可在夹紧盘 8 的作用下把固定钳身固定。转座上有 3 个螺栓孔，用于与钳台固定。

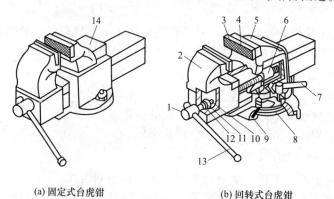

(a) 固定式台虎钳　　　　(b) 回转式台虎钳

图 6-2　台虎钳
1—丝杠；2—活动钳身；3—螺钉；4—钳口；5—固定钳身；6—螺母；
7—手柄；8—夹紧盘；9—转座；10—销；11—挡圈；12—弹簧；13—手柄；14—砧面

虎钳的规格以钳口的宽度来表示：有 100mm、125mm、150mm 等规格。使用台虎钳时，应注意下列事项。

① 工件应夹在台虎钳钳口中部，以使钳口受力均匀。

② 当转动手柄夹紧工件时，手柄上不准套管子或用锤敲击，以免损坏台虎钳丝杠或螺母上的螺纹。

③ 用手锤击打工件时，只可在砧面 14 上进行。

6.3　划　　线

6.3.1　划线的作用和种类

(1) 划线的作用

划线的作用主要有以下三点。

① 在毛坯或半成品上划出加工线，作为加工时的依据。

② 在划线过程中，对照图纸检查毛坯的形状和尺寸是否符合要求。

③ 对于毛坯形状和尺寸超差不大者，通过划线合理安排加工余量，重新调整毛坯各个表面的相互位置，进行补救，避免造成废品，这种方法叫做借料。

(2) 划线的种类

划线分为平面划线和立体划线，如图 6-3 所示。平面划线是在工件的一个平面上划线，即能明确表示出工件的加工线；立体划线则是要同时在工件的几个不同方向的表面上划线，才能明确地表示出工件的加工线。

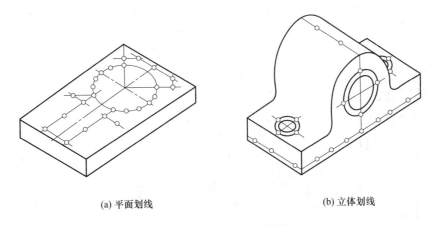

(a) 平面划线　　　　　　(b) 立体划线

图 6-3　平面划线和立体划线

6.3.2　划线工具及其使用方法

① 划线平板　划线的基准工具是划线平板，如图 6-4 所示。它由铸铁制成，上面是划线的基准平面，所以要求非常平直和光洁。平板要安放牢固，上平面应保持水平，以便稳定地支承工件。平板不准碰撞和用锤敲击，以免使其准确度降低。平板若长期不用时，应涂防锈油并用木板护盖。

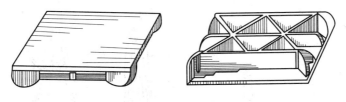

图 6-4　划线平板

② 千斤顶　千斤顶是在平板上支承工件用的，其高度可以调整，以便找正工件，通常用 3 个千斤顶支承工件。支承要平衡，支承点间距尽可能大，如图 6-5 所示。

③ V 形铁　用于支承圆柱形工件，使工件中心线与平板平行，如图 6-6 所示。V 形槽角度为 90°或 120°。

④ 方箱　用于夹持较小的工件。通过翻转方箱，便可在工件表面上划出互相垂直的线来。V 形槽放置圆柱工件，配合角度垫板可划斜线，如图 6-7 所示。使用时严禁碰撞方箱，夹持工件时紧固螺钉松紧要适当。

⑤ 划针　划针是用来在工件表面上划线的。图 6-8 所示为划针的用法。

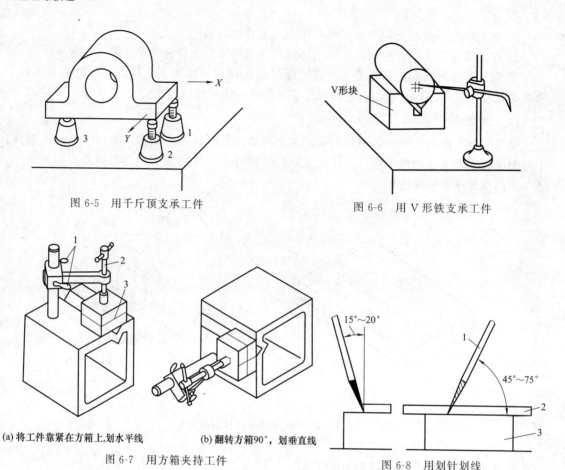

图 6-5 用千斤顶支承工件

图 6-6 用 V 形铁支承工件

(a) 将工件靠紧在方箱上,划水平线

(b) 翻转方箱90°,划垂直线

图 6-7 用方箱夹持工件

1—紧固手柄;2—紧固螺钉;3—划出的水平线

图 6-8 用划针划线

1—划针;2—钢直尺;3—工件

⑥ 划卡 划卡主要是用来确定轴和孔的中心位置的,如图 6-9 所示。

⑦ 划规 划规是平面划线作图的主要工具,如图 6-10 所示,划规可用来划圆和圆弧、等分线段、等分角度以及量取尺寸等。

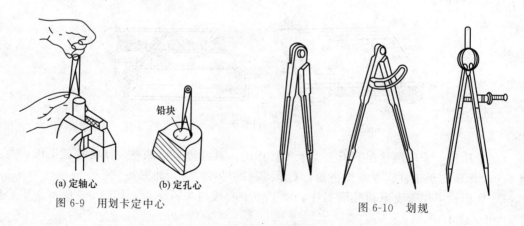

(a) 定轴心   (b) 定孔心

图 6-9 用划卡定中心

图 6-10 划规

⑧ 划针盘 划针盘是立体划线用的主要工具。调节划针到一定高度,并在平板上移动划针盘,即可在工件上划出与平板平行的线来,如图 6-11 所示。此外,还可用划针盘对工件进行找正。

⑨ 游标高度卡尺 游标高度卡尺是高度尺和划针盘的组合,如图 6-12 所示。它是精密

工具，用于半成品的划线，不允许用它划毛坯。要防止碰坏硬质合金划线脚。

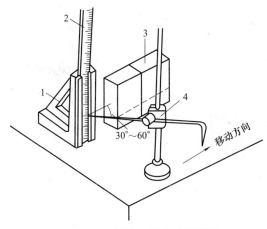

图 6-11　用划针盘划水平平行线
1—尺座；2—钢直尺；3—工件；4—划针盘

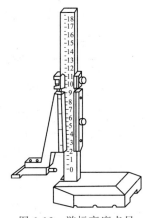

图 6-12　游标高度卡尺

⑩ 样冲　样冲是用来在工件的划线上打出样冲眼，以备所划的线模糊后，仍能找到原线位置。图 6-13 所示为样冲的用法。

⑪ 量具　划线常用的量具有钢直尺、高度尺、直角尺、游标卡尺等。

6.3.3　划线基准

用划针盘划各水平线时，应选定某一基准作为依据，并以此来调节每次划针的高度，这个基准称为划线基准。一般选重要孔的中心线作为划线基准，如图 6-14 （a）所示。若工件上个别平面已加工过，则应以加工过的平面为划线基准，如图 6-14 （b）所示。

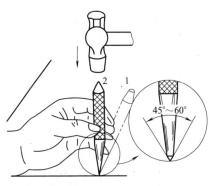

图 6-13　样冲及其用法
1—对准位置；2—冲眼

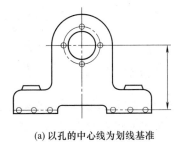

(a) 以孔的中心线为划线基准　　(b) 以加工过的平面为划线基准

图 6-14　划线基准

6.3.4　划线步骤与操作

下面以轴承座为例，说明立体划线的步骤和操作，如图 6-15 所示。

① 分析图样，检查毛坯是否合格，确定划线基准。轴承座孔为重要孔，应以该孔中心线为划线基准，以保证加工时孔壁的均匀，如图 6-15 （a）所示。

② 清除毛坯上的氧化皮和毛刺。在划线表面涂上一层薄而均匀的涂料，毛坯用石灰水为

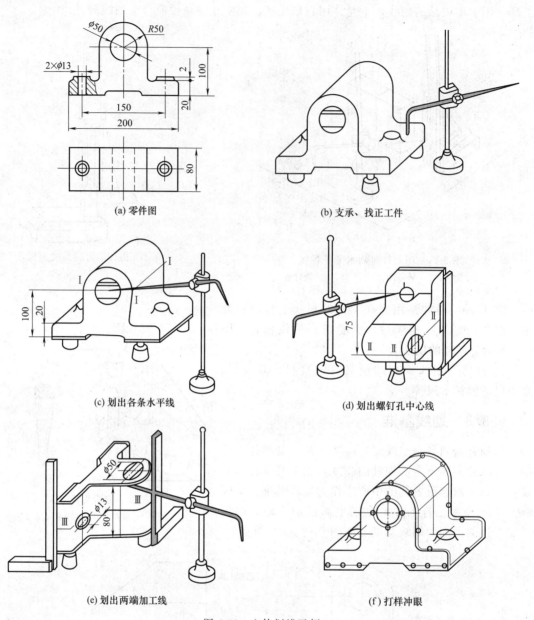

(a) 零件图

(b) 支承、找正工件

(c) 划出各条水平线

(d) 划出螺钉孔中心线

(e) 划出两端加工线

(f) 打样冲眼

图 6-15　立体划线示例

涂料，已加工表面用紫色涂料（龙胆紫加虫胶和酒精）或绿色涂料（孔雀绿加虫胶和酒精）。

③ 支承、找正工件。用 3 个千斤顶支承工件底面，并根据孔中心及上平面调节千斤顶，使工件水平，如图 6-15 (b) 所示。

④ 划出各水平线。划出基准线及轴承座底面四周的加工线，如图 6-15 (c) 所示。

⑤ 将工件翻转 90°，用直角尺找正后划螺钉孔中心线，如图 6-15 (d) 所示。

⑥ 将工件翻转 90°，并用直角尺在两个方向上找正后，划螺钉孔线及两端加工线，如图 6-15 (e) 所示。

⑦ 检查划线是否正确后，打样冲眼，如图 6-15 (f) 所示。

划线时，同一面上的线条应在一次支承中划全，避免补划时因再次调节支承而产生误差。

6.4　锯　　削

6.4.1　手锯

手锯是手工锯割的工具，包括锯弓和锯条两部分。

① 锯弓　锯弓是用来夹持和张紧锯条的，可分为固定式和可调式两种。如图 6-16 所示为锯弓可调式手锯。可调式锯弓的弓架分前后两段。因为前段在后段套内可以伸缩，因此可以安装几种长度规格的锯条。

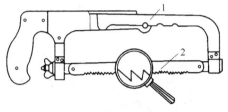

图 6-16　锯弓可调式手锯
1—锯弓；2—锯条

② 锯条　锯条是用碳素工具钢制成的，如 T10A 钢，并经淬火处理，常用的锯条长度有 200mm、250mm、300mm 三种，宽 12mm、厚 0.8mm。每个齿相当于一把刀具，起切削作用。常用锯条锯齿的后角为 40°～45°，楔角为 45°～50°，前角约为 0°，如图 6-17 所示。

锯条制造时，锯齿按一定的形状左右错开，排列成一定的形状，称为锯路，如图 6-18 所示。锯路的作用是使锯缝宽度大于锯条背部厚度，以防止锯削时锯条卡在锯缝中，减少锯条与锯缝的摩擦阻力，并使排屑顺利，锯削省力，提高工作效率。

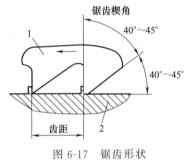

图 6-17　锯齿形状
1—锯齿；2—工件

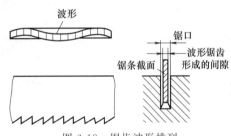

图 6-18　锯齿波形排列

锯条齿距大小以 25mm 长度内所含齿数多少分为粗齿、中齿、细齿 3 种。主要根据加工材料的硬度、厚薄来选择。锯削软材料或厚工件时，因锯屑较多，要求有较大的容屑空间，应选用粗齿锯条；锯削硬材料及薄工件时，因材料硬，锯齿不易切入，锯屑量少，不需要大的容屑空间。另外，壁薄工件在锯削中锯齿易被工件钩住而崩裂，一般至少要有 3 个齿同时接触工件，使单个锯齿承受的力量减少，应选用细齿锯条。

6.4.2　锯削操作要领

① 工件的夹持　工件一般应夹持在钳口的左侧，以便操作；工件伸出钳口不应过长，应使锯缝离开钳口侧面约 20mm，防止工件在锯割时产生振动；锯缝线要与钳口侧面保持平行（使锯缝线与铅垂线方向一致），便于控制锯缝不偏离划线线条；夹紧要可靠，同时要避免将工件夹变形和夹坏已加工面。

② 锯条的安装　手锯是在前推时才起切削作用，因此锯条安装应使齿尖的方向朝前，如图 6-19 (a) 所示，如果装反，如图 6-19 (b) 所示，则锯齿前角为负值，就不能正常锯

割了。在调节锯条松紧时，蝶形螺母不宜旋得太紧或太松，太紧时锯条受力太大，在锯割中用力稍有不当，就会折断；太松则锯割时锯条容易扭曲，也易折断，而且锯出的锯缝容易歪斜。其松紧程度可用手扳动锯条，以感觉硬实即可。锯条安装后，要保证锯条平面与锯弓中心平面平行，不得倾斜和扭曲，否则，锯割时锯缝极易歪斜。

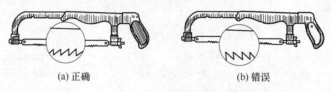

(a) 正确　　　　　　　　(b) 错误

图 6-19　锯条的安装

③ 手锯握法和锯削姿势　右手满握锯柄，左手轻扶在锯弓前端，如图 6-20 所示。左脚中心线与虎钳丝杠中心线成 30°左右的夹角，右脚中心线与虎钳丝杠中心成 75°左右夹角，如图 6-21 所示。锯削时推力和压力由右手控制，左手主要配合右手扶正锯弓，压力不要过大。手锯推出时为切削行程，应施加压力，返回行程不切削，不加压力作自然拉回。工件将要锯断时压力要减小。锯割运动一般采用小幅度的上下摆动式运动。即手锯推进时身体略向前倾，双手随着压向手锯的同时，左手上翘，右手下压，回程时右手上拾，左手自然跟回。

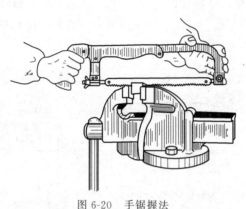

图 6-20　手锯握法

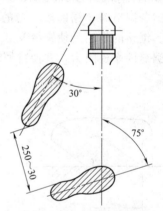

图 6-21　锯削时的站立位置

④ 起锯方法　锯削时要掌握好起锯、锯削压力、速度和往复长度，如图 6-22 所示。

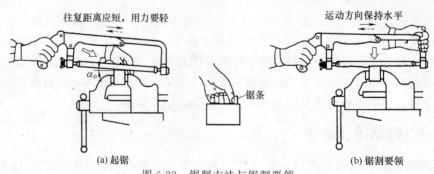

(a) 起锯　　　　　　　　(b) 锯割要领

图 6-22　锯削方法与锯割要领

起锯时应以左手拇指靠住锯条，以防止锯条横向滑动，右手稳推手柄，如图 6-22 (a) 所示。锯条应与工件倾斜一个 10°～15°的起锯角，起锯角过大锯齿易崩碎；起锯角过小，锯齿不易切入，还有可能打滑，损坏工件表面。起锯时，锯弓往复行程要短，压力要小，锯条要与工件表面垂直。

⑤ 锯割过程　过渡到正常锯削后，需双手握锯，如图 6-22（b）所示。锯削时右手握锯柄，左手轻握锯弓架前端，锯弓应直线往复，不可摆动。前推时加压要均匀，返回时锯条从工件上轻轻滑过。往复速度不宜太快，锯切开始和终了前压力和速度均应减小。锯削时尽量使用锯条全长（至少占全长的 2/3）工作，以免锯条中部迅速磨损。快锯断时用力要轻，以免碰伤手臂和折断据条。锯缝如歪斜，不可强扭，否则锯条将被折断，应将工件翻转 90°重新起锯。锯切较厚钢料时，可加机油冷却和润滑，以提高锯条寿命。

6.5　锉　　削

6.5.1　锉刀

① 锉刀的构造和种类　锉刀是用以锉削的刀具。常用 T12A 制成，经热处理淬硬，硬度为 62～67HRC，锉刀由锉面、锉边、锉柄等部分组成，如图 6-23 所示。

锉刀上的锉纹是剁齿机剁出来的，锉纹交叉排列，形成切削齿与容屑槽，其形状放大后，如图 6-24 所示。锉刀齿纹有单纹和双纹之分，锉刀齿纹多制成双纹，便于断屑和排屑，也使锉削省力。锉刀的规格一般以截面形状、锉刀长度、齿纹粗细来表示。

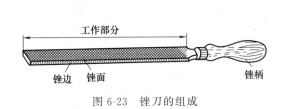

图 6-23　锉刀的组成　　　　　　　图 6-24　锉齿形状

钳工锉刀按其截面形状可分为扁锉、方锉、圆锉、半圆锉和三角锉 5 种，如图 6-25 所示，其中以扁锉使用得最多。锉刀大小以工作部分的长度表示，按其长度可分为 100mm、125mm、150mm、200mm、250mm、300mm、350mm、400mm 和 450mm 几种。按锉面单位长度上齿数的多少，锉刀可分为粗齿锉、中齿锉、细齿锉和油光锉。

② 锉刀的选择　锉刀规格根据加工表面的大小选择，锉刀断面形状根据加工表面的形状选择，锉刀齿纹粗细根据工件材料、加工余量、精度和表面粗糙度值选择。粗齿锉由于齿间距离大，锉屑不易堵塞，多用于锉有色金属以及加工余量大、精度要求低的工件；油光锉仅用于工件表面的最后修光，锉刀齿粗细的划分及特点和应用，见表 6-1。

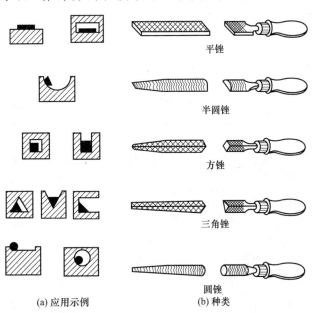

平锉

半圆锉

方锉

三角锉

圆锉

(a) 应用示例　　(b) 种类

图 6-25　锉刀的种类与应用

表 6-1　锉刀刀齿粗细的划分及特点和应用

锉齿粗细	齿纹条数 （10mm 长度内）	特点和应用	加工余量/mm	表面粗糙度值/μm
粗齿	4～12	齿间大,不易堵塞,适宜粗加工或锉铜、铝等非铁材料（有色金属）	0.5～1	12.5～50
中齿	13～23	齿间适中,适于粗锉后加工	0.2～0.5	3.2～6.3
细齿	30～40	锉光表面或硬金属	0.05～0.2	1.6
油光齿	50～62	精加工时修光表面	<0.05	0.8

注：粗齿相当于 1 号锉纹号，中齿相当于 2、3 号锉纹号，细齿相当于 4 号锉纹号，油光齿相当于 5 号锉纹号。

6.5.2　锉削操作要领

① 锉刀的握法　锉刀的握法如图 6-26 所示。使用大的平锉时，应右手握锉柄，左于压在锉端上，使锉刀保持水平，如图 6-26 (a)、(b)、(c) 所示。使用中平锉时，因用力较小，左手的大拇指和食指捏着锉端，引导锉刀水平移动，如图 6-26 (d) 所示。小锉刀及什锦锉刀的握法，如图 6-26 (e)、(f) 所示。

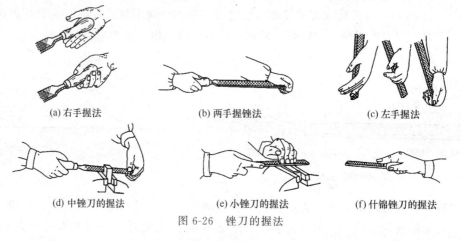

(a) 右手握法　　　　(b) 两手握锉法　　　　(c) 左手握法

(d) 中锉刀的握法　　　(e) 小锉刀的握法　　　(f) 什锦锉刀的握法

图 6-26　锉刀的握法

② 锉削姿势与施力　锉削时的站立步位基本同锯切。两手握住锉刀放在工件上面，左臂弯曲，小臂与工件锉削面的左右方向保持基本平行，右小臂要与工件锉削面的前后方向保持基本平行，但要自然；锉削时，身体先于锉刀并与之一起向前，右脚伸直并稍向前倾，重心在左脚，左膝部呈弯曲状态；当锉刀锉至约 3/4 行程时，身体停止前进，两臂带动继续将锉刀向前锉到头，同时，左腿自然伸直并随着锉削时的反作用力，将身体重心后移，使身体恢复原位，并顺势将锉刀收回；当锉刀收回将近结束，身体又开始先于锉刀前倾，作第二次锉削的向前运动。

要锉出平直的平面，必须使锉刀保持直线的锉削运动。为此，锉削时右手的压力要随锉刀推动而逐渐增加，左手的压力要随锉刀推动而逐渐减小。回程时不加压力，以减少锉齿的磨损。锉削速度一般应在 40 次/分钟左右，推出时稍慢，回程时稍快，动作要自然协调，如图 6-27 所示。

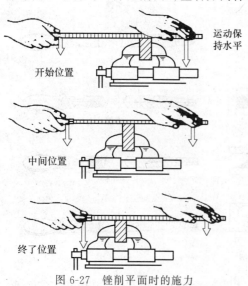

运动保持水平

开始位置

中间位置

终了位置

图 6-27　锉削平面时的施力

6.5.3　平面及圆弧面锉削工艺

(1) 平面锉削工艺

锉削平面的方法有三种：交锉法、顺锉法、推锉法。粗锉时采用交锉法，即锉刀运动方向与工件夹持方向约成 30°～40°角，如图 6-28(a) 所示，此法的锉痕是交叉的，故去屑较快，并容易判断锉削表面的不平程度，有利于把表面锉平。交锉后，再用顺锉法，即锉刀运动方向与工件夹持方向始终一致，如图 6-28(b) 所示。顺锉法的锉纹整齐一致，比较美观，适宜精锉。平面基本锉平后，在余量很少的情况下，可用细齿锉或油光锉以推锉法修光，如图 6-28(c) 所示，推锉法一般用于锉光较窄的平面。

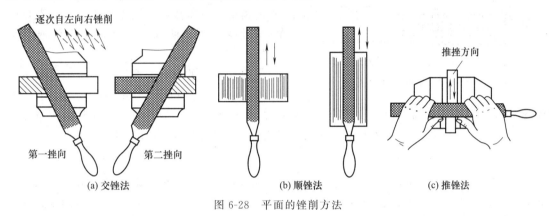

图 6-28　平面的锉削方法

(2) 圆弧面锉削工艺

① 锉削外圆弧面方法　锉削外圆弧面所用的锉刀都为平锉。锉削时锉刀要同时完成两个运动：前进运动和锉刀绕工件圆弧中心的转动，如图 6-29 所示。锉削外圆弧面的方法有两种。

a. 顺着圆弧面锉，如图 6-29(a) 所示。锉削时，锉刀向前，右手下压，左手随着上提。这种方法能使圆弧面锉削光洁圆滑，但锉削位置不易掌握且效率不高，故适用于精锉圆弧面。

b. 对着圆弧面锉，如图 6-29(b) 所示。锉削时，锉刀作直线运动，并不断随圆弧面摆动。这种方法锉削效率高且便于按划线均匀锉近弧线，但只能锉成近似圆弧面的多棱形面，故适用于圆弧面的粗加工。

② 锉削内圆弧面方法　锉削内圆弧面的锉刀可选用圆锉、半圆锉、方锉（圆弧半径较大时）。如图 6-30 所示，锉削时锉刀要同时完成 3 个运动：前进运动、随圆弧面向左或向右移动和绕锉刀中心线转动。这样才能保证锉出的弧面光滑、准确。

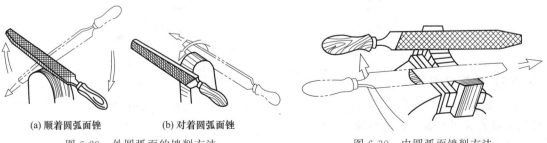

(a) 顺着圆弧面锉　　　(b) 对着圆弧面锉

图 6-29　外圆弧面的锉削方法　　　图 6-30　内圆弧面锉削方法

6.6 攻螺纹和套螺纹

6.6.1 攻螺纹工具与操作

(1) 丝锥

丝锥是加工内螺纹的工具，其构造如图 6-31 所示。丝锥由工作部分和柄部组成。工作部分包括切削部分和校准部分。切削部分的作用是切去孔内螺纹牙间的金属。校准部分有完整的齿形，用来校准已切出的螺纹，并引导丝锥沿轴向前进。柄部有方头，用来传递切削扭矩。

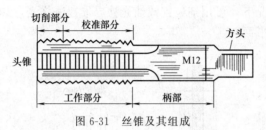

图 6-31 丝锥及其组成

手动丝锥的材料一般用低合金工具钢（如 9SiCr）制造；机用丝锥用高速钢（如 W18Cr4V）制造。普通三角螺纹丝锥中，M6～M24 的丝锥为两只一套，分别称为头锥、二锥；小于 M6 或大于 M24 的丝锥为三只一套，分别称为头锥、二锥和三锥。

(2) 铰杠

铰杠是用来夹持丝锥的工具。有如图 6-32 所示的普通铰杠和如图 6-33 所示的丁字铰杠两类。丁字铰杠主要用在攻工件凸台旁的螺纹或机体内部的螺纹。各类铰杠又有固定式和活动式两种。固定式铰杠常用在攻 M5 以下的螺纹，活动式铰杠可以调节夹持孔尺寸。

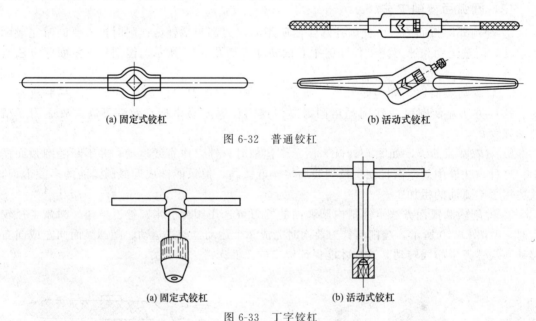

(a) 固定式铰杠   (b) 活动式铰杠

图 6-32 普通铰杠

(a) 固定式铰杠   (b) 活动式铰杠

图 6-33 丁字铰杠

(3) 攻螺纹操作

① 攻螺纹前底孔直径的确定 首先，要确定螺纹底孔直径，然后划线、打底孔。普通螺纹底孔直径可查表或通过经验公式计算：

脆性材料（铸铁、青铜等）：$D_{底} = D - 1.05P$

韧性材料（钢、紫铜等）：$D_底 = D - P$

式中，$D_底$ 为底孔直径；D 为螺纹公称直径；P 为螺距。

② 操作要点

a. 在螺纹底孔的孔口倒角，通孔螺纹两端都倒角，倒角处直径得可略大于螺孔大径，这样可使丝锥开始切削时容易切入，并可防止孔口出现挤压出凸边。

b. 用头锥起攻。起攻时，可一手用手掌按住铰杠中部，沿丝锥轴线用力加压，另一手配合作顺向旋进，如图 6-34（a）；或两手握住铰杠两端均匀施加压力，并将丝锥顺向旋进，如图 6-34（b）。应保证丝锥中心线与孔中心线重合，不得歪斜。在丝锥攻入 1～2 圈后，应及时从前后、左右两个方向用 90°角尺进行检查，如图 6-35 所示，并不断校正至要求。

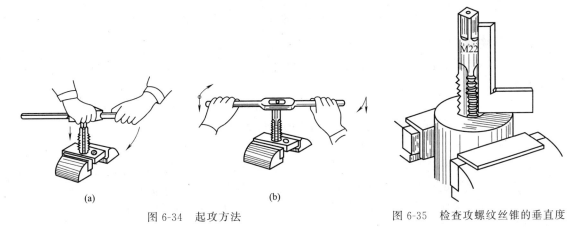

图 6-34　起攻方法　　　　　　　　　　图 6-35　检查攻螺纹丝锥的垂直度

c. 当丝锥的切削部分全部进入工件时，就不需要再施加压力，而靠丝锥作自然旋进切削。此时，两手旋转用力要均匀，并要经常倒转 1/4～1/2 圈，使切屑碎断后容易排除，避免因切屑阻塞而使丝锥卡住。

d. 攻螺纹时，必须经头锥、二锥、三锥顺序攻丝至标准尺寸。在较硬的材料上攻螺纹时，可轮换各丝锥交替攻下，以减小切削部分负荷，防止丝锥折断。

e. 攻不通孔时，可在丝锥上做好深度标记，并要经常退出丝锥，清除留在孔内的切屑。否则会因切屑堵塞使丝锥折断或攻螺纹达不到深度要求。当工件不便倒向进行清屑时，可用弯曲的小管子吹出切屑，或用磁性针棒吸出。

f. 攻韧性材料的螺孔时，要加切削液，以减小切削阻力，减小加工螺孔的表面粗糙度和延长丝锥寿命。攻钢件时用机油，螺纹质量要求高时可用工业植物油。攻铸铁件可加煤油。

6.6.2　套螺纹工具与操作

(1) 板牙

板牙是加工外螺纹的刀具，用低合金工具钢或高速钢并经淬火、回火制成，分为固定式和可调式（开缝式）两种。

板牙的构造如图 6-36 所示，由切削部分、校准部分和排屑孔组成。它本身像一个圆螺母，只是在它上面钻有几个排屑孔，并形成切削刃。板牙两端带有切削锋角的部分起主要切削作用。板牙的中间是校准部分，也是套螺纹的导向部分。板牙的外围有一条深槽和 4 个锥坑，深槽可微量调节螺纹直径大小，锥坑用来定位和紧固板牙。

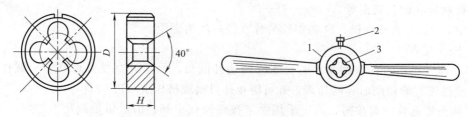

图 6-36　板牙与板牙架

1—板牙架；2—紧固螺钉；3—板牙；D—板牙直径；H—板牙厚度

(2) 板牙架

板牙架是套螺纹的辅助工具，用来夹持并带动板牙旋转，如图 6-36 所示。

(3) 套螺纹操作

① 初始圆杆直径的确定　套螺纹时，切削过程中有挤压作用，因此初始圆杆直径要小于螺纹大径，可通过查表或用下列经验计算来确定：

$$d_{杆} = d - 0.13P$$

式中，$d_{杆}$ 为初始圆杆直径；d 为螺纹公称直径；P 为螺距。

② 操作要点

a. 为了使板牙起套时容易切入工件并作正确的引导，圆杆端部要倒成锥半角为 $15°\sim 20°$ 的锥体。其倒角的最小直径，可略小于螺纹小径，避免螺纹端部出现锋口和卷边。

b. 套螺纹时的切削力矩较大，且工件都为圆杆，一般要用 V 形夹块或厚铜衬做衬垫，才能保证可靠夹紧。

c. 起套方法与攻螺纹起攻方法一样，一手用手掌按住铰杠中部，沿圆杆轴向施加压力，另一手配合作顺向切进，转动要慢，压力要大，并保证板牙端面与圆杆的垂直度，不可歪斜。在板牙切入圆杆 $2\sim 3$ 牙时，应及时检查其垂直度并作校正。

d. 正常套螺纹时，不要加压，让板牙自然引进，以免损坏螺纹和板牙，也要经常倒转以断屑、排屑。

e. 在钢件上套螺纹时要加切削液，以减小螺纹的表面粗糙度和延长板牙使用寿命。一般可用机油或较浓的乳化液，要求较高时可用工业植物油。

6.7　钻　孔

6.7.1　钻孔设备

① 台式钻床　台式钻床简称台钻，如图 6-37 所示。通常安装在台桌上，主要用来加工小型工件上的孔，孔的直径最大为 $\phi 12\text{mm}$。钻孔时，工件固定在工作台上，钻头由主轴带动旋转（主运动），其转速可通过改变三角带轮的位置来调节，台钻的主轴向下进给运动由手动完成。

② 立式钻床　立式钻床简称立钻，如图 6-38 所示。其规格以最大钻孔直径表示，有 25mm、35mm、40mm、50mm 几种。立式钻床由机座、工作台、立柱、主轴、主轴变速箱和进给箱组成。主轴变速箱和进给箱分别用以改变主轴的转速和进给速度。钻孔时，工件安装在工作台上，通过移动工件位置使钻头对准孔的中心。加工一个孔后，再钻另一个孔时，必须移动工件。因此，立式钻床主要用于加工中、小型工件上的孔。

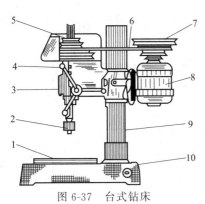

图 6-37　台式钻床

1—工作台；2—主轴；3—主轴架；

4—钻头进给手柄；5,7—带轮；

6—V 带；8—电动机；9—立柱；10—底座

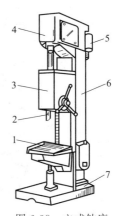

图 6-38　立式钻床

1—工作台；2—主轴；3—进给箱；4—主轴箱；

5—电动机；6—立柱；7—机座

③ 摇臂钻床　摇臂钻床如图 6-39 所示。主轴箱安装在能绕立柱旋转的摇臂上，由摇臂带动可沿立柱垂直移动。同时主轴箱可在摇臂上作横向移动。由于上述的运动，可以很方便地调整钻头的位置，以对准被加工孔的中心，而不需要移动工件。因此，适用于单件或成批生产中、大型工件及多孔工件上的孔加工。

④ 手电钻　手电钻如图 6-40 所示，常用在不便于使用钻床钻孔的地方。其优点是携带方便，使用灵活，操作简单。

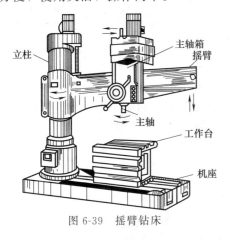

图 6-39　摇臂钻床

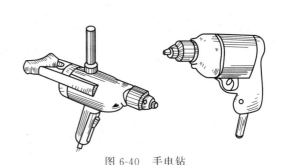

图 6-40　手电钻

6.7.2　钻孔工具

(1) 麻花钻

钻头是钻孔用的切削刀具，种类较多，最常用的是麻花钻，麻花钻的构造如图 6-41 所示。

麻花钻的柄部是钻头的夹持部分，用于传递扭矩和轴向力。工作部分包括切削和导向两部分。切削部分由前刀面、后刀面、副后刀面、主切削刃、副切削刃和横刃等组成，如图 6-42 所示，其作用是担负主要切削工作。

导向部分有两条对称的刃带（棱边亦即副切削刃）和螺旋槽组成。刃带的作用是减少钻头和孔壁间的摩擦，修光孔壁并对钻头起导向作用。螺旋槽的作用是排屑和输送切削液。

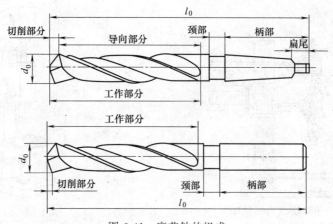

图 6-41　麻花钻的组成

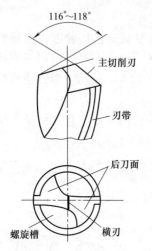

图 6-42　麻花钻的切削部分

(2) 钻孔用夹具

钻孔用的夹具主要包括装夹钻头的夹具和装夹工件的夹具。

① 装夹钻头夹具　装夹钻头夹具常用的是钻夹头和钻套。钻夹头是用来夹持直柄钻头的夹具，其结构和使用方法如图 6-43 所示。

钻套（过渡套筒）是在钻头锥柄小于机床主轴锥孔时，借助它进行安装钻头，如图 6-44 所示。

② 装夹工件夹具　常用的装夹工件夹具有手动虎钳、机用平口钳、压板等，如图 6-45 所示。按钻孔直径、工件形状和大小等合理选择。选用的夹具必须使工件装夹牢固可靠，保证钻孔质量。

薄壁小件可用手动虎钳装夹；中小型工件可用机用平口钳装夹；较大工件用压板和螺栓直接装夹在钻床工作台上。成批或大量生产时，可使用专用夹具安装工件。

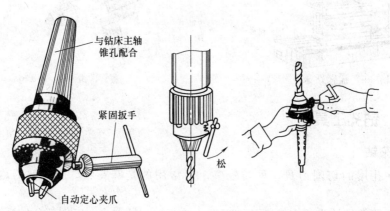

图 6-43　钻夹头及其使用

6.7.3　钻孔基本操作

钻孔方法一般有划线钻孔、配钻钻孔和模具钻孔等，下面介绍划线钻孔的操作方法。

① 工件划线　按图纸尺寸要求，划线确定孔的中心，并在孔的中心处打出样冲眼，使钻头易对准孔的中心，不易偏离，然后再划出检查圆。

② 工件装夹　根据工件的大小、形状及加工要求，选择使用钻床，确定工件的装夹方法。装夹工件时，要使孔的中心与钻床的工作台垂直，安装要稳固。

③ 钻头装夹　根据孔径选择钻头，按钻头柄部正确安装钻头。

④ 选择切削用量　根据工件材料、孔径大小等确定转速和进给量。钻大孔时转速要低些，以免钻头过快变钝；钻小孔转速可高些，进给应较慢，以免钻头折断。钻硬材料转速要低，反之要高。

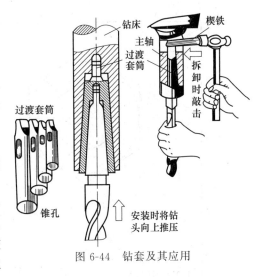

图 6-44　钻套及其应用

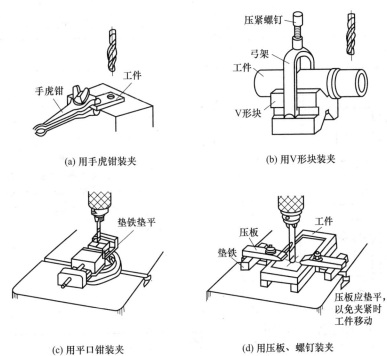

(a) 用手虎钳装夹

(b) 用V形块装夹

(c) 用平口钳装夹

(d) 用压板、螺钉装夹

图 6-45　钻孔时工件的安装

⑤ 钻孔操作　先对准样冲眼钻一浅孔，检查是否对中，若偏离较多，可用样冲重新打中心孔纠正或用錾子錾几条槽来纠正。开始钻孔时，要用较大的力向下进给，进给速度要均匀，快钻透时压力应逐渐减小。钻深孔时，要经常退出钻头排屑和冷却，避免切屑堵塞孔而卡断钻头。钻削过程中，可加切削液，降低切削温度，提高钻头耐用度。

6.7.4　钳工制作题目

学过钳工的基本加工工艺方法后，就可以按照图 6-46、图 6-47 所示进行钳工加工制作训练了。

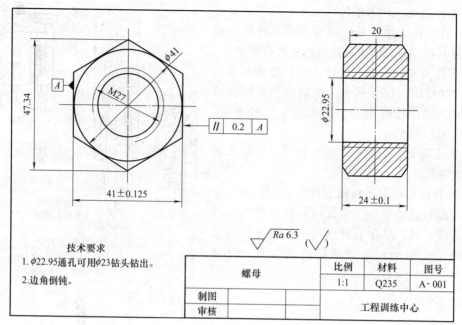

图 6-46　钳工制作六角螺母图纸

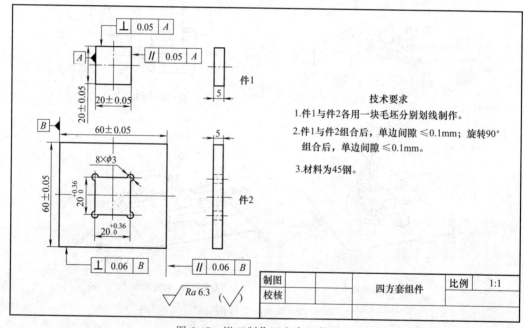

图 6-47　钳工制作四方套组件图纸

6.8　装配和拆卸

6.8.1　装配与拆卸基本知识

　　装配与拆卸工作也是钳工的工作内容之一。零件及部件最终要根据装配图、技术要求及装配工艺等进行装配。装配是机器制造的重要阶段，装配质量的好坏对机器的性能和使用寿命影响很大。

（1）机器的装配过程

装配是按规定的技术要求，将合格零件或部件进行配合和连接，使之成为半成品或成品的工艺过程。

① 组装。组装（组件装配）是将若干零件安装在一个基础零件上，构成组件，例如减速器的轴与齿轮。

② 部装。部装（部件装配）是把零件装配成部件的过程。具体来说就是将若干零件、组件安装在另一个基础零件上而构成部件（已成为独立机构），例如减速器的装配。

③ 总装。总装（总装配）是把零件或部件装配成最终产品的过程。具体地说就是将若干零件、组件及部件安装在一个更大的基础零件上而构成功能完善的产品。如车床上各部件与床身的装配。

产品装配完毕后，先要对零件或机构的相互位置、配合间隙和结合松紧等进行调整。然后进行全面的精度检查，最后进行试车。

（2）装配方法与要求

装配工艺方法有互换装配法、分组装配法、修配装配法、调整装配法等。装配的主要要求如下。

① 装配时应检查零件与装配有关的几何精度是否合格，检查有无变形、损坏等。同时注意零件上的各种标记，防止错装。

② 组合件的装配可用选配法或修配法来达到配合技术要求，组合件装好后，不再分开，以便一起装入部件内。

③ 机器的装配，应按照从里到外，从下到上的原则进行，以便不影响下道工序的顺利进行。

④ 试车前，应检查各部件连接的可靠性和运动的灵活性，检查各种变速、变向机构的操纵是否灵活，手柄是否在正确的位置。试车时，应从低速到高速逐步进行，并且根据试车情况进行必要的调整，使其达到运转要求。但要注意安全，不能在运转中进行调整。

（3）机器的拆卸

机器进行检查和修理时要进行拆卸。拆卸的注意事项如下。

① 机器（机构）拆卸工作，应按其结构的不同，预先考虑好操作程序，以免先后倒置或猛敲猛拆造成零件的损坏或变形。

② 拆卸的顺序应与装配相反，一般先拆外部附件，然后从外到内，自上而下。

③ 拆卸时的工具必须保证对零件无损伤，尽可能使用专用工具。严禁用铁锤直接在零件的工作表面上敲击。

④ 拆卸时，必须先弄清零件的松紧方向（左旋还是右旋）。

⑤ 拆下的部件和零件必须有次序、有规则地放好，并按原来的结构套在一起，配合件做上记号，以免搞乱。对丝杠、长轴类零件，必须包好、吊挂起来，以防弯曲变形和碰伤。

6.8.2　齿轮泵的装配与拆卸训练

齿轮泵是机器润滑、供油系统中的一个部件；其体积较小，要求传动平稳，保证供油，不能有渗漏；如图 6-48 所示的齿轮泵是由 17 种零件组成，其中有标准件 7 种。它们的装配关系如图 6-49 所示。

拆装前认识机器的传动关系和工作原理，对正确、顺利地完成拆装工作至关重要。该齿轮泵动力从传动齿轮（零件11）输入，当它按逆时针方向（从左视图上观察）转动时，通过键（零件14）带动传动齿轮轴（零件3）转动，再经过齿轮啮合带动齿轮轴（零件2）作顺时针转动。传动关系清楚了，就可以分析出工作原理，如图6-50所示：当一对齿轮在泵体内作啮合传动时，啮合区前面（吸油口处）空间的压力降低而产生局部相对真空，油箱中的油在大气压力的作用下被吸入油泵的吸油口，随着齿轮的转动，齿槽中的油不断沿箭头方向被带至压油口把油压出，送至机器中需要润滑的部位。

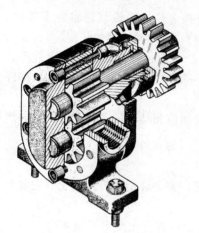

图 6-48　齿轮泵外形图

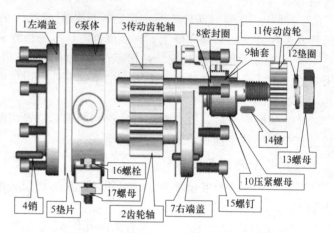

图 6-49　齿轮泵 17 种零件的装配关系

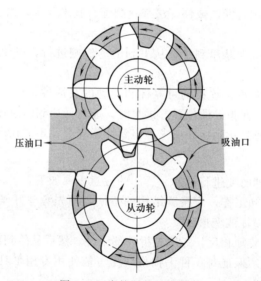

图 6-50　齿轮泵的工作原理

6.9　钳工安全操作规程

① 进入实训车间，必须进行安全生产教育并考核，合格后方可开始实训操作。

② 按照要求使用防护用品，不准穿拖鞋进入车间，女同学必须戴帽子工作。

③ 实训期间，学生应严格按照工艺操作规程进行生产，不得自作主张，改变工艺，不准做与实训无关的事。

④ 工作场地要保持整齐清洁，工具、零件、毛坯堆放整齐稳固，保证操作安全方便。

⑤ 每天生产实训前，必须认真检查所有工具，手锤柄不牢不用；锤头卷边不用；錾子尾部有卷边缺口不用。使用的工具、机器经常检查，发现损坏应停止使用，修好再用。

⑥ 锉削时不能用无柄或破柄锉刀，不能用锉刀当撬杠或锤头使用，不能用手去摸正在锉削的工件表面，加工中产生的铁屑要用刷子清理，不能用手直接清除，更不能用嘴去吹，以免铁屑飞入眼中。

⑦ 使用电钻等电动工具，要戴绝缘手套。

⑧ 使用砂轮机时应站在侧面，不可面对砂轮机。及时调整托架与砂轮间的距离，保持距离在 3~5mm，且托架应高于砂轮中心线。开机后空转几分钟，待运转正常后再使用。在砂轮上磨削时，不许撞击。人应站在砂轮外圆端面 45°方向。刃磨錾子时要放在砂轮中心线以上，不要用力过猛，防止工件卡在托架和砂轮之间发生事故。

⑨ 在装配搬运大工件及模具时，应使用起重设备。在无起重设备的情况下，应两人或多人合作搬运。

⑩ 钻孔时首先检查钻床的润滑、电器、防护罩附件等是否完好。工件一定要夹持牢靠。使用钻床时，不准戴手套和手拿棉纱扶工件。严禁用手拉钻床上的铁屑。选择合适的转速及进刀量，变速时一定要停车。工作完成后要做好钻床的清理及润滑。

⑪ 不许在工作场地追逐嬉闹。

⑫ 下班前关掉所有电源，清理实训场地。

第7章 普通机床操作训练

7.1 金属切削加工的概念

前面我们学到的铸造、焊接等热加工工艺方法加工精度比较低，适合于零件毛坯的生产；而当零件精度要求较高时，则需要使用金属切削加工的方法。金属切削加工是指在金属切削机床上，使用刀具切除毛坯上多余的金属层，从而获得图纸指定的精度，使其成为合格零件的工艺方法。常用的机械加工方法有车、铣、刨、钻、磨等，如图7-1所示。

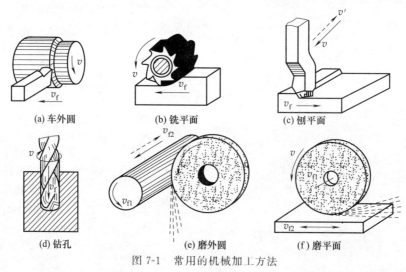

(a) 车外圆   (b) 铣平面   (c) 刨平面

(d) 钻孔   (e) 磨外圆   (f) 磨平面

图 7-1　常用的机械加工方法

7.2 切削运动、切削用量和金属切削机床

7.2.1 切削运动

切削过程中，刀具和工件之间的相对运动称为切削运动。各种加工方法的切削运动都可分解为两种基本运动。

① 主运动　切除金属的基本运动。其特点是在切削过程中速度最高，消耗功率最大，

如图 7-1 中的运动 v。

② 进给运动 使新的金属层不断投入切削，从而形成完整加工表面的运动。其特点是在切削过程中速度低，消耗功率少，如图 7-1 中的运动 v_f。

金属切削机床都必须具备这两种运动的传动机构，切削时相互配合，才能完成所需形面的切削加工。例如，车削外圆面，工件旋转是主运动，同时车刀沿轴向做直线的进给运动，才能车出所需要的圆柱体表面，如图 7-1（a）所示。一般来说，主运动只有一个，而进给运动可能有一个或几个，如图 7-1（e）、（f）所示的磨外圆和磨平面加工中，主运动是砂轮的旋转，而进给运动则需由两个运动配合完成。

7.2.2 切削用量

切削用量是指背吃刀量 a_P，进给量 f 和切削速度 v_c。现以车削外圆时的切削用量为例加以说明，如图 7-2 所示。

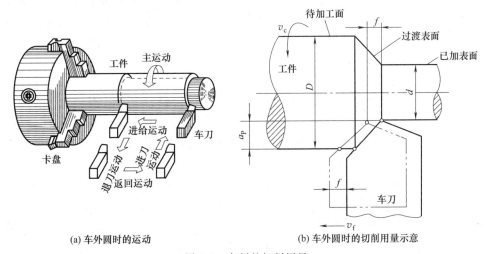

(a) 车外圆时的运动　　(b) 车外圆时的切削用量示意

图 7-2　车削的切削用量

① 背吃刀量 a_P 待加工面与已加工面之间的垂直距离称为切削深度，又称背吃刀量。即

$$a_P = \frac{D-d}{2} \tag{7-1}$$

式中，d 为已加工表面的直径 mm；D 为待加工表面的直径，mm。

② 进给量 f 车削加工时，工件每转一周，刀具沿进给运动方向移动的距离称为进给量，单位为 mm/r。有时进给量也用单位时间内进给运动的移动量来表示，单位为 mm/min。

③ 切削速度 v_c 单位时间内，刀具与工件沿主运动方向相对移动的距离称为切削速度，即主运动的线速度：

$$v_c = \frac{\pi D n}{1000} \tag{7-2}$$

式中，n 为工件的转速，r/min；D 为待加工表面的直径，mm。

7.2.3 金属切削机床

(1) 金属切削机床的分类

在国家制定的机床型号编制方法中，按照机床的加工方式、使用的刀具及其用途，将机床分为12类，见表7-1。

表7-1　机床的分类及类代号

类别	车床	钻床	镗床	磨床			齿轮加工机床	螺纹加工机床	铣床	刨插床	拉床	特种加工机床	锯床	其他机床
代号	C	Z	T	M	2M	3M	Y	S	X	B	L	D	G	Q
读音	车	钻	镗	磨	二磨	三磨	牙	丝	铣	刨	拉	电	割	其

另外，按照机床的工艺范围可分为通用机床、专门化机床和专用机床三大类；按照机床的特性可分为普通机床、万能机床、自动机床、半自动机床、仿形机床和数控机床等；按照机床布局可分为卧式机床、立式机床、龙门机床、马鞍机床、落地机床等；按工件大小和机床重量可分为中小型机床、大型机床和重型机床等。

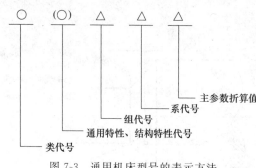

图7-3　通用机床型号的表示方法

（2）金属切削机床的型号

① 机床型号及其表示方法　机床型号主要反映机床的类别、主要技术规格、使用及结构特征。通用机床型号基本部分的表示方法，如图7-3所示。

型号表示方法中，有"○"符号者，为大写的汉语拼音字母；有"△"符号者，为阿拉伯数字。另外，有括号的代号或数字，当无内容时，不表示；若有内容时，则应表示，但不带括号。

② 机床型号中各代号的含义

a. 机床的类、组、系代号。机床的类代号见表7-1。机床的组、系代号分别用一位阿拉伯数字表示，组代号位于类代号或特性代号之后，系代号位于组代号之后。常见机床的组系代号含义，见表7-2。如"CA6140"型号中的"6"为组代号，即车床类中的"落地及卧式车床组"；"1"为系代号，即"落地及卧式车床"组中的"卧式车床"系列。

表7-2　部分机床的组系代号及主参数

类	组	系	机床名称	主参数的折算系数	主参数
车床	1	1	单轴纵切自动车床	1	最大棒料直径
	2	1	多轴棒料自动车床	1	最大棒料直径
	3	1	滑鞍转塔车床	1/10	最大车削直径
	4	1	万能曲轴车床	1/10	最大工件回转直径
	5	1	单柱立式车床	1/100	最大车削直径
	6	1	卧式车床	1/10	最大工件回转直径
	7	1	仿形车床	1/10	刀架上最大车削直径
钻床	2	1	深孔钻床	1/10	最大钻孔直径
	3	0	摇臂钻床	1	最大钻孔直径
	4	0	台式钻床	1	最大钻孔直径
	8	1	中心孔钻床	1/10	最大工件直径
磨床	1	4	万能外圆磨床	1/10	最大磨削直径
	2	1	内圆磨床	1/10	最大磨削孔径
	7	1	卧轴矩台平面磨床	1/10	工作台面宽度
铣床	2	0	龙门铣床	1/100	工作台面宽度
	5	0	立式升降台铣床	1/10	工作台面宽度
	6	0	卧式升降台铣床	1/10	工作台面宽度
	6	1	万能升降台铣床	1/10	工作台面宽度

b. 机床特性及其代号。机床特性包括通用特性和结构特性。

• 通用特性　机床通用特性代号，见表 7-3。当某类型机床除有普通形式外，还有表中所列的通用特性时，则在类代号之后加通用特性代号来区分。如 CM6132 中的"M"表示精密机床。

表 7-3　机床的通用特性代号

通用特性	高精度	精密	自动	半自动	数控	加工中心（自动换刀）	仿形	轻型	加重型	简式或经济型	数显	高速
代号	G	M	Z	B	K	H	F	Q	C	J	X	S
读音	高	密	自	半	控	换	仿	轻	重	简	显	速

• 结构特性　对主参数相同而结构、性能不同的机床，在型号中加结构特性代号来区分。结构特性代号用汉语拼音字母表示。当型号中有通用特性代号时，则结构特性代号排在其后。结构特性代号在型号中没有统一的含义，只是区分同类机床中结构、性能不同的机床。例如，CA6140 型卧式车床型号中的"A"是结构特性代号。

• 主参数的表示方法　机床型号中的主参数用折算值表示，折算值就是机床的主参数乘以折算系数。当折算数值大于 1 时，取整数；当折算数值小于 1 时，以主参数值表示，并在前面加"0"。常见机床的主参数含义及折算系数，见表 7-2。

(3) 通用机床型号示例

MG1432：最大磨削直径为 320mm 的高精度万能外圆磨床。

Z3040：最大钻孔直径为 40mm 的摇臂钻床。

X6032：工作台宽度为 320mm 的卧式升降台铣床。

CK5140：最大车削直径为 4000mm 的数控单柱立式车床。

7.3　车　工　训　练

车削加工是在车床上利用车刀或钻头、铰刀、丝锥、滚花刀等刀具对工件进行切削加工的方法，是机械加工中最常用的一种加工方法。

7.3.1　车削的工艺范围及工艺特点

(1) 车削的工艺范围

在工厂的机械加工车间，卧式车床是金属切削机床中最为普遍的一种。车削加工是一种重要的机械加工方法，其主要是用来加工零件上的回转表面，该类零件的特点是都有一条回转中心线，如圆柱面、圆锥面、螺纹、端面、成形面、环槽等。车削加工的工艺范围很广泛，它的基本工作内容如图 7-4 所示。

(2) 车削加工的工艺特点

车削加工与其他加工方法相比有以下特点。

① 车削轴、盘、套类等零件时，各表面之间的位置精度要求容易达到，如各表面之间的同轴度要求、端面与轴线的垂直度以及各端面之间的平行度要求等。

② 一般情况下，切削过程比较平稳，可以采用较大的切削用量，以提高生产效率。

③ 刀具简单，因此制造、刃磨和使用都比较方便，有利于提高加工质量和生产效率。

④ 车削的加工尺寸公差等级一般可达 IT6～IT11 级，表面粗糙度值可达 $Ra12.5\sim0.8\mu m$。

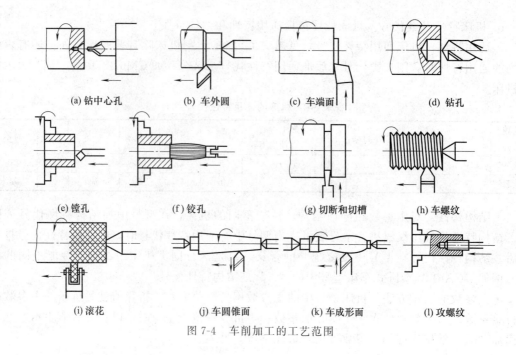

(a) 钻中心孔　　　(b) 车外圆　　　(c) 车端面　　　(d) 钻孔

(e) 镗孔　　　(f) 铰孔　　　(g) 切断和切槽　　　(h) 车螺纹

(i) 滚花　　　(j) 车圆锥面　　　(k) 车成形面　　　(l) 攻螺纹

图 7-4　车削加工的工艺范围

7.3.2　普通卧式车床的结构及操作

(1) 普通卧式车床的结构及组成

下面以 CA6140 车床为例介绍其结构及组成，CA6140 型普通车床的外观如图 7-5 所示，它主要由以下几部分组成。

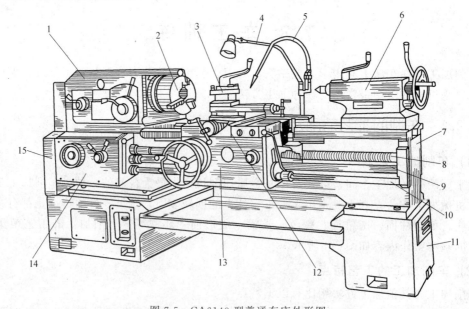

图 7-5　CA6140 型普通车床外形图

1—主轴箱；2—卡盘；3—刀架；4—照明灯；5—切削液软管；6—尾座；7—床身；8—丝杠；
9—光杠；10—操纵杠；11—床腿；12—床鞍；13—溜板箱；14—进给箱；15—挂轮箱

① 床身　床身是用来支承和连接车床各个部件的。床身上面有供刀架和尾座移动的导轨。床身由前后床腿支撑并固定在地基上。左床腿内有主电动机等电气控制设备；右床腿内

有切削液循环设备。

② 主轴箱 主轴箱又称床头箱或变速箱。用来支承主轴,并使其作各种速度的旋转运动。主轴前端有外螺纹,用以连接卡盘、拔盘等附件。内有锥孔,用以安装顶尖。主轴是空心结构,以便装夹细长棒料和用顶杆卸下顶尖。后端装有传动齿轮,能将运动经过挂轮传给进给箱,为进给运动提供动力来源。

③ 挂轮箱 挂轮箱用于将主轴的转动传给进给箱。更换挂轮箱内的齿轮并与进给箱配合,可车削各种不同螺距的螺纹。

④ 进给箱 进给箱又称走刀箱,它是进给运动的变速机构。主轴经过挂轮传来的运动,通过变速机构传给光杠或丝杠,获得各种不同的进给量和螺距,从而改变刀具的进给速度。

⑤ 溜板箱 溜板箱又称拖板箱。与刀架相连,它是进给运动的分向机构,可将光杠传来的运动转换为机动纵向或横向进给运动;或将丝杠传来的运动转换为螺纹进给运动。手动进刀由手轮控制。

⑥ 光杠和丝杠 将进给箱的运动传给溜板箱。自动走刀时使用光杠;车削螺纹时使用丝杠。手动进给时,光杠和丝杠都可以不用。

⑦ 操纵杠 在溜板箱进给移动过程中,传递操纵把手的控制动作,用以控制主轴的启动、变向和停止。

⑧ 滑板 如图 7-6 所示,滑板分为中、小滑板,滑板上面有转盘和刀架。小滑板手柄与小滑板内部的丝杠连接,摇动此手柄时,小滑板就会纵向进或退。中滑板手柄装在中拖板内部的丝杠上,摇动此手柄,中滑板就会横向进或退。中滑板和小滑板上均有刻度盘,刻度盘的作用是为了在车削工件时能准确移动车刀以控制切削深度。

⑨ 床鞍 床鞍与床面导轨配合,摇动溜板箱上面的大手轮可以使整个滑板部分作左右纵向移动。

⑩ 刀架 刀架固定于小滑板上,用以夹持车刀(方刀架上可以同时安装四把车刀)。刀架上有锁紧手柄,松开锁紧手柄即可转动方刀架以选择车刀及其刀杆工作角度。车削加工时,必须旋紧手柄以固定刀架。

⑪ 尾座 用来安放顶尖以支持较长的工件,亦可安装钻头、绞刀等刀具。

(2) CA6140 车床的操作

① 车床的启动操作

a. 检查车床各变速手柄是否处于空挡位置,离合器是否处于正确位置,操纵杆是否处于停止状态,确认无误后,合上车床电源总开关。

b. 按下床鞍上的绿色启动按钮,主电动机启动。

c. 向上提起溜板箱右侧的操纵杆手柄,主轴正转;操纵杆手柄回到中间位置,主轴停止转动;操纵杆向下压,主轴反转。

d. 主轴正反转的转换要在主轴停止转动后进行,避免因连续转换操作使瞬间电流过大而发生电器故障。

e. 按下床鞍上的红色停止按钮,主电动机停止工作。

② 主轴箱手柄的操作 通过改变主轴箱正面右侧的两个叠套手柄的位置来控制。前面的手柄有 6 个挡位,每个有 4 级转速,由后面的手柄控制,所以主轴共有 24 级转速,如图 7-7(a)所示。主轴箱正面左侧的手柄调整所加工螺纹的左右旋向变换和加大螺距,共有 4 个挡位,即右旋螺纹、左旋螺纹、右旋加大螺距和左旋加大螺距螺纹,其挡位如图 7-7(b)所示。

③ 进给箱手柄(轮)的操作 如图 7-7(a)所示在进给箱上共有两组变速手柄(轮)。

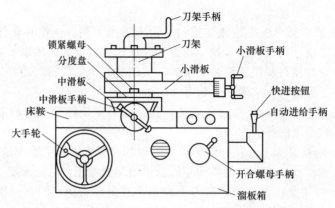

图 7-6　CA6140 车床溜板箱上面的手柄功能

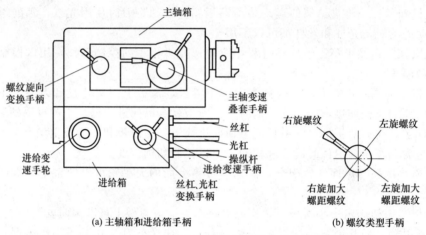

(a) 主轴箱和进给箱手柄　　　　　(b) 螺纹类型手柄

图 7-7　CA6140 车床主轴箱和进给箱上面的手柄功能

左侧手轮有 8 个挡位；右侧有前、后叠装的两个手柄，前面的手柄是丝杠、光杠变换手柄，后面的手柄有Ⅰ、Ⅱ、Ⅲ、Ⅳ 4 个挡位，用来与左侧手轮配合，调整螺距或进给量。具体使用时，应当根据加工要求调整所需螺距或进给量，可通过查找进给箱油池盖上的调配表来确定手轮和手柄的具体位置。

④ 溜板箱手柄（轮）的操作　溜板箱实现车削时绝大部分的进给运动；如床鞍及溜板箱作纵向移动，中滑板作横向移动，小滑板可作纵向或斜向移动等。溜板箱上面的手柄（轮）如图 7-6 所示。进给运动有手动进给和机动进给两种方式。

a. 溜板箱的手动操作

• 床鞍及溜板箱的纵向移动由溜板箱正面左侧的大手轮控制。顺时针方向转动手轮时，床鞍向右运动；逆时针方向转动手轮时，向左运动。手轮轴上的刻度盘圆周等分 300 格，手轮每转过 1 格，纵向移动 1mm。

• 中滑板的横向移动由中滑板手柄控制。顺时针方向转动手柄时，中滑板向前运动（即横向进刀）；逆时针方向转动手轮时，向操作者运动（即横向退刀）。手轮轴上的刻度盘圆周等分 100 格，手轮每转过 1 格，纵向移动 0.05mm。

• 小滑板在小滑板手柄控制下可作短距离的纵向移动。小滑板手柄顺时针方向转动时，小滑板向左运动；逆时针方向转动手柄时，小滑板向右运动。小滑板手轮轴上的刻度盘圆周等分 100 格，手轮每转过 1 格，纵向或斜向移动 0.05mm。小滑板的分度盘在刀架需斜向进给车削短圆锥体时，可顺时针或逆时针地在 90°范围内偏转所需角度，调整时，先松开锁紧螺母，转动小滑板至所需角度位置后，再锁紧螺母将小滑板固定。

• 开合螺母手柄用于控制丝杠上传动螺母的开或合。车螺纹时，该手柄下压，螺母合上，通过丝杠转动，将进给箱传来的运动传递给溜板箱乃至刀架。在一般车削加工时，由于采用的是光杠传动，因此该手柄应当向上打开，并且与自动进给手柄之间设计有互锁机构，防止光杠传动时，开合螺母误合损坏。

b. 溜板箱的自动操作。CA6140 车床溜板箱的自动操作，采用的是单手柄操纵机构，其结构如图 7-8 所示。拨动单手柄 1 在前后左右四个位置，通过操纵杆 2 和操纵轴 3 分别将控制动作传递给控制机构，控制机构控制横向和纵向两个牙嵌式离合器的开合，从而控制溜板箱在相应四个方向的机动自动进给运动。

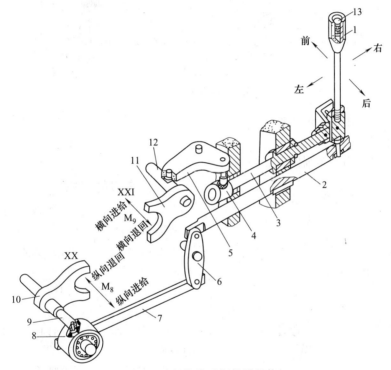

图 7-8　溜板箱单手柄操纵机构

1—单手柄；2—操纵杆；3—操纵轴；4,8—凸轮；5,6—杠杆；
7—连杆；9,12—杆；10,11—拨叉；13—点动开关

当按下单手柄 1 上方的电动开关按钮 13 时，接通快速进给电动机，实现溜板箱向四个方向的快速移动。

7.3.3　车刀

(1) 车刀的种类及用途

车刀的种类很多，按其用途和结构不同可分为外圆车刀、内孔车刀、端面车刀、切断刀、螺纹车刀和成形车刀，如图 7-9 所示。

① 90°车刀（偏刀）　用于车削工件的外圆、台阶和端面。

② 45°车刀（弯头刀）　用于车削工件的外圆、端面和倒角。

③ 切断刀　用于切断工件或在工件上切槽。

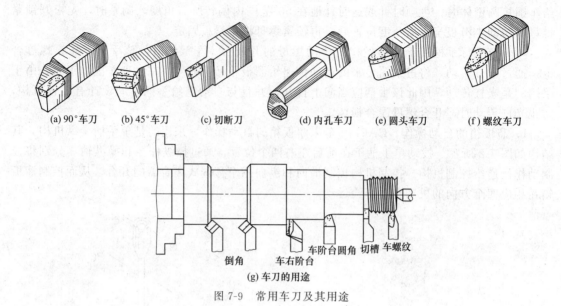

(a) 90°车刀　(b) 45°车刀　(c) 切断刀　(d) 内孔车刀　(e) 圆头车刀　(f) 螺纹车刀

车阶台圆角　切槽　车螺纹

倒角　　车右阶台

(g) 车刀的用途

图 7-9　常用车刀及其用途

④ 内孔车刀　用于车削工件的内孔。

⑤ 螺纹车刀　用于车削螺纹。

⑥ 圆头车刀　用于车削圆角、圆槽或成形面。

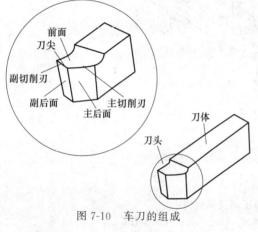

图 7-10　车刀的组成

(2) 车刀的组成

车刀由刀头和刀柄组成。刀头用来切削，故又称切削部分；刀柄是用来将车刀夹固在刀架上的部分。车刀的切削部分是由三面、两刃、一尖组成，如图 7-10 所示。

① 前面　指车削时，切屑流出时经过的表面。

② 主后面　指车削时，与加工表面相对的表面。

③ 副后面　指车削时，与已加工表面相对的表面。

④ 主切削刃　指前面与主后面的交线。在切削过程中，主切削刃担负主要切削工作。

⑤ 副切削刃　指前面与副后面的交线。它配合主切削刃完成切削工作。

⑥ 刀尖　指主、副切削刃的交点。

(3) 车刀的几何角度

为了确定和测量车刀的几何角度，需要假想以下三个辅助平面为基准：基面、切削平面和正交平面，如图 7-11 所示。基面是指通过主切削刃上一点，且垂直于该点切削速度方向的平面；切削平面是指通过主切削刃上一点，与主切削刃相切并垂直于基面的平面；正交平面是指通过主切削刃上一点，且同时垂直于基面和切削平面的平面。

车刀切削部分共有五个主要角度，如图 7-12 所示。

① 前角 γ_0　是在正交平面中测量的前面与基面之间的夹角。其作用是使车刀刃口锋利，减小切削变形，并使切屑容易排出。

② 后角 α_0　是在正交平面中测量的后面与切削平面之间的夹角。其作用是减少车刀后

面与工件之间的摩擦，减少刀具磨损。

③ 主偏角 κ_r　是在基面中测量的主切削刃与假定进给方向之间的夹角。其作用是改变主切削刃和刀头的受力和散热情况。

④ 副偏角 κ_r'　是在基面中测量的副切削刃与假定进给方向之间的夹角。其作用是减小副切削刃与工件已加工表面之间的摩擦。

⑤ 刃倾角 λ_s　是在切削平面中测量的主切削刃与基面之间的夹角。其作用是控制切屑的排出方向。

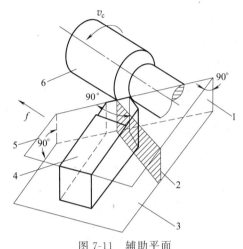

图 7-11　辅助平面

1—主切削平面；2—正交平面；3—底平面；
4—车刀；5—基面；6—工件

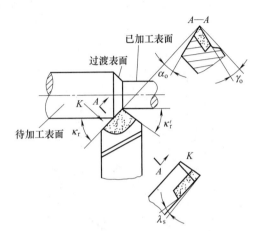

图 7-12　车刀的主要角度

(4) 车刀的材料

车刀在切削工件时，其切削部分要受到高温、高压和摩擦的作用，因此，车刀材料必须满足以下基本性能要求。

① 硬度高，耐磨性好　车刀要顺利地从工件上切除车削余量，其硬度必须高于工件硬度，要求车刀材料的常温硬度要在 60HRC 以上，硬度越高，耐磨性越好。

② 足够的强度和韧性　为承受切削过程中产生的切削力和冲击力，车刀材料应具有足够的强度和韧性，才能避免脆裂和崩刃。

③ 耐热性好　耐热性好的车刀材料能在高温时保持比较高的强度、硬度和耐磨性，因此可以承受较高的切削温度，即意味着可以适应较大的切削用量。

7.3.4　刀具与工件在车床上的安装

(1) 刀具的安装

车刀使用时必须正确安装，具体要求如下。

① 车刀伸出刀架部分不能太长，否则切削时刀杆刚度减弱，容易产生振动，影响加工表面的质量，甚至会使车刀损坏。一般以不超过刀杆厚度的两倍为宜，如图 7-13 所示。

② 车刀刀尖应对准工件中心。若刀尖高于工件中心，会使车刀的实际后角减小，车刀后面与工件之间摩擦增大；刀尖低于工件中心，会使车刀的实际前角减小，切削不顺利。刀尖对准工件中心的方法有：根据尾座顶尖高度进行调整，如图 7-14 所示；根据车床主轴中心高度用钢直尺测量装刀，如图 7-15 所示；把车刀靠近工件端面，目测车刀刀尖的高度，然后紧固车刀，试车端面，再根据端面的中心进行调整。

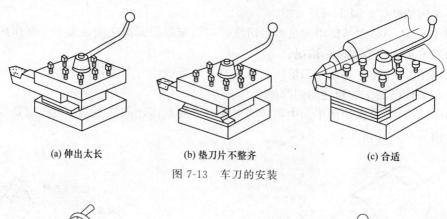

(a) 伸出太长　　　　　(b) 垫刀片不整齐　　　　　(c) 合适

图 7-13　车刀的安装

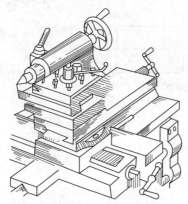

图 7-14　根据尾座顶尖高度调整刀尖

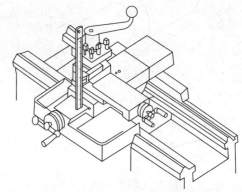

图 7-15　用钢直尺测量主轴中心高度

③ 车刀刀柄轴线应与工件轴线垂直，否则会使主偏角和副偏角的数值发生变化。

④ 调整车刀时，刀柄下面的垫片要平整洁净，垫片要与刀架对齐，且数量不宜太多，以防产生振动。

⑤ 车刀的位置调整完毕，要紧固刀架螺钉，一般用两个螺钉，并交替拧紧。

(2) 工件的安装

安装工件的基本要求是定位准确、夹紧可靠。定位准确就是工件在机床或夹具中必须有一个正确的位置，即被加工表面的轴线须与车床主轴中心重合。夹紧可靠就是工件夹紧后能够承受切削力，不改变定位并保证安全，且夹紧力适度以防工件变形，保证加工工件质量。

根据工件的形状、大小和加工数量不同，工件的安装可以采用不同的方法，如用三爪自定心卡盘安装、用四爪单动卡盘安装、用花盘安装、用顶尖安装和用心轴安装等。

① 用三爪自定心卡盘安装工件　三爪自定心卡盘是车床上应用最广的一种通用夹具，适合于安装短棒或盘类工件，其构造如图 7-16 所示。当用卡盘扳手转动小锥齿轮时，与它相啮合的大锥齿轮随之转动，大锥齿轮背面的平面螺纹则带动三个卡爪同时等速的向中心靠拢或退出，以夹紧或松开工件。用三爪自定心卡盘安装工件，可使工件中心与车床主轴中心自动对中，自动对中的准确度约为 0.05～0.15mm。

三爪自定心卡盘一般配备两套卡爪，一套正爪，一套反爪。当工件直径较小时，工件置于三个长爪之间装夹；当工件孔径较大时，可将三个卡爪伸入工件内孔中，利用长爪的径向张力装夹盘状、套状或环状零件；当工件直径较大，用正爪不便装夹时，可用反爪进行装夹；当工件长度大于 4 倍直径时，应在工件右端用车床上的尾座顶尖支撑，如图 7-17 所示。

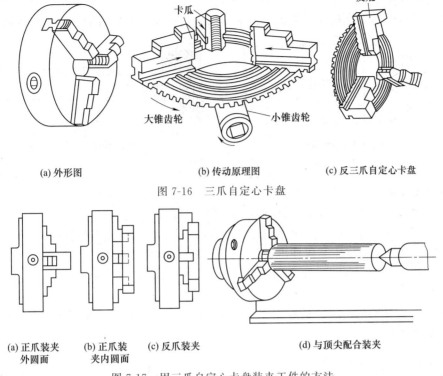

(a) 外形图　　　　　(b) 传动原理图　　　　(c) 反三爪自定心卡盘

图 7-16　三爪自定心卡盘

(a) 正爪装夹　　(b) 正爪装　　(c) 反爪装夹　　　　(d) 与顶尖配合装夹
　外圆面　　　　夹内圆面

图 7-17　用三爪自定心卡盘装夹工件的方法

　　用三爪自定心卡盘安装工件时，应先将工件置于三个卡爪中找正，轻轻夹紧，然后开动机床使主轴低速旋转，检查工件有无歪斜偏摆，并作好记号。若有偏摆，停车后用锤子轻敲校正，然后夹紧工件，并及时取下卡盘扳手，将车刀移至车削行程最右端，调整好主轴转速和切削用量后，才可开动车床。

　　② 用双顶尖安装工件　有些工件在加工过程中需要多次装夹，要求有同一定位基准，这时可在工件两端钻出中心孔，采用前后两个顶尖安装工件。前顶尖装在主轴上，通过卡箍和拨盘带动工件与主轴一起旋转，后活顶尖装在尾架上随之旋转，如图 7-18(a) 所示。也可以用圆钢料车一个前顶尖，装在卡盘上以代替拨盘，通过鸡心夹头带动工件旋转，如图 7-18(b)所示。

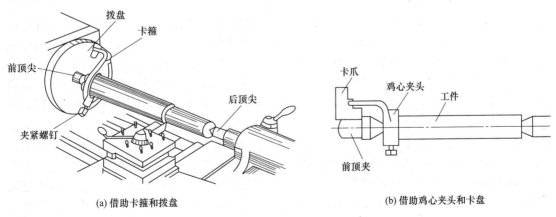

(a) 借助卡箍和拨盘　　　　　　　　　　(b) 借助鸡心夹头和卡盘

图 7-18　用双顶尖安装工件

顶尖有固定顶尖（普通顶尖或死顶尖）和活顶尖两种，如图 7-19 所示。低速切削或精加工时以使用固定顶尖为宜。高速切削时，为防止摩擦发热过高而烧坏顶尖或顶尖孔，宜采用活顶尖。但活顶尖工作精度不如固定顶尖，故常在粗加工或半精加工时使用活顶尖。

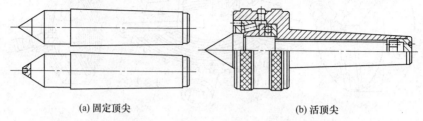

(a) 固定顶尖　　　　　　　　　　　　　(b) 活顶尖

图 7-19　顶尖

用双顶尖安装工件的步骤，如图 7-20 所示。

a. 在工件的左端安装卡箍，先用手稍微拧紧卡箍螺钉。

b. 将工件装在两顶尖之间，根据工件长度调整尾座位置，使刀架能够移至车削行程的最右端，同时又尽量使尾座套筒伸出最短，然后将尾座固定在床身上。

c. 转动尾座手轮，调节工件在顶尖间的松紧，使之能够旋转但不会轴向松动，然后锁紧尾座套筒。

d. 将刀架移至车削行程的最左端，用手转动拨盘及卡箍，检查是否会与刀架相碰撞。

e. 拧紧卡箍螺钉。

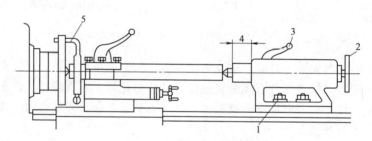

图 7-20　用双顶尖安装工件的步骤

1—固定尾座螺钉；2—调节工件与顶尖间的松紧；3—锁紧套筒；4—调整套筒伸出长度；5—拧紧卡箍螺钉

③ 中心架与跟刀架的使用　在车削细长轴时，由于刚度差，加工过程中容易产生振动，并且常会出现两头细中间粗的腰鼓形，因此须采用中心架或跟刀架作为附加支承。

中心架固定在车床导轨上，主要用于提高细长轴或悬臂安装工件的支承刚度。安装中心架之前先要在工件上车出中心架支承凹槽，槽的宽度略大于支承爪，槽的直径大于工件最后尺寸一个精加工余量。车细长轴时，中心架装在工件中段；车一端夹持的悬臂工件的端面或钻中心孔，或车较长的套筒类零件的内孔时，中心架装在工件悬臂端附近，如图 7-21 所示。在调整中心架三个支承爪的中心位置时，应先调整下面两个爪，然后把盖子盖好固定，最后调整上面的一个爪。车削时，支承爪与工件接触处应经常加润滑油，注意其松紧要适量，以防工件被拉毛及摩擦发热。

跟刀架固定在床鞍上，跟着车刀一起移动，主要用作精车、半精车细长轴（长径比在 30～70 之间）的辅助支承，以防止由于径向切削力而使工件产生弯曲变形。车削时，先在工件端部车好一段外圆，然后使跟刀架支承爪与其接触并调整至松紧合适。工作时支承处要加润滑油。跟刀架一般有两个支承爪，一个从车刀的对面抵住工件，另一个从上向下压住工件；有的跟刀架有三个爪，三爪跟刀架夹持工件稳固，工件上下左右的变形均受到限制，不易发生振动，如图 7-22 所示。

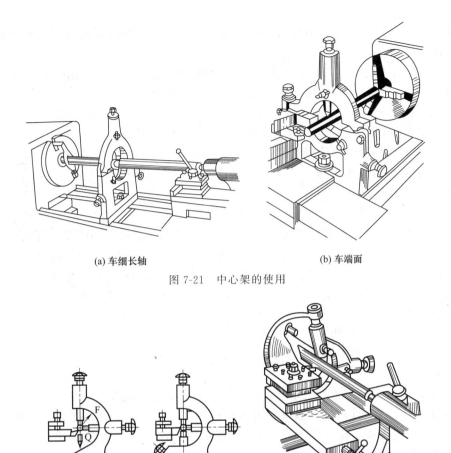

(a) 车细长轴　　　　　　　　　(b) 车端面

图 7-21　中心架的使用

(a) 两爪跟刀架　　(b) 三爪跟刀架　　　　(c) 跟刀架的使用

图 7-22　跟刀架及使用

7.3.5　车削基本操作

(1) 车外圆

将工件车削成圆柱形表面的加工称为车外圆，这是车削加工最基本、最常见的操作。

① 外圆车削的基本方法　试切法是车削外圆的常用基本方法，如图 7-23 所示。

a. 测量毛坯尺寸，确定粗车、半精车和精车的加工余量。粗车后需调质或正火的零件，应考虑热处理变形对工件的影响，留出 1.5 ～ 2.5mm 的余量。

b. 合理安装工件、车刀，调整好主轴转速。

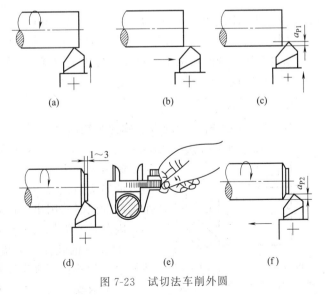

图 7-23　试切法车削外圆

c. 开动机床，摇动床鞍、中滑板手柄，使刀尖与工件右端面外圆表面轻轻接触，如图 7-23（a）所示。

d. 摇动床鞍手柄，使车刀向右退离工件，一般距离工件 3～5mm，如图 7-23（b）所示。

e. 横向进给一个较小的距离 a_{P1}，如图 7-23（c）所示。

f. 纵向车削 1～3mm，摇动床鞍手柄，退出车刀，停车测量工件直径（中滑板不要退回，如必要退出时，应记住其刻度），如图 7-23（d）、（e）所示。

g. 根据中滑板的刻度调整背吃刀量至 a_{P2}，自动进给，车出外圆，如图 7-23（f）所示。

h. 当车削到所需长度时应停止走刀，退出车刀，然后停车。注意不能先停车后退刀，否则会造成车刀崩刃。

② 车削用量的选择　外圆车削一般可分为粗车和精车两个阶段。粗车外圆，就是把毛坯上的多余部分（即加工余量）尽快地车去，这时不要求工件达到图纸要求的尺寸精度和表面粗糙度，但粗车时应留有一定的精车余量。精车外圆，就是把工件上经过粗车后留有的少量余量车去，使工件达到图纸或工艺上规定的尺寸精度和表面粗糙度。切削用量选择的是否恰当，对工件加工表面的质量、刀具耐用度和生产效率都有很大的影响。

a. 背吃刀量 a_P 的选择。粗车时，因为对工件的加工精度和粗糙度要求不高，故应尽可能增大背吃刀量，以求尽快车去多余的金属层。精车时背吃刀量应小些，一般选 0.2～0.5mm，这样可以使切屑容易变形，减小了切削力，有利于减小工件的表面粗糙度提高其尺寸精度。

b. 进给量 f 的选择。背吃刀量确定以后，进给量应适当地选大一些。进给量的大小受到机床和刀具刚度、工件精度和表面粗糙度的限制。粗车时，工件加工表面粗糙度要求不高，选取进给量时着重考虑机床、刀具和工件的刚性。精车时，切削余量很小，不必考虑刚度，主要考虑加工表面的粗糙度要求。

c. 切削速度 v_C 的选择。切削速度 v_C 的大小是根据车刀材料及几何形状、几何角度、工件材料、进给量和背吃刀量、冷却液使用情况、车床动力和刚度以及车削过程的实际情况综合决定的。切削速度的选择方法有以下两种：

· 用计算法选择切削速度

$$v_C = \frac{\pi Dn}{1000}(\text{m/min}) = \frac{\pi Dn}{1000 \times 60}(\text{m/s}) \tag{7-3}$$

式中，v_C 为切削速度，m/s；D 为工件直径，mm；n 为主轴转速，r/min。

· 用图表法选择切削速度。在 CA6140 型普通车床的床头箱上，备有速度选择标牌。在已经知道工件直径的情况下，可以从标牌上根据主轴转速查出切削速度；也可以根据切削速度查出主轴转速。

（2）车端面

对工件端面进行车削的方法称为车端面。

① 端面车削的方式　图 7-24 所示为用 45°弯头刀车削端面的情况。此时是 45°弯头刀的主切削刃进行车削，与用该刀车削外圆时不是一个部位。45°弯头刀的刀尖角比偏刀大，因此强度好，散热也好，而且可以在车端面的同时车削出工件倒角。但是，45°弯刀不能车清台阶根部，因此，不能加工带台阶的端面。

② 工件的装夹　车端面时，应先将工件装夹在卡盘上，工件伸出卡盘的长度应当短些；将划线盘划针针尖靠近工件端面后，用手扳动卡盘旋转，并观察端面与针尖之间的距离是否均

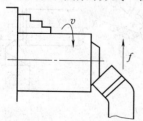

图 7-24　用 45°弯头刀车端面

匀，如果距离有变化，说明工件安装不正，可用铜锤或硬木块轻敲工件端面进行找正。找正后，牢固夹紧。

③ 确定切削用量

a. 背吃刀量 a_P：粗车时，$a_P=2\sim5mm$；精车时，$a_P=0.1\sim1mm$。

b. 进给量 f：进给量 f 的确定原则基本和背吃刀量 a_P 的确定原则相同。一般情况下，粗车时 $f=0.3\sim0.7mm/r$；精车时 $f=0.1\sim0.2mm/r$。

c. 切削速度 v_C：车端面时的切削速度是随着工件直径的减小而逐渐减小的，但是计算切削速度时，要按最大外圆直径计算，计算方法和车外圆时相同。

需要注意，在车外圆时，一次走刀过程中工件直径是固定不变的，因此主轴转速确定后，切削速度是不变的；而车端面时，一次走刀过程中工件直径是变化的，因此虽然在切削过程中主轴转速没变，而切削速度却随着直径的变化而改变。

(3) 车台阶

车削台阶处的外圆和端面的方法称为车台阶。

① 车台阶的步骤

a. 在卡盘上装夹工件，找正外圆、端面并夹紧。

b. 按要求装夹车刀，调整合理的转速和进给量。

c. 车第一级外圆，试切削 3mm 长，停机测量外径。

d. 根据测量的外径尺寸，调整背吃刀量，留精车余量 $1\sim2mm$。

e. 操纵进给手柄纵向车削，当车刀接近台阶时，停止进给，用手摇动床鞍进给，直到车刀接触台阶。

f. 摇动中滑板手柄，使中滑板以均匀速度沿台阶端面向外摇出车刀。

g. 车多台阶轴按上述方法依次车削各级外圆。

h. 测量台阶的长度，根据测量的长度尺寸与图样尺寸要求，调整背吃刀量。

i. 操纵进给手柄，横向车削端面，确定长度尺寸至合格。

j. 停机，检验长度尺寸。

台阶的车削方法跟车外圆相似，但在车削时需要兼顾外圆的尺寸精度和台阶长度的要求。对于相邻两圆柱体直径较小（<5mm）的台阶，一般用一次走刀车出，为保证台阶面与工件中心线垂直，应用 90°偏刀车削，装刀时应使主切削刃与工件中心线垂直；对于相邻两圆柱体直径较大（>5mm）的台阶，一般采用分层切削方法，用几次走刀来完成台阶的车削。在最后一次纵向进给完成后，用手摇动中滑板手柄，把车刀慢慢地均匀退出，使阶台与外圆垂直，装刀时应使主切削刃与工件中心线成 90°或大于 90°，如图 7-25 所示。

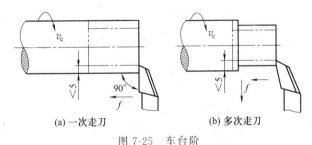

(a) 一次走刀　　　(b) 多次走刀

图 7-25　车台阶

② 控制台阶长度的方法　可以用大滑板刻度盘来控制（一般卧式车床一格等于 1mm，其车削长度误差在 0.3mm 左右）；单件生产时也可用钢直尺度量、刀尖划线的方法来控制；成批生产时用样板控制，如图 7-26 所示。

(4) 车圆锥面

将工件车削成圆锥表面的方法称为车圆锥面。在机器和工具中，很多地方采用圆锥面作

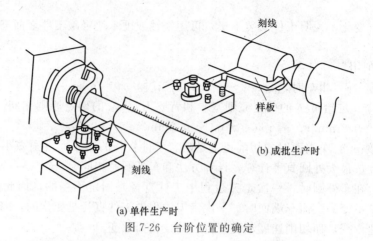

(b) 成批生产时

(a) 单件生产时

图 7-26　台阶位置的确定

为配合表面，如车床主轴孔与顶尖的配合、尾座套筒锥孔与顶尖的配合，带锥柄的钻头、铰刀与锥套的配合等。圆锥表面配合具有配合紧密、拆装方便、经过多次拆装仍能保证准确定心的特点。

常用的标准圆锥有公制圆锥和莫氏圆锥两种。公制圆锥的锥度固定为 1∶20，圆锥半角（$\alpha/2$）等于 $1°25'56''$，号数表示圆锥的大端直径。例如 100 号米制圆锥，其大端直径 100mm，锥度 1∶20。莫氏圆锥分成 7 个号码，即 0，1，2，3，4，5，6；大端直径最小为 0 号，最大是 6 号，不同的锥号其圆锥角数值不同。

车削圆锥面的方法主要有转动小滑板法、偏移尾座法、靠模法以及宽刃车刀车削法。

① 转动小滑板法车圆锥表面　根据工件的圆锥半角 $\alpha/2$，将小滑板转过 $\alpha/2$ 角并将其紧固，然后摇动小滑板进给手柄，使车刀沿圆锥面的素线移动，即可车出所需要的圆锥面，如图 7-27 所示。这种方法操作简单可靠，可加工任意锥角的内、外圆锥表面，但由于小滑板的行程比较短，所以只可车削较短的圆锥体，而且只能手动进给。

② 偏移尾座法车圆锥表面　根据工件的圆锥半角 $\alpha/2$，将尾座顶尖偏移一定距离 s，使工件旋转中心线与车床主轴中心线的交角等于圆锥半角 $\alpha/2$，然后车刀纵向机动进给，即可车出所需要的圆锥面，如图 7-28 所示。

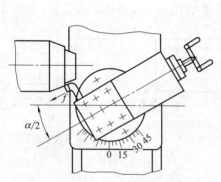

图 7-27　转动小滑板法车圆锥面

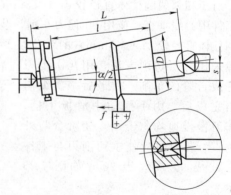

图 7-28　偏移尾座法车圆锥表面

尾座偏移量不仅与工件上待车的圆锥锥面轴向长度 l 有关，而且还与两顶尖的距离 L 有关：

$$s=\frac{D-d}{2l}L=L\tan\frac{\alpha}{2} \tag{7-4}$$

这种加工方法可以纵向机动进给，能车削轴向长度较长、加工精度要求不高的圆锥面，但受尾座偏移量的限制，不能车削锥度很大的工件，尾座偏移量的调整也比较费时间。

③ 宽刃车刀车削圆锥表面　如图 7-29 所示，宽刃车刀车削圆锥面时，车刀只作横向进给而不作纵向进给。切削刃要平直，其长度要大于待车圆锥面的母线，切削刃与主轴中心线的夹角应等于圆锥半角 $\alpha/2$。该方法适用于车削较短的锥面。

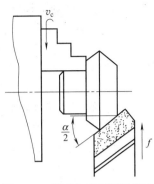

图 7-29　宽刃车刀车削圆锥面

(5) 切槽与切断

① 切槽　切槽是指在工件表面上车削沟槽的方法。根据沟槽在工件表面的位置可分为外槽、内槽和端面槽，如图 7-30 所示。

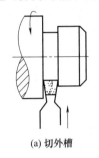
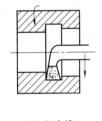
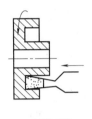

(a) 切外槽　　　　(b) 切内槽　　　　(c) 切端面槽

图 7-30　切槽的形状

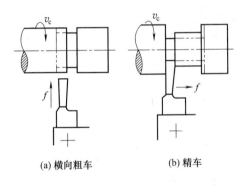

(a) 横向粗车　　　　(b) 精车

图 7-31　切宽槽的方法

切内、外槽时，如同用左、右偏刀同时车削左、右两端面。对于宽度在 5mm 以下的窄槽，可采用主切削刃的宽度等于槽宽的切槽刀，在一次横向进给中切出；而对于宽度在 5mm 以上的宽槽，则应采用先分段横向粗车，在最后一次横向切削后，再进行纵向精车的加工方法，如图 7-31 所示。

② 切断　把坯料或工件分成两段或若干段的车削方法，称为切断。切断主要用于圆棒料按尺寸要求下料或把加工完的工件从坯料上切下来。切断刀与切槽刀的形状相似，如图 7-32 所示。但切断刀的刀头窄而长，因此用切断刀可以切槽，但不能用切槽刀来切断。

切断时一般都采用正切断法，即工作时主轴正向旋转，刀具横向进给进行车削，如图 7-33 所示。当机床刚度不好时，切断过程应当采用分段切削的方法，分段切削的方法能比直接切断的方法减少一个摩擦面，便于排屑和减小振动，如图 7-34 所示。

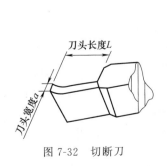

图 7-32　切断刀

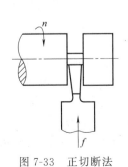

图 7-33　正切断法

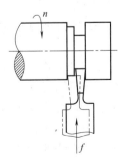

图 7-34　分段切断法

正切断时的横向进给可以手动实现，也可以机动实现，利用手动进给切断时，应注意保持进给速度均匀，以免由于切断刀与工件表面摩擦而使工件表面产生硬化层，使刀具迅速磨损。如果迫不得已需要停机时，应先将切断刀退出。当切断不规则表面的工件时，在切断前应当用外圆车刀把工件先车圆，或尽量减少切断刀的进给量，以免发生"啃刀"现象而损坏刀尖和刀头。当切断由顶尖支承的细长工件或大型工件时，不应完全切断，应当在接近切断时将工件卸下来敲断，并注意保护工件加工表面。

切断工件时，切断刀的背吃刀量，就是切断刀刀头的宽度。一般情况下，切断刀刀头的宽度在 2～6mm 范围内为好；用高速钢切断刀切断钢料时，可选择 $f = 0.1～0.3$mm/r、$v_C = 15～30$m/min。

(6) 钻孔

在车床上钻孔时，工件旋转，钻头不旋转只移动；工件旋转为主运动，钻头移动为进给运动。用车床钻孔，孔与外圆的同轴度及孔中心线与端面的垂直度易保证。应用在车床上钻孔的原理，还可以进行扩孔、铰孔等加工。

① 钻孔的步骤及方法　车床上钻孔的方法如图 7-35 所示，其操作步骤为：

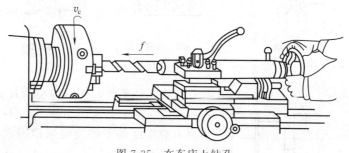

图 7-35　在车床上钻孔

a. 车平工件端面。钻孔前，应先将工件端面车平，并用中心钻钻出中心孔作为钻头的定位孔，定出中心，以防止孔钻偏。

b. 安装钻头。锥柄麻花钻可直接装在车床尾座套筒内；直柄麻花钻，则要装在带有锥柄的钻夹头内，再把钻夹头的锥柄装在车床尾座套筒锥孔内。钻头和钻夹头的锥柄，一般都采用莫氏圆锥。如果钻头锥柄是莫氏 3 号圆锥，而车床尾座套筒锥孔是莫氏 4 号圆锥，只要加一只莫氏 4 号钻套，即可装入尾座套筒锥孔内。

c. 调整尾座位置。移动尾座至钻头能进给到的所需长度而套筒伸出的距离又较短，然后将尾座位置固定。

d. 开动车床，开始钻削。开动车床后，用手均匀地转动尾座手轮进行钻削，就能钻出要求的内孔表面。

② 钻孔时应注意的问题

a. 将钻头引向工件时，不可用力过猛，进给应当均匀，防止损坏工件或钻头。当钻头的两个主切削刃都已经完全进入工件后，可以适当加大进给速度。

b. 钻较深的孔时，排屑比较困难，应当经常退出钻头清除切屑。如果钻孔深度较大，且为通孔时，可在钻出大于 1/2 内孔长度时，将工件调头再钻，直至钻通。这种方法能改善排屑条件，但必须注意钻孔时的偏斜。加工精度要求高时不能用这种方法。

c. 钻削钢料时，必须加充分的切削液，以免钻头发热；钻削铸铁时，可不加切削液；钻削有色金属时，可适当加煤油冷却（但镁合金除外）。

d. 当钻头接近钻通工件时，必须减慢进刀速度，防止使钻头退火或损坏。

e. 钻盲孔时，应牢记钻削深度，如车床尾座无刻度时，应先记住手柄的位置，根据尾座丝杠的螺距，来确定尾座手柄的进给圈数。

f. 钻削到要求孔深时，应当将钻头退出后再停车，防止切屑夹住钻头或使钻头折断。

(7) 滚花

用滚花刀在零件表面上滚压出直线或网纹的方法称为滚花。工具和机器的手柄部分，为了增加摩擦力和使零件表面美观，常在其表面上滚出各种不同的花纹，如千分尺的套管、滚花手柄和螺母等，这些花纹一般是在车床上用滚花刀滚压而成。

① 花纹的种类　花纹有直纹、斜纹和网纹三种。它的粗细由节距 t（两花纹线之间的距离）决定，$t=1.2\sim1.6\text{mm}$ 是粗纹，$t=0.8\text{mm}$ 是中纹，$t=0.6\text{mm}$ 是细纹。当工件直径或宽度大时选粗纹，反之选细纹。

② 滚花刀的种类　滚花刀有单轮、双轮和六轮三种，如图 7-36 所示。单轮滚花刀滚直纹或斜纹，双轮滚花刀滚网纹，六轮滚花刀是把网纹节距不同的三组滚花刀装在同一刀杆上，使用时可根据需要选用粗、中、细不同的花纹节距。

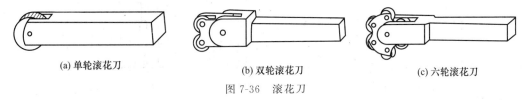

(a) 单轮滚花刀　　　　(b) 双轮滚花刀　　　　(c) 六轮滚花刀

图 7-36　滚花刀

③ 滚花的方法　滚花的实质是用滚花刀对工件表面挤压，使其表面产生塑性变形而形成花纹，滚花后的外径比滚花前增大（$0.25\sim0.5$）t，因此，滚花前必须把工件滚花部分的直径车小（$0.25\sim0.5$）t。

装夹滚花刀时，应使滚花刀中心线跟工件中心线等高，滚花刀滚轮圆周表面与工件表面平行，如图 7-37 所示；滚花时应选择较低的切削速度，一般 $v_c=7\sim15\text{m/min}$，用较大的径向压力进刀，使工件表面刻出较深的花纹。滚花刀一般要来回滚压 $1\sim2$ 次，直到花纹凸出高度符合要求为止。

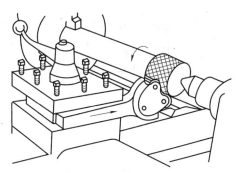

图 7-37　滚花的方法

(8) 车削螺纹

将工件表面车削成螺纹的方法称为车螺纹。螺纹是最常用的连接件和传动结构。螺纹按牙型分为三角形螺纹、矩形螺纹和梯形螺纹等，每种螺纹又有单线和多线、左旋和右旋之分。螺纹是在一根圆柱轴（或圆柱孔）上用车刀沿螺旋线形的轨迹加工出来的。车削螺纹时，一方面工件（圆柱体）旋转，一方面车刀沿轴向进给，车刀对工件的相对运动轨迹就是螺旋线，如图 7-38 所示。

① 车螺纹的方法和步骤

a. 选择并安装螺纹车刀。根据待切削螺纹的基本要素、材料、切削速度等，选择合适的车刀，并正确安装。

b. 调整车床。为了在车床上车出螺距符合要求的螺纹，车削时必须保证工件（主轴）转动一周，车刀纵向移动一个螺距或导程（单线螺纹为螺距，多线螺纹为导程），因此在车螺纹开始前，必须先调整机床，即根据待切削螺纹的螺距大小查找车床铭牌，选定进给箱手

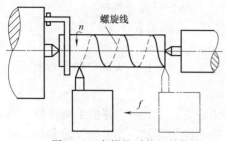

图 7-38　车螺纹时的刀具轨迹

柄位置，脱开光杠进给机构，改由丝杠传动。

c. 查表确定螺纹牙型高度，确定走刀次数和各次横向进给量（开始几次走刀横向进给量可大些，以后逐步减少）。

d. 开动车床，使车刀的刀尖与工件表面轻微接触，记下刻度盘读数，向右退出车刀，如图 7-39（a）所示。

e. 合上车床的对开螺母，在工件表面上车出一条浅螺旋线，横向退出车刀，停车，如图 7-39（b）所示。

f. 开反车使车刀退到工件右端，停车，用钢直尺检查螺距是否符合要求，如图 7-39（c）所示。

g. 利用刻度盘调整背吃刀量，开车切削，如图 7-39（d）所示。

h. 车刀将至行程终点时做好退刀停车准备，先快速退出车刀，然后停车，开反车使刀架退回，如图 7-39（e）所示。

i. 再次横向进给，继续切削，按图 7-39（f）所示路线循环。

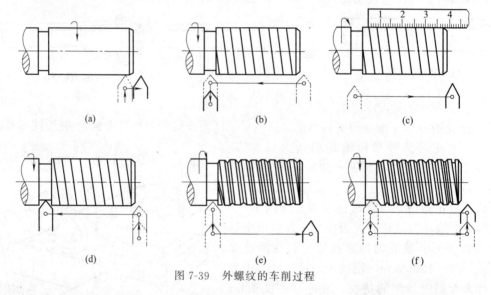

图 7-39　外螺纹的车削过程

车削三角螺纹的进给方法有直进法、左右切削法和斜进法三种，如图 7-40 所示。硬质合金螺纹车刀一般采用直进法，而高速钢螺纹车刀多采用左右切削法。只利用中滑板进行横向进给，经数次横向走刀车出螺纹称为直进法；除了用中滑板进行横向进给外，还利用小滑板刻度盘和手柄使车刀左右微量进给，经重复多次走刀车出螺纹称左右切削法；粗车螺纹时，除了中滑板横向进给外，还利用小滑板使车刀向一个方向微量进给称

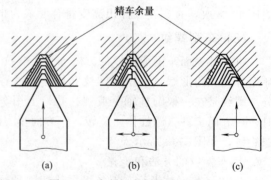

图 7-40　车削三角螺纹的进给方法

为斜进法。左右切削法和斜进法车螺纹时，由于车刀只有单刃参与切削，所以不容易扎刀。

② 车螺纹时的常见质量问题和预防措施　车螺纹时的常见质量问题和预防措施，见表 7-4。

表 7-4　车螺纹时的常见质量问题和预防措施

常见质量问题	产生原因	预防措施
螺距不正确	手柄位置不正确,机床丝杠有磨损或某些连接机构有松动	正确选择手柄位置,及时检查机床丝杠是否磨损,及时拧紧松动的连接机构
牙型不正	车刀尖角刃磨不正确,车刀安装不正确或车削过程中车刃损伤	车刀的刀尖要用样板检查,装刀时要保持刀尖的角平分线与工件轴线垂,并用样板校正刀尖角
中径不正确	背吃刀量太大,刻度盘不准,未能及时测量	背吃刀量不能太大,仔细检查刻度盘是否松动,及时测量
螺纹表面粗糙	车刀刃口粗糙度高,切削液选择不当,精加工余量过大	降低车刀的表面粗糙度,选择适当的精车余量、切削速度和冷却液

7.4　铣工训练

7.4.1　铣削的工艺范围及工艺特点

铣削加工是以铣刀旋转作主运动,工件或铣刀移动作进给运动,在铣床上对工件进行切削加工的方法。铣削加工在机械零件和工具的生产中占相当大的比重,仅次于车削加工。由于铣刀为多刃刀具,故铣削加工生产率高;每个刀齿旋转一圈中只切削一次,刀齿散热较好;铣削中每个铣刀刀齿逐渐切入切出,形成断续切削,加工中会因此而产生冲击和振动,而冲击、振动、热应力均对刀具寿命及工件表面质量产生影响。铣削加工可达到的尺寸精度为IT7~IT9级,可达到的表面精度为$Ra1.6~6.3\mu m$。铣削加工的适应范围很广,可以加工各种零件的平面、台阶面、沟槽、成形表面、型孔表面、螺旋表面等。常见的铣削加工方法如图7-41所示。

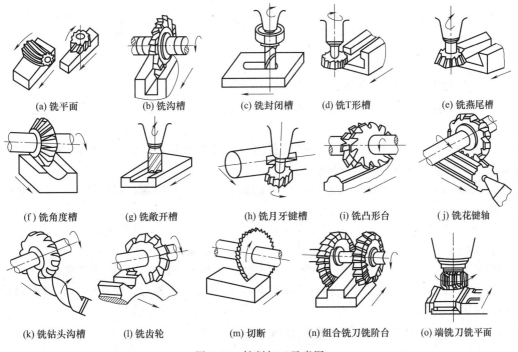

图 7-41　铣削加工示意图

7.4.2 铣床的结构及操作

铣床的种类很多，比较常用的是卧式升降台铣床和立式升降台铣床。如图 7-42 所示为卧式万能铣床，它与卧式普通铣床的主要区别是在纵向工作台与横向工作台之间有转台，能让纵向工作台在水平面内转±45°。这样，在工作台面上安装分度头后，通过配换挂轮与纵向丝杠连接，能铣削螺旋线。因此，其应用范围比卧式铣床更广泛。

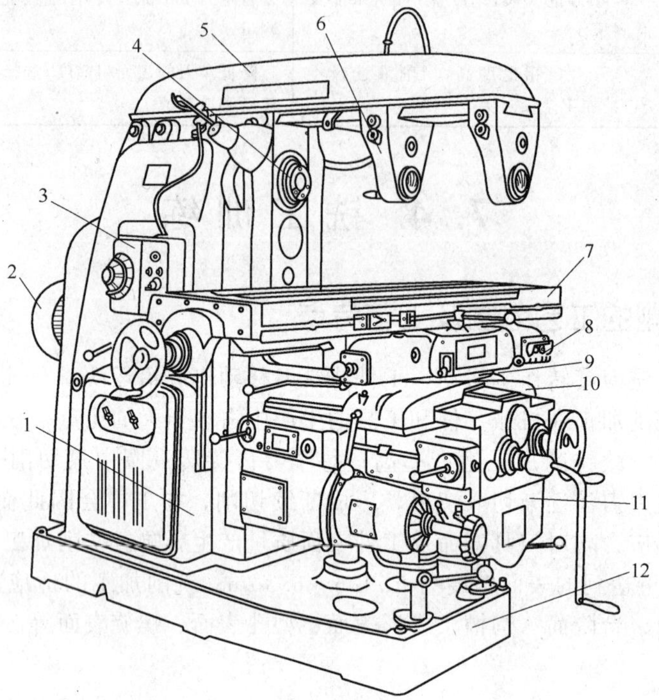

图 7-42 卧式万能铣床

1—床身；2—电动机；3—变速机构；4—主轴；5—横梁；6—吊架；7—纵向工作台；8—电源按钮；9—转台；10—横向工作台；11—升降台；12—底座

(1) X6132 万能卧式铣床主要组成部分

① 床身 用来固定和支撑铣床上所有的部件。电动机、主轴及主轴变速机构等安装在它的内部。

② 横梁 它的上面安装吊架，用来支撑刀杆外伸的一端，以加强刀杆的刚性。横梁可沿床身的水平导轨移动，以调整其伸出的长度。

③ 主轴 主轴是空心轴，前端有 7∶24 的精密锥孔，其用途是安装铣刀刀杆并带动铣刀旋转。

④ 纵向工作台 在转台的上方作纵向移动，带动台面上的工件作纵向进给。

⑤ 横向工作台 位于升降台上面的水平导轨上，带动纵向工作台作横向进给。

⑥ 转台 其作用是能将纵向工作台在水平面内扳转一定的角度，以便铣削螺旋槽。

⑦ 升降台 它可以使整个工作台沿床身的垂直导轨上下移动，以调整工作台面到铣刀的距离，并作垂直进给。

(2) X6132 万能卧式铣床调整及手柄使用

① 主轴转速的调整 将主轴变速手柄向下同时向左扳动，再转动数码盘，可以得到从

30～1500r/min 的 18 种不同转速。注意：变速时一定要停车，且在主轴停止旋转之后进行。

② 进给量调整 先将进给量数码盘手轮向外拉出，再将数码盘手轮转动到所需要的进给量数值，将手柄向内推。可使工作台在纵向、横向和垂直方向分别得到 23.5～1180mm/min 的 18 种不同的进给量。注意：垂直进给量只是数码盘上所列数值的 1/2。

③ 手动进给操作 操作者面对机床，顺时针摇动工作台左端的纵向手动手轮，工作台向右移动；逆时针摇动，工作台向左移动。顺时针摇动横向手动手轮，工作台向前移动；逆时针摇动，工作台向后移动。顺时针摇动升降手动手柄，工作台上升；逆时针摇动，工作台下降。

④ 自动进给手柄的使用 在主轴旋转的状态下，向右扳动纵向自动手柄，工作台向右自动进给；向左扳动，工作台向左自动进给；中间是停止位。向前推横向自动手柄，工作台沿横向向前进给；向后拉，工作台向后进给。向上拉升降自动手柄，工作台向上进给；向下推升降自动手柄，工作台向下进给。在某一方向自动进给状态下，按下快速进给按钮，即可得到工作台该方向的快速移动。注意：快速进给只在工件表面的一次走刀完毕之后的空程退刀时使用。

7.4.3 铣刀

(1) 铣刀的分类

铣刀是一种多刃刀具，其刀齿分布在圆柱铣刀的外圆柱表面或端铣刀的端面上。铣刀的种类很多，按其安装方法可分为带孔铣刀和带柄铣刀两大类。如图 7-43 所示，采用孔装夹的铣刀称为带孔铣刀，一般用于卧式铣床；如图 7-44 所示，采用柄部装夹的铣刀称为带柄铣刀，多用于立式铣床。

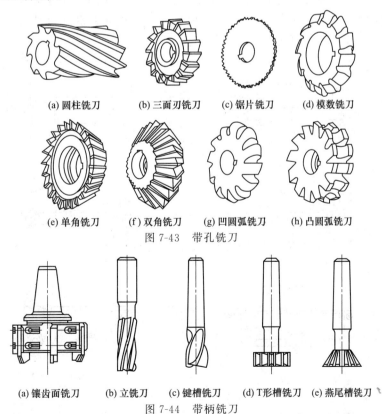

(a) 圆柱铣刀　(b) 三面刃铣刀　(c) 锯片铣刀　(d) 模数铣刀

(e) 单角铣刀　(f) 双角铣刀　(g) 凹圆弧铣刀　(h) 凸圆弧铣刀

图 7-43　带孔铣刀

(a) 镶齿面铣刀　(b) 立铣刀　(c) 键槽铣刀　(d) T形槽铣刀　(e) 燕尾槽铣刀

图 7-44　带柄铣刀

① 带孔铣刀　常用的带孔铣刀有圆柱铣刀、圆盘铣刀、角度铣刀、成形铣刀等。带孔铣刀的刀齿形状和尺寸应适应所加工的零件形状和尺寸。

a. 圆柱铣刀：其刀齿分布在圆柱表面上，通常分为直齿和斜齿两种，主要用圆周刃铣削中小型平面。

b. 圆盘铣刀：如三面刃铣刀，锯片铣刀等，主要用于加工不同宽度的沟槽及小平面、小台阶面等；锯片铣刀用于铣窄槽或切断材料。

c. 角度铣刀：具有各种不同的角度，用于加工各种角度槽及斜面等。

d. 成形铣刀：切削刃呈凸圆弧、凹圆弧、齿槽形等形状，主要用于加工与切削刃形状相对应的成形面。

② 带柄铣刀　常用的带柄铣刀有立铣刀、键槽铣刀、T形槽铣刀和镶齿端铣刀等，其共同特点是都有供夹持用的刀柄。

a. 立铣刀：多用于加工沟槽、小平面、台阶面等。立铣刀有直柄和锥柄两种，直柄立铣刀的直径较小，一般小于20mm；直径较大的为锥柄，大直径的锥柄铣刀多为镶齿式。

b. 键槽铣刀：用于加工键槽。

c. T形槽铣刀：用于加工T形槽。

d. 镶齿端铣刀：用于加工较大的平面。刀齿主要分布在刀体端面上，还有部分分布在刀体周边，一般是刀齿上装有硬质合金刀片，可以进行高速铣削，以提高效率。

（2）铣刀的安装

① 带孔铣刀的安装　圆柱铣刀属于带孔铣刀，其安装方法如图7-45（a）所示。刀杆上先套上几个套筒垫圈，装上键，再套上铣刀，如图7-45（b）所示；在铣刀外边的刀杆上，再套上几个套筒后拧上压紧螺母，如图7-45（c）所示；装上吊架，拧紧吊架紧固螺钉，轴承孔内加润滑油，如图7-45（d）所示；初步拧紧螺母，并开机观察铣刀是否装正，装正后用力拧紧螺母，如图7-45（e）所示。

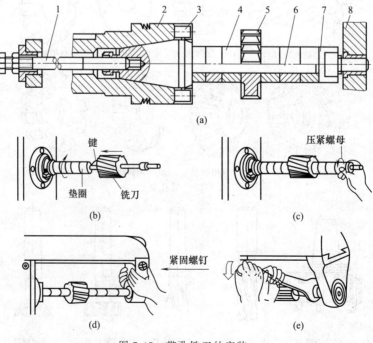

图7-45　带孔铣刀的安装

1—拉杆；2—主轴；3—端面键；4—套筒；5—铣刀；6—刀杆；7—螺母；8—吊架

② 带柄铣刀的安装

a. 锥柄立铣刀的安装。如果锥柄立铣刀的锥柄尺寸与主轴孔内锥尺寸相同，则可直接装入铣床主轴中并用拉杆将铣刀拉紧；如果铣刀锥柄尺寸与主轴孔内锥尺寸不同，则根据铣刀锥柄的大小，选择合适的变锥套，将配合表面擦净，然后用拉杆把铣刀及变锥套一起拉紧在主轴上. 如图 7-46(a) 所示。

b. 直柄立铣刀的安装。如图 7-46(b) 所示，这类铣刀多用弹簧夹头安装。铣刀的直径插入弹簧套 5 的孔中。用螺母 4 压弹簧套的端面，使弹簧套的外锥面受压而缩小孔径，即可将铣刀夹紧。弹簧套有三个开口，故受力时能收缩。弹簧套有多种孔径，以适应各种尺寸的立铣刀。

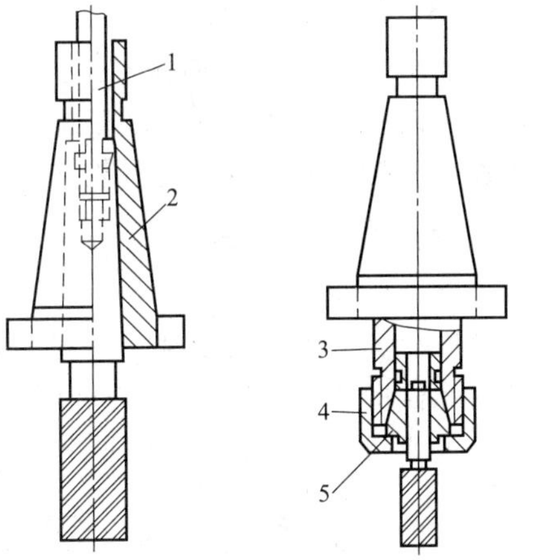

(a) 锥柄立铣刀的安装　　(b) 直柄立铣刀的安装

图 7-46　带柄铣刀的安装

1—拉杆；2—变锥套；3—夹头体；
4—螺母；5—弹簧套

7.4.4　铣床附件

(1) 万能铣头

在卧式铣床上装上万能铣头，不仅能完成各种立铣的工作，而且还可以根据铣削的需要，把铣头主轴扳成任意角度。

万能铣头的底座用螺栓固定在铣床的垂直导轨上。铣床主轴的运动通过铣头内的两对锥齿轮传到铣头主轴上。铣头的壳体可绕铣床主轴轴线偏转任意角度。铣头主轴的壳体还能在铣头壳体上偏转任意角度。因此，铣头主轴就能在空间偏转成所需的任意角度，如图 7-47 所示。

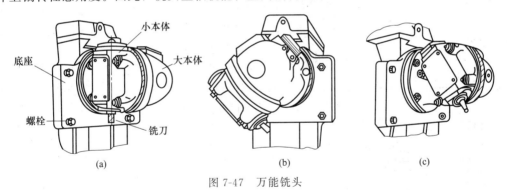

(a)　　　　　　　(b)　　　　　　　(c)

图 7-47　万能铣头

(2) 平口钳

铣床所用平口钳的钳口本身精度及其相对于底座底面的位置精度均较高。底座下面还有两个定位键，以便安装时以工作台上的 T 形槽定位。平口钳有固定式和回转式两种，后者可绕底座心轴回转360°，如图 7-48 所示。

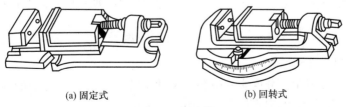

(a) 固定式　　　　　　(b) 回转式

图 7-48　平口钳

(3) 回转工作台

如图 7-49 所示，回转工作台除了能带动它上面的工件一起旋转外，还可完成分度工作。用它可以加工工件上的圆弧形周边、圆弧形槽、多边形工件和有分度要求的槽或孔等。回转工作台按其外圆直径的大小区分，有 200mm、320mm、400mm 和 500mm 等几种规格。

(4) 万能分度头

万能分度头是铣床的主要附件之一，其外形如图 7-50 所示。它由底座、转动体、主轴和分度盘等组成。工作时，它利用底座下面的导向键与纵向工作台中间的 T 形槽相配合，并用螺栓将其底座紧固在工作台上。分度头主轴前端可安装卡盘装夹工件；亦可安装顶尖，并与另加到工作台上的尾座顶尖一起支撑工件。

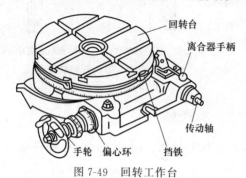

图 7-49　回转工作台

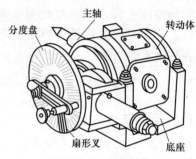

图 7-50　万能分度头

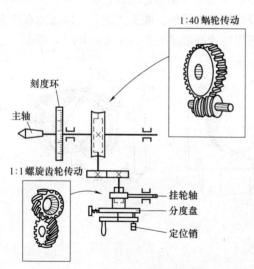

图 7-51　万能分度头传动示意图

① 传动关系　如图 7-51 所示为万能分度头传动示意图，其中蜗杆与蜗轮的传动比为 1:40。也就是说，分度手柄通过一对传动比为 1:1 的直齿轮（注意，图中一对螺旋齿轮此时不起作用）带动蜗杆转动一周时，蜗轮只带动主轴转过 1/40 圈。若已知工件在整个圆周上的等分数目为 Z，则每分一个等份则要求分度头主轴转 $1/Z$ 圈。这时，分度手柄所要转的圈数即可由下列比例关系推得：

$$1:40 = \frac{1}{Z}:n$$

即

$$n = \frac{40}{Z} \tag{7-5}$$

式中，n 为分度手柄转动的圈数；Z 为工件等分数；40 为分度头定数。

② 分度方法　利用分度头进行分度的方法很多，这里只介绍最常用的简单分度法。这种分度法可直接利用公式 $n = \dfrac{40}{Z}$。例如，铣齿数 Z 为 38 的齿轮，每铣一齿后分度手柄需要转的圈数为：$n = \dfrac{40}{Z} = \dfrac{40}{38} = 1\dfrac{1}{19}$（圈）。也就是说，每铣一齿后分度手柄需转过 1 整圈又 1/19 圈。其中 1/19 圈可通过分度盘控制。

分度盘如图 7-52 所示。分度头一般备有两块分度盘，每块分度盘的两面分别有许多同心圆圈，各圆圈上钻有数目不同的相等孔距的不通小孔。

第一块分度盘正面各圈孔数依次为：24，25，28，30，34，37；反面依次为：38，39，41，42，43。

第二块分度盘正面各圈孔数依次为：46，47，49，51，53，54；反面依次为：57，58，59，62，66。

分度时，将分度手柄上的定位销调整到孔数为 19 的倍数的孔圈上。即调整了孔数为 38 的孔圈上。这时，分度手柄转过 1 圈后，再在孔数为 38 的孔圈上转过 2 个孔距，即 1/19 圈。为确保每次分度手柄转过的孔距数准确无误，可调整分度盘上的扇形叉的夹角，使之正好等于 2 个孔距。这样，每次分度手柄所转圈数的真分数部分可扳转扇形叉，由其夹角保证。

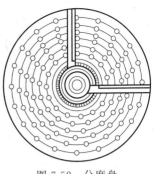

图 7-52　分度盘

③ 铣分度件　如图 7-53 所示为使用万能分度头铣削分度件的加工情形，其中图 7-53（a）为铣削六角螺钉头的侧面，图 7-53（b）为铣削圆柱直齿齿轮。

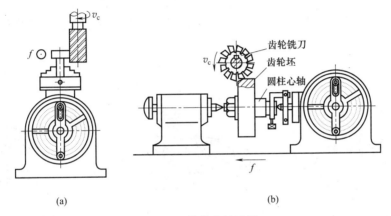

(a) 　　　　　　　　　　　　　　(b)

图 7-53　铣分度件示例

7.4.5　铣削基本操作

(1) 铣平面

① 铣水平面　铣平面可用周铣法或端铣法，并应优先采用端铣法。但在很多场合。例如在卧式铣床上铣平面，也常用周铣法。铣削平面的步骤如下。

a. 开车使铣刀旋转，升高工作台，使零件和铣刀稍微接触，记下刻度盘读数，如图 7-54（a）所示。

b. 纵向退出零件，停车，如图 7-54（b）所示。

c. 利用刻度盘调整侧吃刀量（为垂直于铣刀轴线方向测量的切削层尺寸），使工作台升高到规定的位置，如图 7-54（c）所示。

d. 开车先手动进给，当零件被稍微切入后，可改为自动进给，如图 7-54（d）所示。

e. 铣完一刀后停车，如图 7-54（e）所示。

f. 退回工作台，测量零件尺寸，并观察表面粗糙度，重复铣削到规定要求，如图 7-54（f）所示。

② 铣斜面　铣斜面可以用如图 7-55 所示的倾斜零件法铣斜面，也可用如图 7-56 所示的倾斜铣刀轴线法铣斜面，此外，还可用角度铣刀铣斜面。铣斜面的这些方法，可视实际情况灵活选用。

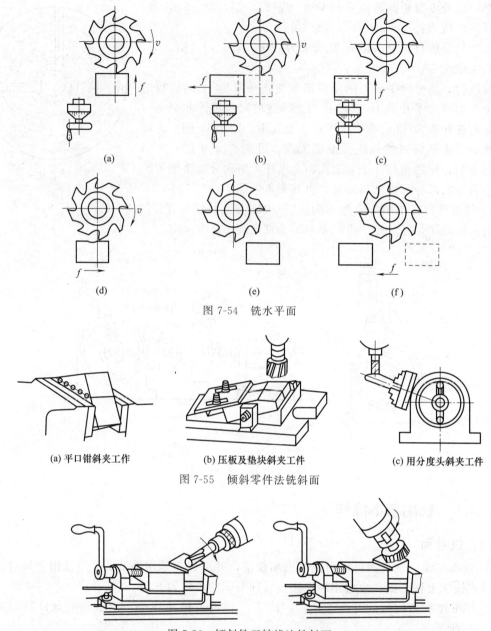

图 7-54 铣水平面

(a) 平口钳斜夹工作　　　(b) 压板及垫块斜夹工件　　　(c) 用分度头斜夹工件

图 7-55 倾斜零件法铣斜面

图 7-56 倾斜铣刀轴线法铣斜面

（2）铣沟槽

① 铣键槽 键槽有敞开式键槽、封闭式键槽两种。敞开式键槽一般用三面刃铣刀在卧式铣床上加工，封闭式键槽一般在立式铣床上用键槽铣刀或立铣刀加工。批量大时用键槽铣床加工。

a. 用平口钳装夹，在立式铣床上用键槽铣刀铣封闭式键槽，如图 7-57 所示，适用于单件生产。

b. 用 V 形铁和压板装夹，在立式铣床上铣封闭式键槽，如图 7-58 所示。

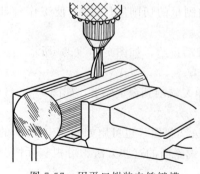

图 7-57 用平口钳装夹铣键槽

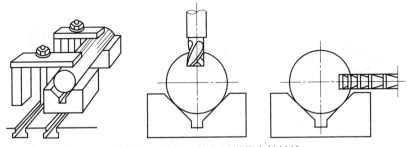

图 7-58　用 V 形铁和压板装夹铣键槽

② 铣 T 形槽　T 形槽的铣削步骤如下。

a. 在立式铣床上用立铣刀或在卧式铣床上用三面刃盘铣刀铣出直角槽，如图 7-59（a）所示。

b. 在立式铣床上用铣刀铣出底槽，如图 7-59（b）所示。

c. 用倒角铣刀倒角，如图 7-59（c）所示。

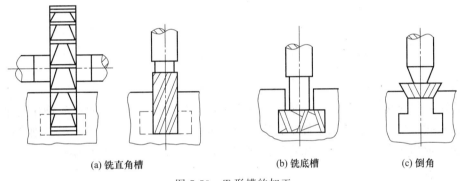

(a) 铣直角槽　　　　　　(b) 铣底槽　　　　　(c) 倒角

图 7-59　T 形槽的加工

铣 T 形槽操作要点如下。

a. T 形槽的铣削条件差，排屑困难，因此加工过程中要经常清除切屑，以防阻塞，否则造成铣刀折断。

b. 由于排屑不畅，切削热量不易散发，铣刀容易发热而失去切削能力，所以铣削过程要使用足够的冷却液。

c. T 形槽铣刀的颈部直径较小，强度较差，受到过大的切削力时容易折断，因此应选取较小的切削用量加工 T 形槽。

7.5　刨 工 训 练

7.5.1　刨削的工艺范围及工艺特点

刨削是在刨床上通过刀具和工件之间作直线的相对切削运动来改变毛坯的尺寸和形状，使它变成合格零件的加工方法。刨床在刨削窄长表面时具有较高的效率，它适用于中小批量生产。刨削加工可达到的尺寸精度一般为 IT7～IT9 级，表面精度可达 $Ra1.6～6.3\mu m$。在刨床上，可加工平面、平行面、垂直面、台阶面、直角形沟槽、斜面、燕尾槽、T 形槽、V 形槽、曲面、复合表面、孔内表面、齿条及齿轮等，如图 7-60 所示。

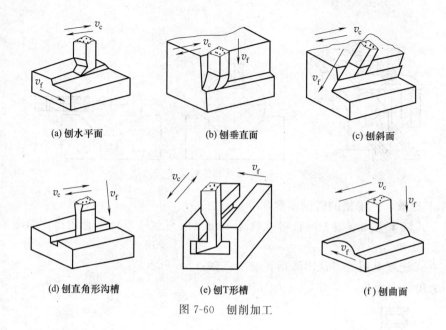

(a) 刨水平面　　　　　　　　(b) 刨垂直面　　　　　　　　(c) 刨斜面

(d) 刨直角形沟槽　　　　　　(e) 刨T形槽　　　　　　　　(f) 刨曲面

图 7-60　刨削加工

7.5.2　牛头刨床

(1) 牛头刨床的特点

牛头刨床是刨床类机床中应用最广、保有量最大的一种。B6050 型牛头刨床是由滑枕带着刀架作直线往复运动，适用于刨削长度不超过 650mm 的中小型零件。牛头刨床的特点是调整方便，但由于是单刃切削，而且切削速度低，回程时不工作，所以生产效率低，适用于单件小批量生产。

(2) 牛头刨床的组成部分及作用

牛头刨床的结构如图 7-61（a）所示，一般由床身、滑枕、底座、横梁、工作台和刀架等部件组成。

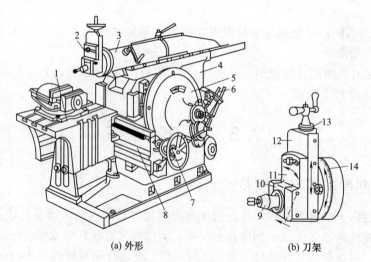

(a) 外形　　　　　　　　　　　　　　　　(b) 刀架

图 7-61　B6065 型牛头刨床

1—工作台；2—刀架部件；3—滑枕；4—床身；5—摆杆机构；6—变速机构；7—进刀机构；8—横梁；
9—刀架；10—抬刀板；11—刀座；12—滑板；13—刻度盘；14—转盘

① 床身　主要用来支撑和连接机床各部件。其顶面的燕尾形导轨供滑枕作往复运动；床身内部有齿轮变速机构和摆杆机构，可用于改变滑枕的往复运动速度和行程长短。

② 滑枕　主要用来带动刨刀作往复直线运动（即主运动），前端装有刀架。其内部装有丝杠螺母传动装置，可用于改变滑枕的往复行程位置。滑枕的往复运动由刨床内部的摆杆机构传动，其工作行程时间大于回程时间，但工作行程和回程的行程长度相等，因此回程速度比工作速度快。这样既可以保证加工质量，又可以提高生产效率。

③ 刀架　如图 7-61(b) 所示，主要用来夹持刨刀。松开刀架上的手柄，滑板可以沿转盘上的导轨带动刨刀作上下移动；松开转盘上两端的螺母，扳转一定的角度，可以加工斜面以及燕尾形零件。抬刀板可以绕刀座的轴转动，刨刀回程时，可绕轴自由上抬，减少刀具与工件的摩擦。

④ 工作台和横梁　横梁安装在床身前部的垂直导轨上，能够上下移动。工作台安装在横梁的水平导轨上，能够水平移动。工作台主要用来安装工件。工作台面上有 T 形槽，可穿入螺栓头装夹工件或夹具。工作台可随横梁上下调整，也可随横梁作横向间歇移动，这个移动称为进给运动。

7.5.3　刨刀

刨刀的结构、几何形状与车刀相似。由于刨削过程有冲击力，刀具易损坏，所以刨刀截面通常比车刀大。刨刀有直头刨刀，如图 7-62(a) 所示；为了避免刨刀扎入工件，刨刀刀杆常做成弯头的，如图 7-62(b) 所示。

刨刀的种类很多，常用的刨刀及其应用如图 7-63 所示，其中，平面刨刀用来刨平面；偏刀用来刨垂直面或斜面；角度偏刀用来刨燕尾槽和角度；弯切刀用来刨 T 形槽及侧面槽；切刀（割槽刀）用来切断工件或刨沟槽。此外，还有成形刀，用来刨特殊形状的表面。

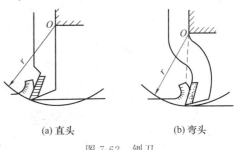

(a) 直头　　　　　(b) 弯头

图 7-62　刨刀

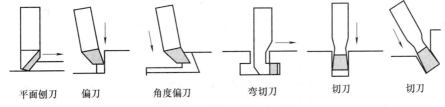

平面刨刀　　偏刀　　角度偏刀　　弯切刀　　切刀　　切刀

图 7-63　刨刀的种类及应用

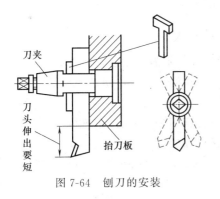

图 7-64　刨刀的安装

刀夹

刀头伸出要短

抬刀板

刨刀安装在刀架的刀夹上。安装时，如图 7-64 所示，把刨刀放入刀夹槽内，将锁紧螺柱旋紧，即可将刨刀压紧在抬刀板上。刨刀在夹紧之前，可与刀夹一起倾转一定的角度。刨刀与刀夹上的锁紧螺柱之间，通常加垫 T 形垫铁，以提高夹持的稳定性。安装刨刀时，不要把刀头伸出过长，以免产生振动。直头刨刀的刀头伸出长度为刀杆厚度的 1.5 倍，弯头刨刀伸出量可长些。

7.6 普通机床安全操作规程

7.6.1 车工安全操作规程

① 要穿好工作服，袖口要扎紧，纽扣要齐全，女同学的长发或辫子必须塞入帽子中，严禁戴手套操作。

② 操作时要检查各紧固件看是否有松动现象，各手柄位置是否正确，操作是否灵活。

③ 要检查油标、油孔、油线是否完整正常，各滑动部件是否清洁有油。

④ 开车前应该将小刀架调整到合适位置，以免小刀架导轨碰到卡盘而发生人身和设备事故。

⑤ 纵向或横向自动进给时，严禁大拖板或中拖板超过极限位置，以防拖板脱落或碰撞卡盘。

⑥ 工件和刀具必须装夹牢固，防止飞出伤人。卡盘扳手用完后必须及时取下，否则不得开车，不准用手去刹住转动着的卡盘。

⑦ 设备转动时严禁变速及用手触摸工件、卡盘、装拆刀具、测量工件，清除切屑要用铁钩或毛刷，不得用手拉。

⑧ 变速必须停车，以防损坏车床。

⑨ 车刀磨损后，要及时刃磨，否则会增加车床负荷，损坏工件，甚至损坏车床。

⑩ 加工中有必要采用切削液时，结束后要及时擦干并注油防锈。

⑪ 严禁非本岗位人员操作设备。

⑫ 操作结束后，要清理现场，清除切屑，擦拭车床，加注润滑油，关闭电源。

7.6.2 铣工安全操作规程

① 开车前必须紧束工作服，戴好工作帽（女教师和女同学应将长发盘入工作帽中），检查各手柄位置是否适当，工作时严禁戴手套、围巾，高速铣削时应戴眼镜，工作台面应加防护装置，以防铁屑伤人。

② 铣工在开车前要检查转动部位的防护装置是否安全可靠，是否配有灭火器，应会使用，并做到定期进行检查，有过期的及时更换。

③ 使用自动走刀时，应注意不要使工作台走到极端。工作前应详细检查，合理使用安全设置（如限位挡铁、限位开关），是否灵敏可靠，否则给予调正，以免发生事故。

④ 铣刀必须夹紧，刀片的套箍一定要清洗干净，以免在夹紧时将刀杆扭弯。

⑤ 更换刀杆时，应在刀杆的锥面上涂油，并停车，操纵变速机构至最低速度挡，然后将刀杆在横梁支架上定位，再锁紧螺母。

⑥ 变速时必须先停车，停车前必须先退刀。

⑦ 工作台与升降台移动之前，必须将固定螺丝松开，不需移动时，应将固定螺丝拧紧。

⑧ 装卸大件，大平口钳及分度头等较重的物件需多人搬运时，动作要协调，注意安全以免重物伤人。

⑨ 装卸工件、测量、对刀、紧固心轴螺母及清扫机床时，必须停车进行。

⑩ 工件必须夹紧，垫铁必须垫平，以免松动发生事故。

⑪ 开车时不得用手试摸加工面和刀具，在清除铁屑时，应用刷子，不得用嘴吹或用手拿，不准用压缩空气吹。

⑫ 操作者在工作中不许离开岗位，如需要离开时，无论时间长短，都需停车，以免发生事故。

⑬ 工作台上压紧附件、零件所使用的螺钉，必须与工作台梯形槽相吻合，防止损坏工作台梯形槽。

⑭ 工作台上不得放置工具或其它无关物件，操作者应注意不要使刀具与工作台撞击。

7.6.3　刨工安全操作规程

① 必须熟悉刨床的结构、性能及传动系统，润滑、电气等基本知识和操作维护方法，不得超负荷使用。

② 开车前必须紧束工作服，戴好工作帽（女工应将长发盘入工作帽中），工作时严禁戴手套，围巾。检查各手柄位置是否准确，方可开车。

③ 开车前首先注意检查刀架是否超过工件的最高点，并将刀架固定螺丝上紧。

④ 在装刀时，刀头不准伸出过长，一般为刀杆截面边长的 2～2.5 倍，刀具一定要夹紧，夹紧后切记把摇把取下。

⑤ 利用工作台自动走刀时，应注意丝杠行程限度（先用手摇动检查）。

⑥ 开车前应将工件夹紧、压牢，并将工作台、刀架等固定螺丝拧紧。

⑦ 在刨削有角度的平面时，刀架退回其后部时，不应与床身相撞。

⑧ 对刀、调整行程、变速、测量工件和装卸工件时，一定要停车。

⑨ 工作台升降时将各固定螺丝松开，加工时应将固定螺丝上紧。

⑩ 液压刨床在开车前各手柄应放在空挡位置或最低速度处，液压开停手柄功能应扳到"停止"位置上，在停止主电机之前，应先将开停手柄扳到"停止"位置上。

⑪ 刨床停止工作时，滑轨、工作台应停在中间位置。

⑫ 牛头滑枕导轨，摆杆槽与方滑块的润滑，要保持良好。

第8章 数控机床编程与操作训练

8.1 数控加工的基础知识

8.1.1 数控机床与数控加工

数控机床是数字化控制机床（Computer numerical control machine tools，CNC）的简称，就是按加工要求预先编制程序，由控制系统发出以数字量作为指令信息进行工作的机床。数控机床将零件加工过程所需的各种操作（如主轴变速、主轴起动和停止、松夹工件、进刀退刀、冷却液开或关等）和步骤以及刀具与工件之间的相对位移量都用数字化的代码来表示，由编程人员编制成规定的加工程序，通过输入介质（键盘、存储器等）送入计算机控制系统，由计算机对输入的信息进行处理与运算，发出各种指令来控制机床的运动，使机床自动地加工出所需要的零件。

数控机床较好地解决了复杂、精密、小批量、多品种的零件加工问题，是一种柔性的、高效能的自动化机床，代表了现代机床控制技术的发展方向，是一种典型的机电一体化产品。

8.1.2 数控加工的坐标系

(1) 数控坐标系

国家标准 GB/T 19660—2005《工业自动化系统与集成机床数值控制坐标系和运动命名》中统一规定，采用右手直角笛卡尔坐标系对机床的坐标系进行命名。如图 8-1 所示，用 X，Y，Z 表示直线进给坐标轴。

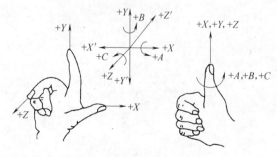

图 8-1 右手直角笛卡尔坐标系

(2) 坐标轴

围绕 X，Y，Z 轴旋转的圆周进给坐标轴分别用 A，B，C 表示。根据右手螺旋定则，以大拇指指向 $+X$，$+Y$，$+Z$ 方向，则食指、中指等的指向是圆周进给运动的 $+A$，$+B$，$+C$ 方向。

(3) 运动方向的确定

数控机床的进给运动，有的由主轴带

动刀具运动来实现，有的由工作台带着工件运动来实现。通常在编程时，不论机床在加工中是刀具移动，还是被加工工件移动，都一律假定被加工工件相对静止不动，而刀具在移动。在国家标准 GB/T 19660—2005 中规定，机床某一部件运动的正方向，是增大工件和刀具之间的距离的方向。即以刀具在某一坐标轴上远离工件的方向，作为该坐标轴的正方向。

① Z 坐标的运动　Z 坐标的运动由传递切削力的主轴所决定，与主轴轴线平行的坐标轴即为 Z 坐标轴。对于工件旋转的机床，如车床、外圆磨床等，平行于工件轴线的坐标轴为 Z 坐标轴。而对于刀具旋转的机床，如铣床、钻床、镗床等，则平行于旋转刀具轴线的坐标轴为 Z 坐标轴。如图 8-2、图 8-3 所示。

② X 坐标的运动　规定 X 坐标轴为水平方向，且垂直于 Z 轴并平行于工件的装夹面。X 坐标是在刀具或工件定位平面内运动的主要坐标。对于工件旋转的机床（如车床、磨床等），X 坐标轴的方向是在工件的径向上，且平行于横滑座。刀具离开工件旋转中心的方向为 X 轴正方向，如图 8-2 所示。对于刀具旋转的机床（如铣床、镗床、钻床等），如 Z 轴是垂直的，当从刀具主轴向立柱看时，X 运动的正方向指向右，如图 8-3 所示。

③ Y 坐标的运动　Y 坐标轴垂直于 X、Z 坐标轴，其运动的正方向根据 X 和 Z 坐标轴的正方向，按照如图 8-1 所示的右手直角笛卡尔坐标系来判断。

④ 对于工件运动的相反方向　对于工件运动而不是刀具运动的机床，其坐标轴代号用带 "'" 的字母表示，如 $+X'$ 表示工件相对于刀具正向运动指令。而不带 "'" 的字母，如 $+X$ 则表示刀具相对于工件的正向运动指令。二者表示的运动方向正好相反。

⑤ 主轴旋转运动方向　主轴旋转运动的正方向（正转），是与右旋螺纹旋入工件的方向一致的。

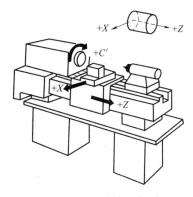

图 8-2　卧式车床坐标系

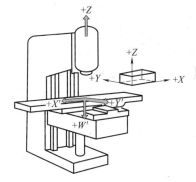

图 8-3　立式铣床坐标系

8.1.3　数控编程的方法、格式与程序结构

(1) 数控编程方法

数控编程可分为手工编程和自动编程两类。

① 手工编程时，整个程序的编制过程由人工完成。这就要求编程人员不仅要熟悉数控代码及编程规则，而且还必须具备机械加工工艺知识和一定的数值计算能力。手工编程对简单零件通常是可以胜任的，但对于一些形状复杂的零件或空间曲面零件，编程工作量十分巨大，计算繁琐，花费时间长，而且非常容易出错。

② 自动编程是指编程人员只需根据零件图样的要求，按照某个自动编程系统的规定，编写一个零件源程序，输入编程计算机，再由计算机自动进行程序编制，并打印程序清单和

制备控制介质。自动编程既可以减轻劳动强度，缩短编程时间，又可减少差错，使编程工作简便。但编出的程序较长，缺少技巧性，故加工时间也较长。

(2) 数控程序的结构

一个完整的数控程序由程序名、程序体和程序结束三部分组成。

例如，某个数控加工程序如下：

```
O0033                                    程序名
N10 G54 G40 G49 G90 G80;      ⎫
N20 M03 S600;                      ⎪
N30 G00 X0 Y0 Z10;                ⎪
N40 G01 Z－5 F30;              ⎬ 程序体
N50 G03 X20 Y15 I－10 J－40;   ⎪
N60 G00 Z100;                      ⎪
N70 M05;                            ⎭
N80 M30;                                 程序结束
```

① 程序名　程序名是一个程序必须的标识符，由地址符后带若干位数字组成。地址符常见的有："％""O""P"等，视具体数控系统而定。国产华中Ⅰ型系统"％"，日本FANUC 系统"O"。后面所带的数字一般为 4～8 位。如：％2000。

② 程序体　它表示数控加工要完成的全部动作，是整个程序的核心。它由许多程序段组成，每个程序段由一个或多个指令构成。

③ 程序结束　程序结束是以程序结束指令 M02、M30 或 M99（子程序结束）作为程序结束的符号，用来结束零件加工。

(3) 程序段格式

零件的加工程序是由许多程序段组成的，每个程序段由程序段号、若干个数据字和程序段结束字符组成，每个数据字是控制系统的具体指令，它是由地址符、特殊文字和数字集合而成，它代表机床的一个位置或一个动作。

程序段格式是指一个程序段中字、字符和数据的书写规则。目前国内外广泛采用字-地址可变程序段格式。例如：N100 G01 X25 Z－36 F100 S300 T02 M03;

程序段内各字的说明如下。

① 程序段序号（简称顺序号）：用以识别程序段的编号。用地址码 N 和后面的若干位数字来表示。如 N100 表示该程序段被命名为 100，并不一定指的是第 100 行程序。一般情况下，无特殊指定意义时，程序段序号可以省略。有的数控系统，程序段序号是在输入程序时自动生成的。

② 准备功能 G 指令：是使数控机床作某种动作的指令，用地址 G 和两位数字所组成，从 G00～G99 共 100 种。G 功能的代号已标准化。

③ 坐标字：由坐标地址符（如 X、Y、Z，U、V、W 等）、＋、－符号及绝对值（或增量）的数值组成，且按一定的顺序进行排列。坐标字的"＋"可省略。

④ 进给功能 F 指令：用来指定各运动坐标轴及其任意组合的进给量或螺纹导程。

⑤ 主轴转速功能字 S 指令：用来指定主轴的转速，由地址码 S 和在其后的若干位数字组成。

⑥ 刀具功能字 T 指令：主要用来选择刀具，也可用来选择刀具偏置和补偿，由地址码 T 和若干位数字组成。

150

⑦ 辅助功能字 M 指令：辅助功能表示一些机床辅助动作及状态的指令。由地址码 M 和后面的两位数字表示。从 M00～M99 共 100 种。

⑧ 程序段结束：写在每个程序段之后，表示程序结束。当用 EIA 标准代码时，结束符为 "CR"，用 ISO 标准代码时为 "NL" 或 "LF"，有的用符号 "；" 或 " * " 表示。

8.2　数控车床的编程训练

8.2.1　数控车削加工工艺设计

数控车床是应用最广泛的一种数控机床，主要用于加工轴类、盘类等回转体零件。

(1) 数控车削加工工艺分析

① 选择适合在数控车床上加工的零件，确定工序内容；

② 分析被加工零件的图纸，明确加工内容及技术要求；

③ 确定零件的加工方案，制定数控加工工艺路线；

④ 设计加工工序，选取零件的定位基准、确定装夹方案、划分工步、选择刀具和确定切削用量等；

⑤ 调整数控加工程序，选取对刀点和换刀点、确定刀具补偿及加工路线等。

(2) 数控车削加工进给路线的确定

精加工的进给路线基本上是沿零件的设计轮廓进行的，所以进给路线的确定主要是确定粗加工及空行程的进给路线。进给路线指刀具从起刀点（程序原点）开始运动，到完成加工返回该点的过程中，刀具所经过的路线。主要考虑以下 4 种路线。

① 最短的空行程路线：即刀具在没有切削工件时的进给路线，在保证安全的前提下要求尽量短，包括切入和切出的路线。

② 最短的切削进给路线：切削路线最短可有效地提高生产效率，降低刀具的损耗。

③ 大余量毛坯的阶梯切削进给路线：实践证明，粗加工时采用阶梯去除余量的方法是比较高效的。应注意每一个阶梯留出的精加工余量尽可能均匀，以免影响精加工质量。

④ 精加工轮廓的连续切削进给路线：精加工的进给路线要沿着工件的轮廓连续地完成。在这个过程中，应尽量避免刀具的切入、切出、换刀和停顿，避免刀具划伤工件的表面而影响零件的精度。

(3) 数控车削加工的退刀和换刀

① 退刀：是指刀具切完一刀，退离工件，为下次切削做准备的动作。它和进刀的动作通常以 G00 的方式（快速）运动，以节省时间。数控车床有三种退刀方式：外圆车刀的斜线退刀如图 8-4 (a) 所示；切槽刀的先径向后轴向退刀如图 8-4 (b) 所示；镗孔刀的先轴向后径向退刀如图 8-4 (c) 所示。退刀路线一定要保证安全性，即退刀的过程中保证刀具不与工件或机床发生碰撞；退刀还要考虑路线最短且速度要快，以提高工作效率。

② 换刀：换刀的关键在换刀点设置上，换刀点必须保证安全性，即在执行换刀动作时，刀架上每一把刀具都不能与工件或机床发生碰撞，而且尽量保证换刀路线最短，即刀具在退离和接近工件时的路线最短。

(4) 数控车削加工切削用量的选择

① 数控车削用量的选择原则

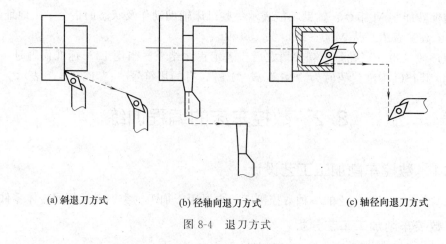

(a) 斜退刀方式　　　　(b) 径轴向退刀方式　　　　(c) 轴径向退刀方式

图 8-4　退刀方式

a. 粗加工时数控车削用量的选择原则。首先，选取尽可能大的背吃刀量；其次，要根据数控机床动力和刚性的限制条件等，选取尽可能大的进给量；最后根据刀具耐用度确定最佳的切削速度。

b. 精加工时数控车削用量的选择原则。首先，根据粗加工后的余量确定背吃刀量；其次，根据已加工表面粗糙度要求，选取较小的进给量；最后，在保证刀具耐用度的前提下，尽可能选用较高的切削速度。

② 数控车削用量的选择方法

a. 背吃刀量的选择。根据加工余量确定，粗加工（表面粗糙度值为 $Ra10\sim80\mu m$）时，一次进给应尽可能切除全部余量。在中等功率机床上，背吃刀量可达 $8\sim10mm$。半精加工时（表面粗糙度值为 $Ra1.25\sim10\mu m$）时，背吃刀量取 $0.5\sim2mm$。精加工（表面粗糙度值为 $Ra0.32\sim1.25\mu m$）时，背吃刀量取 $0.1\sim0.4mm$。在工艺系统刚性不足或毛坯余量很大，或余量不均匀时，粗加工要分几次进给，并且应当把第一、二次进给的背吃刀量尽量取得大一些。

b. 进给量的选择。粗加工时，由于对工件表面质量没有太高的要求，这时主要考虑数控机床进给机构的强度和刚性及刀杆的强度和刚性等限制因素，根据加工材料、刀杆尺寸、工件直径及已确定的背吃刀量来选择进给量。在半精加工和精加工时，则按表面质量要求，根据工件材料、切削速度来选择进给量。

c. 切削速度的选择。根据已经选定的背吃刀量、进给量及刀具耐用度选择切削速度。可用经验公式计算，也可根据生产实践经验在机床说明书允许的切削速度范围内查表选取。

初学编程时，车削用量的选取可参考表 8-1。

表 8-1　数控车削切削用量参考表

零件材料及 毛坯尺寸	加工内容	背吃刀量 a_p /mm	主轴转速 n /(r/min)	进给量 f /(mm/r)	刀具材料
45 钢，直径 $\phi20\sim\phi60$ 坯料，内孔直径 $\phi13\sim\phi20$	粗加工	$1\sim2.5$	$300\sim800$	$0.15\sim0.4$	硬质合金 （YT 类）
	精加工	$0.25\sim0.5$	$600\sim1000$	$0.08\sim0.2$	
	切槽、切断 （切刀宽度 $3\sim5mm$）		$300\sim500$	$0.05\sim0.1$	
	钻中心孔		$300\sim800$	$0.1\sim0.2$	高速钢
	钻孔		$300\sim500$	$0.05\sim0.2$	高速钢

8.2.2　数控车削刀具

(1) 数控车削刀具的种类

数控车削刀具按刀具材料分类，可分为高速钢刀具、硬质合金刀具、金刚石刀具、立方氮化硼刀具、陶瓷刀具和涂层刀具等。按刀具结构分类，可分为整体式、镶嵌式、机夹式（又可细分为可转位和不可转位两种）。常用数控车削刀具及对应加工方法，如图 8-5 所示。

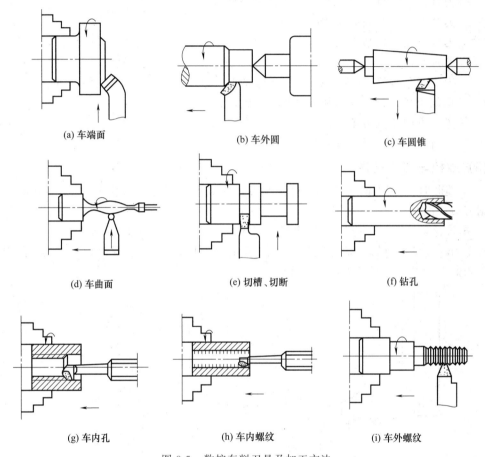

(a) 车端面　　　　　　　　　(b) 车外圆　　　　　　　　　(c) 车圆锥

(d) 车曲面　　　　　　　　　(e) 切槽、切断　　　　　　　(f) 钻孔

(g) 车内孔　　　　　　　　　(h) 车内螺纹　　　　　　　　(i) 车外螺纹

图 8-5　数控车削刀具及加工方法

(2) 可转位车刀和刀片型号代码

① 可转位车刀的特点　刀片成为独立的功能元件，其切削性能得到了扩展和提高；避免了因焊接而引起的缺陷，在相同的切削条件下刀具切削性能大为提高。更利于根据加工对象选择各种材料的刀片，并充分地发挥其切削性能，从而提高了切削效率；切削刃空间位置相对刀体固定不变，节省了换刀、对刀等所需的辅助时间，提高了机床的利用率。

② 可转位车刀的组成　可转位刀具一般由刀片、刀垫、夹紧元件和刀体组成，如图 8-6 所示。

③ 可转位刀片型号代码表示规则　根据国家标准 GB 2076—1987 规定，切削用可转位刀片的型号代码由给定意

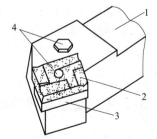

图 8-6　可转位车刀的结构组成
1—刀杆；2—刀片；
3—刀垫；4—夹紧元件

义的字母和数字代号，按一定顺序排列的十个号位组成。其排列顺序如下。

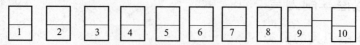

其中每一位字符代表刀片的某种参数，具体意义如下：

1——刀片的几何形状及夹角；

2——刀片主切削刃后角（法后角）；

3——刀片内接圆直径 d 与厚度 s 的精度级别；

4——刀片型式、紧固方法或断屑槽；

5——刀片边长、切削刃长；

6——刀片厚度；

7——刀尖圆角半径 r_ε 或主偏角 k_r 或修光刃后角 α_n；

8——切削刃状态，刀尖切削刃或倒棱切削刃；

9——进刀方向或倒刃角度；

10——厂商的补充代号或倒刃角度。

（3）数控车刀的选择

① 车端面时，常用 45°主偏角的外圆车刀，要求不高时也可以使用 90°主偏角的外圆车刀的副刀刃切削。

② 车阶梯轴外圆时，粗加工常用 75°主偏角的外圆车刀；精加工时采用 90°～95°主偏角的外圆车刀。车曲面外圆时，除应考虑粗、精加工的要求之外，还要兼顾车刀副偏角对工件已加工表面是否产生干涉，如图 8-7 所示。

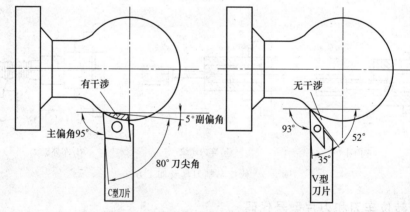

图 8-7　采用外圆尖头车刀避免产生干涉

③ 切槽或切断工件时，应采用刀刃宽度等于或小于槽宽的切槽（切断）刀。

④ 车外螺纹时，采用螺纹车刀，并应使刀具的角度与螺纹牙型角相适应。

⑤ 车内孔、内螺纹时，应选用各类型的镗孔刀，刀杆的伸出量（长径比）应在刀杆直径的 4 倍以内。

8.2.3　数控车床编程指令

（1）FANUC 0i 数控系统的准备功能 G 指令

指令格式：G ＿

它是指定数控系统准备好某种运动和工作方式的一种命令，由地址码 G 和后面的两位数字组成。

常用 G 功能指令见表 8-2。

表 8-2　FANUC 0i 数控车床常用 G 功能指令

代码	组别	功　　能	代码	组别	功　　能
G00		快速点定位	G65		宏程序调用
G01		直线插补	G70		精车循环
G02	01	顺圆弧插补	G71		外圆粗车循环
G03		逆圆弧插补	G72	00	端面粗车循环
G32		螺纹切削	G73		固定形状粗车循环
G04	00	暂停延时	G74		端面转孔复合循环
G20		英制单位	G75		外圆切槽复合循环
G21	06	公制单位	G76		螺纹车削复合循环
G27		参考点返回检测	G90		外圆切削循环
G28	00	参考点返回	G92	01	螺纹切削循环
G40		刀具半径补偿取消	G94		端面切削循环
G41	07	刀具半径左补偿	G96		主轴恒线速度控制
G42		刀具半径右补偿	G97	02	主轴恒转速度控制
G50	00	坐标系的建立、主轴最大速度限定	G98		每分钟进给方式
G54-G59	11	零点偏置	G99	05	每转进给方式

注：表中代码 00 组为非模态代码，只在本程序段中有效；其余各组均为模态代码，在被同组代码取代之前一直有效。同一组的 G 代码可以互相取代；不同组的 G 代码在同一程序段中可以指令多个，同一组的 G 代码出现在同一程序段中，最后一个有效。

(2) FANUC 0i 数控系统的辅助功能 M 指令

指令格式：M _

它主要用来表示机床操作时的各种辅助动作及其状态。由 M 及其后面的两位数字组成。

常用 M 功能指令见表 8-3。

表 8-3　FANUC 0i 数控车床常用 M 功能指令

代码	功能	用　　途
M00	程序停止	程序暂停,可用 NC 启动命令(CYCLE START)使程序继续运行
M01	选择停止	计划暂停,与 M00 作用相似,但 M01 可以用机床"任选停止按钮"选择是否有效
M02	程序结束	该指令编程于程序的最后一句,表示程序运行结束,主轴停转,切削液关,机床处于复位状态
M03	主轴正转	主轴顺时针旋转
M04	主轴反转	主轴逆时针旋转
M05	主轴停止	主轴旋转停止
M07	切削液开	用于切削液开
M08		用于切削液开
M09	切削液关	用于切削液关
M30	程序结束且复位	程序停止,程序复位到起始位置,准备下一个工件的加工
M98	子程序调用	用于调用子程序
M99	子程序结束及返回	用于子程序的结束及返回

(3) FANUC 0i 数控系统的刀具功能 T 指令

指令格式：T _

该功能主要用于选择刀具和刀具补偿号。执行该指令可实现换刀和调用刀具补偿值。它由 T 和其后的四位数字组成，前两位数字是刀号，后两位数字是刀具补偿号。

例如，T0101 表示第 1 号刀的 1 号刀补；T0102 则表示第 1 号刀的 2 号刀补，T0100 则表示取消 1 号刀的刀补。

（4）FANUC 0i 数控系统的主轴转速功能 S 指令

指令格式：S _

它由地址码 S 和其后的若干数字组成，单位为 r/min，用于设定主轴的转速。例如，"S320"表示主轴以 320r/min 的速度旋转。

（5）FANUC 0i 数控系统的进给功能 F 指令

指令格式：F _

进给功能 F 指令用于指定数控车削过程中刀具在进给方向上的移动速度。由地址码 F 和其后的若干数字组成。F 指令用于设定直线（G01）和圆弧（G02、G03）插补时的进给速度。数控车床的进给方式一般为转进给，即进给量单位为 mm/r，也就是按主轴旋转一周刀具沿进给方向前进的距离来设定进刀速度，使进给速度与主轴转速建立了联系。例如，在数控车床实习切削尼龙棒时，粗加工选取 F0.3，精加工选取 F0.1。

8.2.4　常用基本指令用法

（1）快速点定位指令 G00

指令格式：

绝对坐标编程：G00X _ Z _ ；

相对坐标编程：G00U _ W _ ；

G00 指令用于快速定位刀具到指定的目标点（X，Z）或（U，W）。

如图 8-8 所示，刀具从起始点 A 点快速定位到 B 点准备车外圆，分别用绝对和相对坐标编写该指令段为：

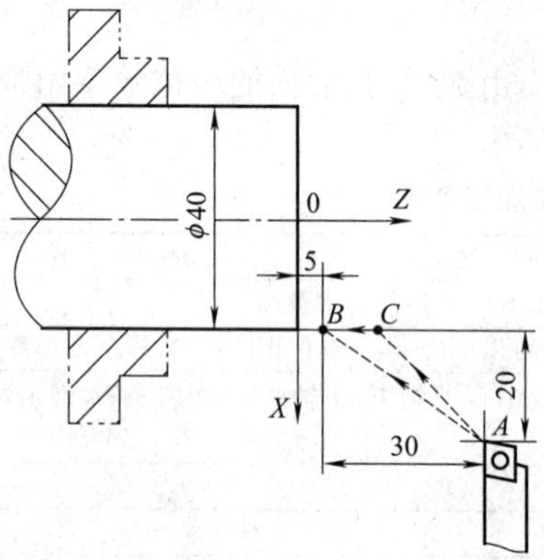

绝对坐标编程为：G00X40Z5；

相对坐标编程为：G00U−40W−30；

说明如下。

① 使用 G00 指令时，快速移动的速度是由系统内部参数设定的，跟程序中 F 指定的进给速度无关，且受修调倍率的影响在系统设定的最小和最大速度之间变化。G00 指令不能用于切削工件，只能用于刀具在工件外的快速定位。

② 在执行 G00 指令时，刀具沿 X、Z 轴分别沿该轴的最快速度向目标点运行，故运行路线通常为折线。

图 8-8　快速点定位示例

如图 8-8 所示，刀具由 A 点向 B 点运行的路线是 A→C→B。所以使用 G00 时一定要注意刀具的折线路线，避免与工件碰撞。

（2）直线插补指令 G01

指令格式：

绝对坐标编程：G01X _ Z _ F _ ；

相对坐标编程：G01U _ W _ F _ ；

G01 指令用于直线插补加工到指定的目标点（X，Z）或（U，W），插补速度由 F 后的数值指定。

如图 8-9 所示，零件各表面已完成粗加工，试分别用绝对坐标方式和相对坐标方式编写精车外圆的程序段。

绝对坐标编程：

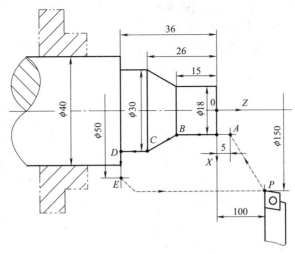

图 8-9　直线插补示例

G00X18Z5;	快速定位 $P \rightarrow A$
G01Z－15F0.1;	切削 $A \rightarrow B$
X30Z－26;	切削 $B \rightarrow C$
Z－36;	切削 $C \rightarrow D$
X50;	切出退刀 $D \rightarrow E$
G00X150Z100;	快速回到起点 $E \rightarrow P$

增量坐标编程:

G00U－132W－95;	快速定位 $P \rightarrow A$
G01W－20F0.1;	切削 $A \rightarrow B$
U12W－11;	切削 $B \rightarrow C$
W－10;	切削 $C \rightarrow D$
U20;	切出退刀 $D \rightarrow E$
G00U100W136;	快速回到起点 $E \rightarrow P$

(3) 圆弧插补指令 G02、G03

指令格式:

绝对坐标编程:G02(G03)X_Z_R_F_;

相对坐标编程:G02(G03)U_W_R_F_;

G02、G03 指令表示刀具以 F 指定的进给速度从圆弧起点向圆弧终点进行圆弧插补。

① G02 为顺时针圆弧插补指令, G03 为逆时针圆弧插补指令。圆弧的顺、逆方向的判断方法是: 朝着与圆弧所在平面垂直的坐标轴的负方向看, 刀具顺时针运动为 G02, 逆时针运动为 G03。数控车床前置刀架和后置刀架对圆弧顺、逆时针方向的判断, 如图 8-10 所示。工程训练中使用的数控车床多为前置刀架, 其圆弧方向应反向判断。

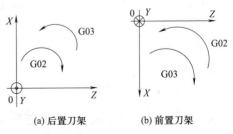

(a) 后置刀架　　(b) 前置刀架

图 8-10　圆弧的顺、逆时针插补方向

② 采用绝对坐标编程时, X, Z 为圆弧终点坐标值; 采用相对坐标编程时, U, W 为圆弧终

点相对于圆弧起点的坐标增量。R 是圆弧半径。

如图 8-11 所示，零件各表面已完成粗加工，试分别用绝对坐标方式和相对坐标方式编写精车外圆的程序段。走刀路线为 $P \to A \to B \to C \to D \to E \to F \to P$。设起（退）刀点 P（$X100$，$Z100$）。

绝对坐标编程：

G00X0Z5； $P \to A$

G01Z0F0.1； $A \to B$

G03X26Z−13R13； $B \to C$

G02X46Z−23R10； $C \to D$

G01Z−33； $D \to E$

X55； $E \to F$

G00X100Z100； $F \to P$

相对坐标编程：

G00U−100W−95； $P \to A$

G01W−5F0.1； $A \to B$

G03U26W−13R13； $B \to C$

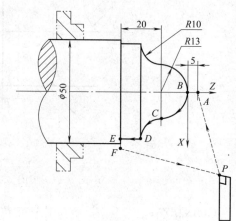

G02U20W−10R10； $C \to D$

G01W−10； $D \to E$

U9； $E \to F$

G00U45W133； $F \to P$

图 8-11 圆弧插补示例

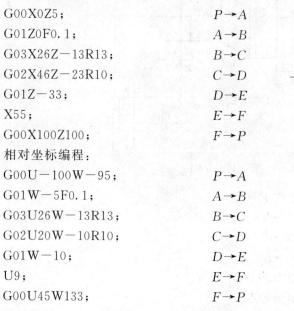

（4）暂停、延时指令 G04

指令格式：

G04P _ ；

P 后跟整数值，单位为 ms（毫秒）。

该指令可使刀具短时间无进给地进行光整加工。主要用于车槽、钻不通孔以及自动加工螺纹等工序。

如图 8-12 所示，在其他结构均加工完成后，使用刃宽 4mm 的切槽刀切出 5mm 宽退刀槽的程序如下。

G00X25Z−25； $P \to A$

G01X8F0.1； $A \to B$

G04P2000；   暂停 2s

G00X25； $B \to A$

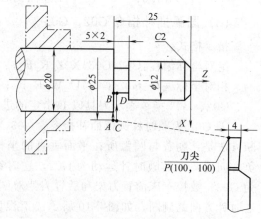

W1；   A→C 加宽 1mm 至槽宽 5mm

G01X8； $C \to D$

G04P2000；   暂停 2s

G00X25； $D \to C$

X100Z100； $C \to P$

图 8-12 切退刀槽示例

8.2.5　数控外圆粗车复合循环指令

在使用棒料作为毛坯加工工件时，要完成粗车过程，需要编程者计算分配车削次数和吃刀量，再一段一段地编程，还是很麻烦的。复合固定循环功能则只需指定精加工路线和背吃刀量等参数，数控系统就会自动计算出粗加工路线和加工次数，因此可大大简化编程工作。

(1) 外圆粗车复合循环 G71 指令

指令格式：

G71 U(Δd)R(e)；

G71 P(ns)Q(nf)U(Δu)W(Δw)(F_S_T_)；

Nns···F_S_T_；

···；

Nnf···；

指令中各参数的意义见表 8-4。

表 8-4　G71 指令中各参数的意义

地址	含　义	地址	含　义
ns	精加工轮廓程序的第一个程序段段名	Δu	径向精加工余量(直径值)，车外圆时为正值，车内孔时为负值
nf	精加工轮廓程序的最后一个程序段段名	Δw	轴向精加工余量
Δd	每次循环的径向吃刀深度(半径值)	e	回刀时径向退刀量

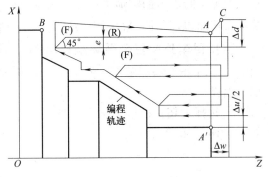

图 8-13　G71 指令走刀路线

G71 的走刀路线如图 8-13 所示，与精加工程序段的编程顺序一致，即每一个循环都是沿径向进刀，轴向切削。其中，ns 和 nf 两程序段号之间的程序是描述零件最终轮廓的精加工轨迹。

(2) 仿形粗车复合循环 G73 指令

指令格式：

G73 U(Δi)W(Δk)R(d)；

G73 P(ns)Q(nf)U(Δu)W(Δw)(F_S_T_)；

Nns······F_S_T_；

······；

Nnf······；

指令中各参数的意义，见表 8-5。

表 8-5　G73 指令中各参数的意义

地址	含　义	地址	含　义
Δi	X 方向总的退刀距离(半径值)，一般是毛坯径向需切除的最大厚度	d	精加工的循环次数
Δk	Z 方向总的退刀量，一般是毛坯轴向需去除的最大厚度	Δu	径向精加工余量(直径值)
ns	精加工轮廓程序的第一个程序段段名	Δw	轴向精加工余量
nf	精加工轮廓程序的最后一个程序段段名		

G73 指令适于加工铸造或锻造毛坯料，且毛坯的外形与零件的外形相似，但加工余量还相当大。它的进刀路线如图 8-14 所示，与 G71 指令不同的是，G73 指令的每一次循环路线长度均相同且与工件轮廓平行。

说明如下。

① G71、G73 指令程序段中的 F、S、T 在粗加工时有效，而精加工循环程序段中的 F、

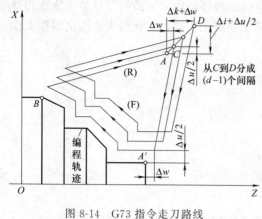

图 8-14　G73 指令走刀路线

S、T 在执行精加工程序时有效。

② 精加工循环程序段的段名 ns 到 nf 需从小到大变化，而且不要有重复，否则系统会产生报警。

③ 粗加工完成以后，工件的大部分余量被去除，留出精加工预留量 $\Delta u/2$ 及 Δw。刀具退回循环起点 A 点，准备执行精加工程序。

④ 循环起点 A 点要选择在径向大于毛坯最大外圆（车外表面时）或小于最小孔径（车内表面时），同时轴向要离开工件的右端面的位置，以保证进刀和退刀安全。

（3）精车循环 G70 指令

指令格式：

G70 P(ns)Q(nf) (F_S_)；

该指令用于执行 G71 和 G73 粗加工循环指令以后的精加工循环。只需要在 G70 指令中指定粗加工时编写的精加工轮廓程序段的第一个程序段的段号和最后一个程序段的段号，系统就会按照粗加工循环程序中的精加工路线切除粗加工时留下的余量。

（4）粗车外圆复合循环编程示例

① G71 指令编程示例　使用外圆粗车复合循环 G71 指令，对如图 8-15 所示的工件进行加工编程。

a. 选择毛坯：根据图样上工件最大直径尺寸 $\phi36$，选取直径 $\phi40$ 的棒料为毛坯材料，如图 8-16 所示的虚线范围。

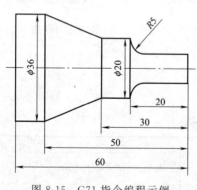

图 8-15　G71 指令编程示例

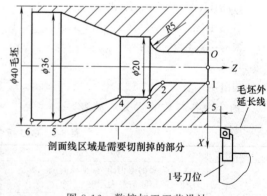

图 8-16　数控加工工艺设计

b. 选择刀具：因该工件的径向尺寸由右至左单调增大，故选用 C 型刀片的 90°外圆车刀即可满足加工要求，如图 8-16 所示。设其装夹在刀架的 1 号刀位，则可称其为 1 号外圆车刀 T01。

c. 建立编程坐标系：以工件右端面与中心线交点为原点建立编程坐标系 XOZ，如图 8-16 所示。

d. 编程节点坐标计算：如图 8-17 所示，6 个节点的坐标值经计算分别为：1 (10，0)、2 (10，−15)、3 (20，−20)、4 (20，−30)、5 (36，−50)、6 (36，−60)。

e. 程序编制：如图 8-17 所示，设定外圆粗车复合循环每刀切深 2mm，退刀时使刀尖与工件之间径向脱离接触 1mm。粗车时，每刀进给长度由程序中 N10～N20 之间的程序段（即描述工件最终轮廓程序段）进行限定。

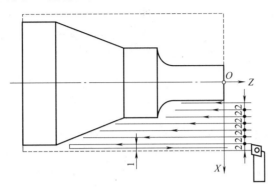

图 8-17　外圆粗车复合循环加工示意

O1236；	程序名，由大写字母 O 及四位数字组成
T0101；	选用 1 号外圆车刀，并使用刀偏法确定编程坐标系 XOZ
M03S600；	主轴正转，600r/min
G00X40Z5；	刀具快速定位到粗车循环起点，毛坯外圆延长线上
G71U2R1；	外圆粗车复合循环，每刀切深 2mm，退刀时脱离接触 1mm
G71P10Q20U0.5F0.3；	指定最终轮廓起止段号；精加工余量 0.5，粗加工进给量 0.3
N10G00X10；	描述工件最终轮廓开始段，快速进刀
G01Z－15；	切直线至点 2
G02X20Z－20R5；	切顺时针圆弧 2→3
G01Z－30；	切直线 3→4
X36Z－50；	切直线 4→5
N20Z－60；	描述工件最终轮廓结束段，切直线 5→6
G70P10Q20F0.1；	外圆精车，精加工进给量 0.1
G00X100Z100；	快速退刀
M05；	主轴停转
M30；	程序结束

② G73 指令编程示例　使用仿形粗车复合循环 G73 指令，对如图 8-18 所示的工件进行加工编程。

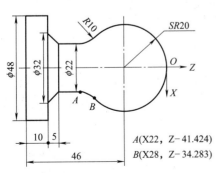

A(X22，Z－41.424)
B(X28，Z－34.283)

图 8-18　G73 指令编程示例

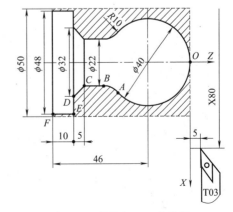

图 8-19　数控加工工艺设计

a. 选择毛坯：根据图样上工件最大直径尺寸 $\phi48$，选取直径 $\phi50$ 的棒料为毛坯材料，如图 8-19 所示的虚线范围。

b. 选择刀具：因该工件的径向尺寸由右至左为非单调变化，故应选用 V 型刀片的 90° 外圆车刀（尖刀），以免车刀与工件发生干涉，如图 8-19 所示。设其装夹在刀架的 3 号刀位，则可称其为 3 号外圆车刀 T03。此时，为了防止粗车循环回刀时刀具或切屑拉伤工件，循环起点的径向坐标值应大于毛坯直径，本例选取的是（X80，Z5）。

c. 建立编程坐标系：以工件右端面与中心线交点为原点建立编程坐标系 XOZ，如图 8-19所示。

d. 编程节点坐标计算：如图 8-19 所示，7 个节点的坐标值经计算分别为：$O(0，0)$、$A(28，-34.283)$、$B(22，-41.424)$、$C(22，-51)$、$D(32，-56)$、$E(48，-56)$、$F(48，-66)$。

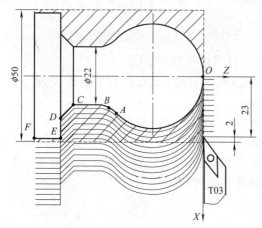

图 8-20　仿形粗车复合循环加工示意

e. 程序编制：如图 8-20 所示，设定仿形粗车复合循环每刀切深 2mm。其他参数计算如下：

最大切深（出现在零件最小直径处）＝（毛坯直径－最小直径）÷2＝（50－0）÷2＝25mm；

U（粗加工最大单边余量）＝最大切深－每刀切深＝25－2＝23mm（减去一个每刀切深的目的，是为了防止第一刀是完全的空走刀）。

R（粗加工循环刀数）＝最大切深÷每刀切深＝25÷2≈13刀。

粗车时，每刀进给路线形状尺寸均与工件最终轮廓形状一致，由程序中 N100～N200 之间的程序段（即描述工件最终轮廓程序段）定义。

O1256；	程序名
T0303；	选用 3 号外圆车刀（尖刀）
M03S800；	主轴正转，800r/min
G00X80Z5；	刀具快速定位到粗车循环起点。注意，不再是毛坯外圆延长线上
G73U23R13；	仿形粗车总切除余量23mm，分 13 刀车完
G73P100Q200U0.8F0.3；	指定最终轮廓起止段号；精加工余量0.8，粗加工进给量0.3
N100G00X0；	描述工件最终轮廓开始段，快速进刀至中心线
G01Z0；	以切直线的慢速移动至编程原点 O
G03X28Z－34.283R20；	切逆时针圆弧 $O{\rightarrow}A$
G02X22Z－41.424R10；	切顺时针圆弧 $A{\rightarrow}B$
G01Z－51；	切直线 $B{\rightarrow}C$
X32Z－56；	切直线 $C{\rightarrow}D$
X48；	切直线 $D{\rightarrow}E$
N200Z－66；	描述工件最终轮廓结束段，切直线 $E{\rightarrow}F$
G70P100Q200F0.1；	外圆精车，精加工进给量0.1
G00X100Z100；	快速退刀
M05；	主轴停转

M30；　　　　　　　　程序结束

8.2.6　数控车削螺纹循环指令

螺纹切削是数控车床上常见的加工任务。螺纹的形成实际上是刀具和主轴按预先输入的直线运动距离和转速之比同时运动所致。切削螺纹使用的是成型刀具，螺距和尺寸精度受机床精度影响，牙型精度则由刀具精度保证。

G92 指令的编程方法及应用　螺纹单一切削循环指令 G92 把"切入①→螺纹切削②→退刀③→返回④"四个动作作为一个循环，用一个程序段来完成，从而简化编程，如图 8-21 所示。

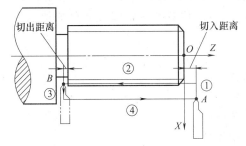

图 8-21　G92 指令加工圆柱螺纹的运动轨迹

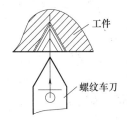

图 8-22　螺纹切削进刀方法

指令格式：

G00X(a)_Z(a)_；　　　　　X(a)、Z(a)为切削螺纹循环起点 A 的坐标

G92X(b)_Z(b)_F_；　　　　X(b)、Z(b)为切削螺纹第一刀终点 B 的坐标，F 为螺纹的导程

X(c)_；　　　　　　　　　X(c)为切削螺纹第二刀的终点坐标

X(d)_；　　　　　　　　　X(d)为切削螺纹第三刀的终点坐标

……

在编写螺纹加工程序时，起点坐标和终点坐标应考虑切入距离和切出距离；由于螺纹车刀是成形刀具，所以刀刃与工件接触线较长，切削力也较大。为避免切削力过大造成刀具损坏或在切削中引起刀具振动，通常在切削螺纹时需要多次进给才能完成，如图 8-22 所示。每次进给的背吃刀量根据螺纹牙深按递减规律分配。

切削常用米制螺纹的进给次数与背吃刀量的关系见表 8-6。

表 8-6　切削米制螺纹的进给次数与背吃刀量的关系　　　　　单位：mm

米制螺纹　牙深＝0.6495P（P 为螺距）							
螺距	1.0	1.5	2.0	2.5	3.0	3.5	4.0
牙深	0.649	0.974	1.299	1.624	1.949	2.273	2.598
进给次数及背吃刀量　1 次	0.7	0.8	0.9	1.0	1.2	1.5	1.5
2 次	0.4	0.6	0.6	0.7	0.7	0.7	0.8
3 次	0.2	0.4	0.6	0.6	0.6	0.6	0.6
4 次	—	0.16	0.4	0.4	0.4	0.6	0.6
5 次	—	—	0.1	0.4	0.4	0.4	0.4
6 次	—	—	—	0.15	0.4	0.4	0.4
7 次	—	—	—	—	0.2	0.2	0.4
8 次	—	—	—	—	—	0.15	0.3
9 次	—	—	—	—	—	—	0.2

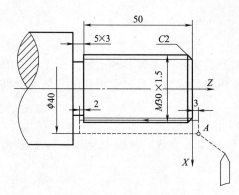

图 8-23 车螺纹例题图

例如：用 G92 指令加工如图 8-23 所示的圆柱螺纹。查表 8-6 可知：螺纹导程 $P = 1.5mm$ 时，牙深＝0.974mm。选取主轴转速 650r/min，进刀距离 2mm，退刀距离 1mm；可分 4 次进给，对应的背吃刀量（直径值）依次为：0.8mm、0.6mm、0.4mm 和 0.16mm。

为防止刀具每次 Z 向退刀时缠带切屑，划伤已加工的螺纹，因此循环起点 A 的 X 坐标值要适当大于被加工螺纹的公称直径。本例设循环起点在 A（40，3）的位置，切削螺纹部分的加工程序如下：

……

G00X40Z3；	快速移动到循环起点 A
G92X29.2Z－52F1.5；	切削螺纹循环第一刀
X28.6；	切削螺纹循环第二刀
X28.2；	切削螺纹循环第三刀
X28.04；	切削螺纹循环第四刀
G00X100Z100；	快速退刀至换刀点

……

8.2.7 数控车床的综合编程

试对如图 8-24 所示的零件编制数控车削加工程序。

(1) 加工工艺分析

该工件径向尺寸由右至左单调增加，合适使用 G71 粗车外圆复合循环加工指令完成外圆粗加工；再使用切槽刀在长度尺寸 25 处切出退刀槽；最后使用螺纹车刀车出 M12 螺纹。根据工件图样上径向最大尺寸 $\phi40$ 及材料要求，选择 $\phi45$ 尼龙棒料。仍选择工件右端面中心为编程坐标系原点建立编程坐标系，并计算各节点坐标值。加工工序卡见表 8-7。

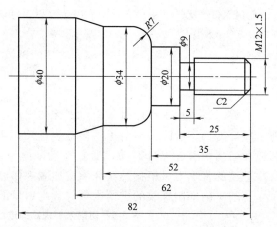

图 8-24 数控车削综合编程举例

表 8-7 加工工序卡

加工工序	刀具与切削参数					
加工内容	刀具规格			主轴转速 /(r/min)	进给速度 /(mm/r)	背吃刀量 /mm
	刀号	刀具名称	刀补号			
工序 1：粗车外圆	T01	90°外圆车刀	01	600	0.3	每刀次 2
工序 2：精车外圆	T01	90°外圆车刀	01	800	01	0.5
工序 3：切退刀槽	T04	刃宽 4mm 切槽刀	04	700	0.1	4
工序 4：车螺纹	T05	螺纹车刀	05	600	1.5	分 4 刀次：0.8、0.6、0.4、0.16

（2）数控加工程序

O2626；	
M03S600；	主轴正转，600r/min，车外圆的转速
T0101；	选 01 号车刀（90°外圆车刀），建立工件坐标系
G00X45Z2；	刀具快速移动到粗车循环起点
G71U2R1；	每一循环进刀 2mm，退刀 1mm
G71P1Q2U0.5F0.3；	设循环体起止行号，预留精加工余量并设置粗加工进给量
N1G00X4；	粗车循环起点。因有倒角因素，X 坐标值计算为 4
G01X12Z—2；	切倒角
Z—25；	切 $\phi12$ 外圆
X20；	调整刀具 X 轴位置至 $\phi20$ 处
Z—35；	切 $\phi20$ 外圆
G03X34W—7R7；	切 R7 圆弧
G01Z—52；	切 $\phi34$ 外圆
X40Z—62；	切圆锥
N2Z—82；	切 $\phi40$ 外圆，循环结束
M03S800；	主轴正转，800r/min
G70P1Q2F0.1；	精加工外圆，精加工应提高转速并减小进给量
G00X100Z100；	退刀至换刀点
T0404；	换 04 号车刀（刃宽 4mm 切槽刀），通过刀补建立工件坐标系
M03S700；	调节为车退刀槽的转速
G00X22Z—25；	快速定位到加工退刀槽位置的最左侧
G01X9F0.1；	切槽
G04P3000；	暂停 3s，完成槽底光整加工
G01X22F0.5；	径向退刀
Z—24；	右移 1mm
X9F0.1；	再次切槽，使槽宽加工到 5mm
G04P3000；	暂停 3s，完成槽底光整加工
G01X22F0.5；	径向退刀
G00X100Z100；	快速移动到换刀点
T0505；	换 05 号车刀（螺纹车刀），通过刀补建立工件坐标系
M03S300；	调节为车螺纹刀的转速
G00X18Z3；	快速定位到螺纹加工循环的起点
G92X11.2Z—22F1.5；	切削螺纹循环第一刀
X10.6；	切削螺纹循环第二刀
X10.2；	切削螺纹循环第三刀
X10.04；	切削螺纹循环第四刀
G00X100Z100；	快速退刀至换刀点（程序原点）
M05；	主轴停转
M30；	程序结束

8.3 数控车床的操作训练

8.3.1 FANUC 0i 数控车床的操作面板

如图 8-25 所示为配置 FANUC 0i 数控系统的数控车床操作面板。其中右上半部分为 MDI 键盘，左上部分为 CRT 显示界面，设在显示器下面的一行键称为软键，软键的用途是可以变化的，在不同的界面下随屏幕最下面一行的软件功能提示而有不同的用途。MDI 键盘用于程序编辑、参数输入等功能。标准面板下半区是数控车床的机床操作面板，用以对机床进行手动控制和功能选择。

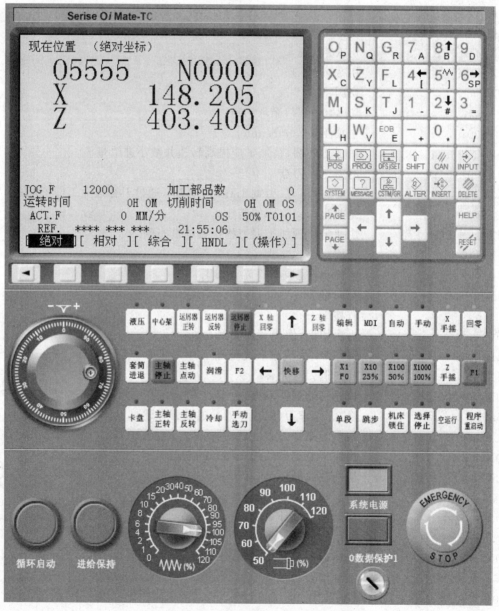

图 8-25 FANUC 0i 数控系统的数控车床面板

如图 8-26 所示为 FANUC 0i 数控系统 MDI 键盘区主要功能键，其各个按键的功能，见表 8-8。

表 8-8　FANUC 0i 数控系统 MDI 键盘区主要功能键功能

按键号	功能	按键号	功能	按键号	功能
1	显示坐标值	2	显示程序	3	显示对刀界面
4	上挡功能键	5	编辑区删除	6	输入数据
7	系统参数	8	系统信息	9	图形仿真
10	替换	11	插入	12	删除

8.3.2　FANUC 0i 数控车床的操作

(1) 基本操作步骤

① 通电开机　接通机床电源，启动数控系统，操作步骤如下。

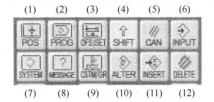

图 8-26　FANUC 0i 数控系统 MDI 键盘主要功能键

a. 按下机床面板上的系统电源键■，显示屏由原先的黑屏变为有文字显示，电源电源键指示灯亮。

b. 旋转抬起急停按钮，使急停键抬起●。这时系统完成上电复位，可以进行后面的操作。

② 手动操作　手动操作主要包括手动返回机床参考点和手动移动刀具。电源接通后，首先要做的事就是将刀具移到参考点。然后可以使用按钮或手轮，使刀具沿各轴运动。

a. 手动返回参考点：就是用机床操作面板上的按钮，将刀具移动到机床的参考点。操作步骤如下。

按下回零键■。这时该键左上方的指示灯亮。在方向选择键中按下↓键，X 轴返回参考点，同时 X 轴回零指示灯亮■；依上述方法，按下→键，Z 轴返回参考点，同时 Z 轴回零指示灯亮■。

b. 手动进给：在手动方式下，按机床操作面板上的方向选择键，机床沿选定轴的选定方向移动。手动连续进给速度可用进给倍率刻度盘调节。操作步骤如下。

按下手动按键■，系统处于手动方式。按下方向选择键■，机床沿选定轴的选定方向移动，当按住中间的快移按钮再配合其他方向键，可以实现该方向的快速移动。可在机床运行前或运行中使用进给倍率刻度盘■，根据实际需要调节进给速度。

c. 手轮进给：在手轮方式下，可使用手轮使机床刀架发生移动。操作步骤如下。

通过按 X 手摇键或 Z 手摇键■，进入手轮方式并选择控制轴。按手轮进给倍率键■，选择移动倍率。根据需要移动的方向，旋转手轮旋钮■，此时机床发生移动。手轮每旋转刻度盘上的一格，机床则根据所选择的移动倍率移动一个挡位。如倍率键选"×10"，则手轮每旋转一格，机床相应移动 $10\mu m$，即 0.01mm。

d. 主轴的手动操作：此时系统应处于手动方式下，进行主轴的启停手动操作。

按下"主轴正转"按键■（指示灯亮），主轴以机床参数设定的转速正转；按下"主轴反转"按键■（指示灯亮），主轴以机床参数设定的转速反转；按下"主轴停止"按键■（指示灯亮），主轴停止运转。也可以使用主轴倍率修调旋钮 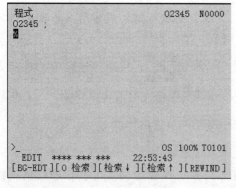，调整主轴转速。首次操作时，应通过 MDI 方式赋予主轴一个转速值。

③ 自动运行　自动运行就是机床根据编制的零件加工程序来运行。自动运行包括存储器运行和 MDI 运行。

存储器运行就是指将编制好的零件加工程序存储在数控系统的存储器中，调出要执行的程序来使机床运行。主要步骤如下。

a. 按编辑键，进入编辑运行方式。

b. 按数控系统面板上的 PROG 键。

c. 按数控屏幕下方的软键"DIR"键，屏幕上显示已经存储在存储器里的加工程序列表。

d. 按地址键 O。

e. 按数字键输入程序号。

f. 按数控屏幕下方的软键"O 检索"键。这时被选择的程序就被打开显示在屏幕上。

g. 按自动键，进入自动运行方式。按机床操作面板上的循环启动键，开始自动运行。运行中按下进给保持键，机床将减速停止运行。再次按下循环启动键，机床恢复运行。如果按下数控系统面板上的键，自动运行结束并进入复位状态。

MDI 运行是指用键盘输入一组加工命令后，机床根据这个命令执行操作。操作方法是：按下键，系统进入 MDI 状态；按下键，输入一段程序；按下循环启动键，机床则执行刚才输入的那一段程序。MDI 一般用于临时调整机床状态或验证坐标等，其程序号为 O0000，输入的程序只能执行一次，且执行后自动删除。

```
程式                    O2345  N0000
O2345 ;
%





                        OS 100% T0101
  EDIT  **** *** ***    22:53:43
[BG-EDT][O 检索][检索↓][检索↑][REWIND]
```

图 8-27　创建程序界面

（2）创建和编辑程序

① 创建程序

a. 按下机床面板上的编辑键，系统处于编辑运行方式；

b. 按下系统面板上的程序键，显示程序屏幕；

c. 使用字母/数字键，输入程序号。例如，输入程序号：O2345；开头必须用大写字母"O"；

d. 按下系统面板上的插入键；这时程序屏幕上显示新建立的程序名，接下来可以输入程序内容，如图 8-27 所示；

e. 在输入到一行程序的结尾时，先按 EOB 键生成";"，然后再按插入键。这样程序会自动换行，光标出现在下一行的开头。

② 编辑程序

a. 字的插入。例如，我们要在第一行"G50 X100;"后面插入"Z200"。此时，应当使用光标移动键，将光标移到需要插入位置之前的最后一个程序字上，即"X100"处，如图

8-28 所示。

　　键入要插入的字和数据："Z200"，按下插入键 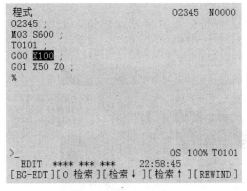；"Z200" 即被插入，如图 8-29 所示。

图 8-28　光标移到插入字符位置　　　　　　　图 8-29　插入字符"Z200"

　　b. 字的替换。使用光标移动键，将光标移到需要替换的字符上；键入要替换的字和数据；按下替换键 ；光标所在的字符被替换，同时光标移到下一个字符上。

　　c. 字的删除。使用光标移动键，将光标移到需要删除的字符上；按下删除键 ；光标所在的字符被删除，同时光标移到被删除字符的下一个字符上。

　　d. 输入过程中的删除。在输入过程中，即字母或数字还在输入缓存区、没有按插入键 的时候，可以使用取消键 来进行删除。每按一下，则删除光标前面的一个字母或数字。

（3）FANUC 0i 数控车床的对刀方法

　　对刀就是在机床上确定刀补值或工件坐标系原点的过程。配置有 FANUC 0i 数控系统的车床对刀方法有多种。这里，我们只介绍现在比较常用的直接采用刀偏设置，通过 Txxxx 指令来构建工件坐标系的对刀方法，即直接将工件零点在机床坐标系中的坐标值设置到刀偏地址寄存器中，相当于假象加长或缩短刀具来实现坐标系的偏置。具体操作步骤如下：

　　① 用所选刀具试切工件外圆，点击主轴停止按钮 ，使主轴停止转动，使用游标卡尺或千分尺测量工件被切部分的直径，测量值记为 ϕ，如图 8-30 所示。

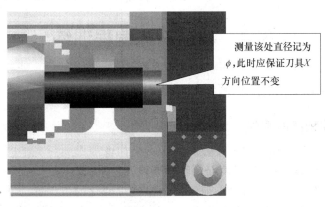

图 8-30　试切外圆并测量直径

② 保持刀具 X 轴方向不动，刀具退出。点击 MDI 键盘上的 ⌨ 键，进入形状补偿参数设定界面，如图 8-31 所示。依次按下屏幕下方对应功能软键"补正"-"形状"后，将光标移到与刀位号相对应的位置，输入"XΦ"，按下屏幕下方对应功能软键"测量"，系统将对应的刀具 X 向偏移量自动计算并输入寄存器中。

③ 试切工件端面，如图 8-32 所示。把端面在工件坐标系中 Z 的坐标值，记为 α（此处以工件端面中心点为工件坐标系原点，则 $\alpha=0$）。

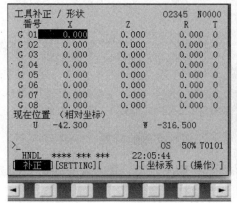

图 8-31 参数设置界面

图 8-32 试切端面

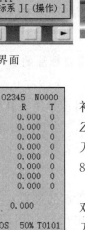

图 8-33 设定试切的端面 Z 方向坐标值为 0

④ 保持 Z 轴方向不动，刀具退出。进入形状补偿参数设定界面，将光标移到相应的位置，输入 $Z\alpha$（一般为 Z0），按"测量"软键，系统将对应的刀具 Z 向偏移量自动计算并输入寄存器中，如图 8-33 所示。

⑤ 多把刀具对刀。第一把刀具作为基准刀具对刀完毕后，其余刀具的对刀方法与基准刀具的对刀方法基本相同。只是其他刀具不能再试切端面，而是以已有端面为基准，刀尖与端面对齐后，直接输入"Z0"-"测量"，这样就可以保证所有刀具所确定的工件坐标系重合一致。

综上所述，一个工件的完整加工过程为：开机→回零→安装刀具和工件→对刀→输入程序→试切工件。

8.4 数控铣床编程训练

8.4.1 数控铣削加工工艺设计

(1) 适合数控铣床的零件

① 平面类工件：是指加工面平行、垂直于水平面或加工面与水平面的夹角为定角的工件。这类工件的特点是，各个加工表面是平面或展开为平面。

② 变斜角类工件：加工面与水平面的夹角呈连续变化的工件称为变斜角类工件，如图 8-34 是飞机上的变斜角梁缘条。变斜角类工件的变斜角加工面不能展开为平面。

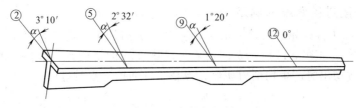

图 8-34 变斜角工件

③ 曲面类工件：加工面为空间曲面的工件称为曲面类工件。曲面类工件的加工面不仅不能展开为平面，而且它的加工面与铣刀始终为点接触。

④ 箱体类工件：一般是指具有一个以上孔系，内部有一定型腔或空腔的工件。箱体类工件一般都需要进行多工位孔系、轮廓及平面加工，公差要求较高，特别是几何公差要求较为严格。

(2) 数控铣削零件结构工艺性的分析

① 工件的内腔与外形应尽量采用统一的几何类型和尺寸，这样可以减少刀具的规格和换刀的次数，方便编程和提高数控机床加工效率。

② 工件内槽及缘板间的过渡圆角半径不应过小。过渡圆角半径反映了刀具直径的大小，刀具直径和被加工工件轮廓的深度之比与刀具的刚度有关，如图 8-35（a）所示，当 $R < 0.2H$ 时（H 为被加工工件轮廓面的深度），则判定该工件该部位的加工工艺性较差；如图 8-35（b）所示，当 $R > 0.2H$ 时，则刀具的当量刚度较好，工件的加工质量能得到保证。

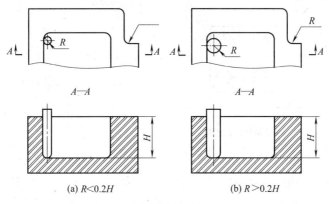

(a) $R < 0.2H$ (b) $R > 0.2H$

图 8-35 内槽结构工艺性对比

③ 铣工件的槽底平面时，槽底圆角半径 r 不宜过大。如图 8-36 所示，铣削工件底平面时，槽底的圆角半径 r 越大，铣刀端刃铣削平面的能力就越差，铣刀与铣削平面接触的最大直径 $d = D - 2r$（D 为铣刀直径），当 D 一定时，r 越大，铣刀端刃铣削平面的面积越小，加工平面的能力就越差、效率越低、工艺性也越差。当 r 大到一定程度时，甚至必须用球头铣刀加工，这是应该尽量避免的。

④ 应注意工件凹陷处的最小曲率半径。有些工件表面结构复杂，尺寸细小，特别是当工件凹陷处的最小曲率半径小于刀具半径时，则由于受到刀具半径和机床极限转速的限制，该结构将无法表达出来，如图 8-37 所示。

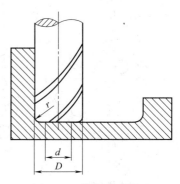

图 8-36 槽底平面圆弧
对加工工艺的影响

(3) 数控铣削进给路线的确定

① 当铣削平面工件外轮廓时，一般采用立铣刀侧刃切削。铣削时应避免沿工件外轮廓的法向切入和切出，如图 8-38 所示，应沿着外轮廓曲线的切向延长线切入或切出，这样可避免刀具在切入或切出时产生切削刃切痕，保证工件曲面的平滑过渡。

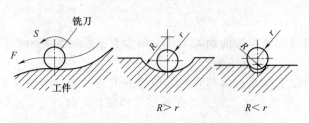

图 8-37 铣刀半径与工件凹陷处最小曲率半径的关系

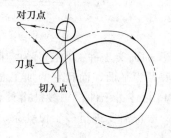

图 8-38 外轮廓加工刀具的切入切出

② 在精镗孔系时，安排镗孔路线一定要注意各孔的定位方向一致，即采用单向趋近定位点的方法，以避免传动系统反向间隙误差或测量系统的误差对定位精度的影响。如图 8-39 （a）所示的孔系加工路线，在加工孔 IV 时 X 方向的反向间隙将会影响 III、IV 两孔的孔距精度；如果改为图 8-39 （b）所示的加工路线，可使各孔的定位方向一致，从而提高了孔距精度。

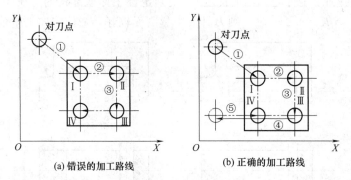

图 8-39 孔的位置精度处理

③ 应使进刀路线最短，减少刀具空行程时间，提高加工效率。如图 8-40 （a）所示，先加工均布于同一圆周上的八个孔，再加工另一圆周上的孔。但是对点位控制的数控机床而言，要求定位精度高，定位过程尽可能快，因此这类机床应按空行程最短来安排进刀路线，如图 8-40 （b）所示，以节省加工时间，提高效率。

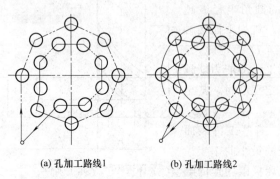

(a) 孔加工路线1　　　(b) 孔加工路线2

图 8-40 最短加工路线选择

④ 最终轮廓一次走刀完成。为保证工件轮廓表面加工后的粗糙度要求，最终轮廓应安排在最后一次走刀中连续加工出来。如图 8-41 （a）为用行切方式加工内腔的走刀路线，这种进刀能切除内腔中的全部余量，不留死角，不伤轮廓。但行切法将在两次进刀的起点和终点间留下残留高度，而达不到要求的表面粗糙度。若采用图 8-41 （b）的进刀路线，先用行切法，最后沿周向环切一刀，光整轮廓表面，能获得

较好的效果。图 8-41（c）也是一种较好的进刀路线方式。

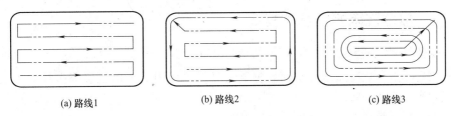

|(a) 路线1|(b) 路线2|(c) 路线3|

图 8-41　铣削内腔的三种走刀路线

（4）数控铣床切削用量的选择

① 粗加工时切削用量的选择原则　首先选取尽可能大的背吃刀量；其次要根据机床动力和刚性的限制条件等，选取尽可能大的进给量；最后根据刀具寿命确定最佳的切削速度。

② 精加工时切削用量的选择原则　首先根据粗加工后的余量确定背吃刀量；其次根据已加工表面的粗糙度要求，选取较小的进给量；最后在保证刀具寿命的前提下，尽可能选取较高的切削速度。

8.4.2　数控铣削刀具及夹具

（1）数控铣刀

数控铣刀种类较多，不同的铣刀适用于不同表面的加工。如图 8-42（a）所示的面铣刀，主要用来铣削较大的平面；图 8-42（b）所示的立铣刀，主要用于加工平面和沟槽的侧面；图 8-42（c）、（d）所示的钻头和镗刀，主要用于孔的加工；图 8-42（e）所示的成型铣刀，大多用来加工各种形状的内腔、沟槽；图 8-42（f）所示的球头铣刀，适用于加工空间曲面和平面间的转角圆弧。

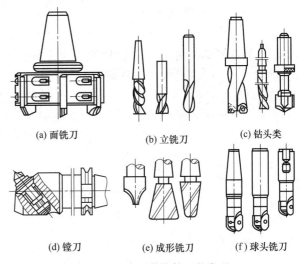

|(a) 面铣刀|(b) 立铣刀|(c) 钻头类|
|(d) 镗刀|(e) 成形铣刀|(f) 球头铣刀|

图 8-42　常用数控铣刀的类型

（2）数控铣床的夹具

对于一般的单件小批量生产模式，数控铣床上常用一些通用夹具来安装工件。

① 螺钉压板　利用 T 形槽螺栓和压板将工件固定在机床工作台上。装夹工件时，需根据工件装夹精度要求，用百分表等工具找正工件。

② 机用平口钳　形状比较规则的工件铣削时，常用机用平口钳装夹，方便灵活，适应性广。当加工一般精度工件和夹紧力较小时，常用机械式平口钳；当加工精度要求较高或夹紧力较大时，可采用较高精度的液压式平口钳。在数控铣床工作台上安装机用平口钳时，要控制钳口与 X 轴或 Y 轴的平行度，夹紧工件时要注意控制工件变形和一端钳口上翘。

③ 铣床用卡盘　当需要在数控铣床上加工回转体工件时，需采用自定心卡盘装夹工件。对于非回转体工件，可采用单动卡盘装夹。使用 T 形槽螺栓将铣床用卡盘固定在机床工作

台上即可。

8.4.3　数控铣床编程基本指令

(1) 准备功能 G 指令

准备功能 G 指令是建立坐标平面、控制刀具与工件相对运动轨迹等多种加工操作方式的指令。范围为 G00～G99。

① 工件坐标系选择 G54（G55、G56、G57、G58、G59）指令

格式：G54（G55、G56、G57、G58、G59）

说明：G54～G59 可预定 6 个工件坐标系，根据需要选用。这 6 个预定工件坐标系的原点在机床坐标系中的值，预先输入在数控系统"坐标系"功能表中，系统记忆。当程序中执行 G54～G59 中某一个指令，后续程序段中绝对值编程时的指令值均为相对此工件坐标系原点的值。G54～G59 为模态指令，可相互注销，G54 为缺省值。

② 编程方式选定 G90（G91）指令

格式：G90（G91）

说明：该组指令用来选择编程方式。其中，G90 为绝对值编程；G91 为相对值编程。G90、G91 为模态指令，可相互注销，G90 为缺省值。

③ 快速定位 G00 指令

格式：G00X _ Y _ Z _

说明：G00 指定刀具以预先设定的快移速度，从当前位置快速移动到程序段指定的定位终点（目标点）。其中，X、Y、Z 分别为快速定位终点。

④ 直线插补 G01 指令

格式：G01 X _ Y _ Z _ F _

说明：执行 G01 指令，坐标轴按指定进给速度作直线运动。X、Y、Z 切削终点坐标，可三轴联动、二轴联动或单轴移动，由 F 值指定切削时的进给速度。

⑤ 圆弧插补 G02/G03 指令。圆弧方向判别方法是：沿着不在圆弧平面内的坐标轴由正方向向负方向看去，顺时针方向为 G02，逆时针方向为 G03，如图 8-43 所示。

格式：

$$
\begin{Bmatrix} G17 \\ G18 \\ G19 \end{Bmatrix}
\begin{Bmatrix} G02 \\ G03 \end{Bmatrix}
\begin{Bmatrix} X\_Y\_ \\ X\_Z\_ \\ Y\_Z\_ \end{Bmatrix}
\begin{Bmatrix} I\_J\_ \\ I\_K\_ \\ J\_K\_ \\ R\_ \end{Bmatrix}
F\_
$$

说明如下。

G17、G18、G19：指定圆弧所在的坐标平面，默认为 G17（即 XOY 水平面）。

X、Y、Z：终点坐标位置。

I、J、K：I、J、K 分别为圆弧圆心相对起点在 X、Y、Z 轴上的坐标增量。加工优弧时，使用该方法给定圆弧半径，如图 8-44 所示的圆弧 b。

R：圆弧半径，以半径值表示。加工劣弧时，使用该方法给定圆弧半径，如图 8-44 所示的圆弧 a。

F：指定切削圆弧时的进给量。

如图 8-44 所示，圆弧 a 的编程方法：

G91G02X30Y30R30F100

G90G02X0Y30R30F100

圆弧 *b* 的编程方法：

G91G02X30Y30I0J30F100

G90G02X0Y30I0J30F100

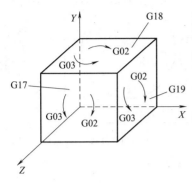

图 8-43　圆弧插补方向

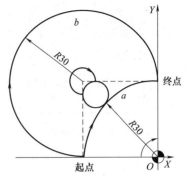

图 8-44　铣削圆弧时的半径指定

(2) 辅助功能 M 指令

辅助功能 M 指令，由地址字 M 后跟一至两位数字组成，如 M00～M99。主要用来设定数控机床电控装置单纯的开/关动作，以及控制加工程序的执行走向。常用的 M 指令的用法如下：

① 主轴控制指令 M03、M04、M05 M03 控制主轴的顺时针方向转动、M04 控制主轴的逆时针方向转动、M05 控制主轴的停止。M05 在该程序段其他指令执行完毕后才执行停止。

② 程序停止 M30。使用 M30 时，除表示执行 M02 指令的内容外，程序光标还返回到程序的第一语句，准备下一个工件的加工。

(3) F、S、T 功能

① 进给功能 F　F 指令表示工件被加工时刀具相对于工件的合成进给速度，F 的单位默认为 mm/min。实习铣削 PVC 板料时，推荐粗加工 F 取 120～100mm/min，精加工 F 取 60～80mm/min。

② 主轴功能 S　主轴功能 S 控制主轴转速，其后的数值表示主轴速度，单位为 r/min。当实习使用 $\phi10$ 平底立铣刀时，推荐粗加工 S 取 500～600r/min，精加工 S 取 800～900r/min。

③ 刀具功能 T　T 是刀具功能字，后跟两位数字用于提示更换刀具的编号，因为数控铣床是手动更换刀具的。

8.4.4　数控铣床的刀具补偿

(1) 刀具半径补偿的目的

数控铣床上进行轮廓的铣削加工时，由于刀具半径的存在，刀具中心轨迹和工件轮廓不重合。如图 8-45 (a) 所示，使用 $\phi10$ 立铣刀铣削 $\phi40$ 圆，结果得到的是 $\phi30$ 圆。当数控系统具备刀具半径补偿功能时，只需按工件轮廓编程即可。此时，数控系统会使刀具偏离工件轮廓一个半径值 *R*（补偿量，也称偏置量），并自动重新计算刀心轨迹，即进行刀具半径补偿，如图 8-45 (b) 所示。

(2) 刀具半径补偿指令

刀具半径补偿分为刀具半径左补偿（用 G41 定义）和刀具半径右补偿（用 G42 定义），

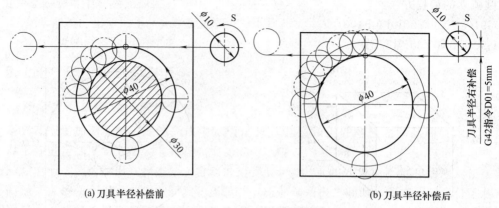

(a) 刀具半径补偿前　　　　　　　　　　　　(b) 刀具半径补偿后

图 8-45　刀具半径补偿示意图

使用非零的 D 代码选择正确的刀具半径偏置寄存器号。当刀具中心轨迹沿前进方向位于工件轮廓右边时称为刀具半径右补偿，如图 8-45（b）所示；反之称为刀具半径左补偿。当不需要进行刀具半径补偿时则用 G40 取消刀具半径补偿。

格式：

$$\begin{Bmatrix} G17 \\ G18 \\ G19 \end{Bmatrix} \begin{Bmatrix} G40 \\ G41 \\ G42 \end{Bmatrix} \begin{Bmatrix} G00 \\ G01 \end{Bmatrix} \quad X\_ Y\_ Z\_ D\_$$

说明如下。

G40：表示取消刀具半径补偿；

G41：表示左刀补（在刀具进给前进方向左侧补偿）；

G42：表示右刀补（在刀具进给前进方向右侧补偿）；

G17、G18、G19：选择刀具半径补偿平面。默认 G17 选择 XOY 平面（水平面）；

X，Y，Z：G00/G01 的参数，即刀补建立或取消的终点（注：投影到补偿平面上的刀具轨迹受到补偿）；

D：刀补号码（D00～D99），它代表了刀补表中对应的半径补偿值。

如图 8-46 中，AB 段为刀具半径补偿的引入段，程序为：

(G17)G42G00X35Y20D01

CD 段为刀具半径补偿的取消段，程序为：

G40G00X－50Y50

8.4.5　数控铣床编程示例

试对如图 8-47 所示的零件进行数控编程加工。该零件所用的毛坯为 100mm×100mm×40mm 的 PVC 长方体，需要在上部铣出深度为 5mm 的凸台。建立图 8-47 所示的编程坐标系，使用的刀具为 ϕ10 平底立铣刀。加工程序如下：

%1600	程序名
G90G54G40G49G80G17	初始化机床状态
M03S600	刀具正转，600r/min
G00X0Y0Z50	刀具快移至工件正上方验刀
X100Y100	刀具快移至左上角起刀点
Z5	刀具快速下降接近工件

G42X65Y30D01	引入刀具半径补偿，D01 中存储有半径值 5mm 参数
G01Z－5F60	下刀到背吃刀量深度
X0F100	沿切向直线切入
G03J－30	加工整圆
G01X－65	沿切向切出
G00Z50	抬刀
G40X－80Y50	取消刀具半径补偿
X100Y100	返回起刀点
M05	刀具停转
M30	程序结束

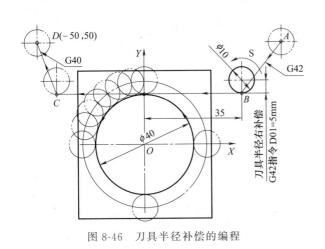

图 8-46　刀具半径补偿的编程　　　　图 8-47　数控铣床编程示例

8.4.6　数控铣床的简化编程方法

(1) 子程序功能

为了简化数控程序的编制，当一个工件上有相同的加工内容时，常用调用子程序的方法进行编程。调用子程序的程序叫做主程序。M98 用来调用子程序；M99 表示子程序结束，执行 M99 使控制权返回到主程序。子程序的编写规则与一般程序基本相同，只是程序结束字为 M99。

① 子程序的格式

　　％ _

　　…

　　M99

② 调用子程序的格式

　　M98P ＿ L ＿

指令说明：M98 为调用子程序指令字，地址字 P 后为子程序号，L 后为重复调用次数，省略时为调用 1 次。为了进一步简化程序，子程序还可调用另一个子程序，即子程序的嵌套。

(2) 镜像加工功能

指令格式：G24X ＿ Y ＿ Z ＿

M98P _

G25X _ Y _ Z _

指令说明：G24 表示建立镜像；G25 表示取消镜像；X 、Y 、Z 表示镜像轴位置。当工件相对于某一轴具有对称形状时，可以利用镜像功能和子程序，只对工件的一部分进行编程，而能加工出工件的对称部分，这就是镜像功能。当某一轴的镜像有效时，该轴执行与编程方向相反的运动。G24、G25 为模态指令，可相互注销，G25 为缺省值。

（3）比例缩放功能

指令格式：G51X _ Y _ Z _ P _ ；

　　　　　M98P _ ；

　　　　　G50；

指令说明：G51 表示建立比例缩放；G50 表示取消比例缩放；X、Y、Z 为缩放中心坐标值；P 为缩放比例。在有刀具半径补偿的情况下，先进行缩放，然后才进行刀具半径补偿。

（4）坐标系旋转功能

指令格式：

G17G68 X _ Y _ P _

G18G68 X _ Z _ P _

G19G68 Y _ Z _ P _

M98P _ ；

G69；

指令说明：G68 为坐标系旋转功能指令；G69 为取消坐标系旋转功能指令；X、Y、Z 为旋转中心的坐标值；P 为旋转角度，单位为（°），且 $0° \leqslant P \leqslant 360°$。

（5）数控铣床简化编程示例

【例 1】 如图 8-48 所示的对称凸台工件。试按照图纸要求，分析加工工艺、选择合适的刀具并编制数控加工程序。

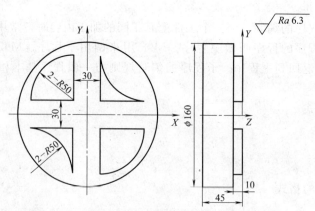

图 8-48 对称凸台工件

① 工艺分析。该工件结构简单，尺寸精度和表面粗糙度要求不高，使用一般的数控铣床即可达到加工精度要求。采用三爪夹盘装夹。加工内容为：首先，沿圆柱体边缘铣削一周，去除边缘多余的金属；然后，铣削右侧两个半径一致，但凹凸不同的凸台；最后，使用镜像功能指令，加工左侧的两个凸台。选用 φ20mm 平底立铣刀加工。

② 加工程序如下。

%1	程序名
G54G90G40G49G80	设置数控铣床初始状态，G54 设定工件坐标系
M03S600	主轴正转，600r/min
G00Z100	Z 向快速定位
X0Y180	X、Y 向快速定位
Z−10	Z 向下刀，深度 10mm
G42G01Y71.5D01F150	建立刀具半径补偿
G03I0J−71.5	整圆铣削，去除外围多余金属
G40G00Y150	取消刀具半径补偿
G00Z100	退刀
M98P1003	调用子程序 1003
G24X0Y0	建立关于原点的镜像加工
M98P1003	调用子程序 1003
G25X0Y0	取消关于原点的镜像加工
M05	主轴停转
M30	程序结束
%1003	子程序 1003
G00X0Y150	X、Y 向快速定位
Z−10	Z 向下刀，深度 10mm
G41G01X15Y100D01F100	建立刀具半径补偿
Y65	开始切削凸台
G03X65Y15R50	
G01Y−15	
G02X15Y−65R50	
G01Y100	
G00X100Y15	
G01X15	
G00Z100	退刀
G40X0Y150	取消刀具半径补偿
M99	子程序结束，返回主程序

【例 2】 如图 8-49 所示零件，毛坯材料为 45 钢，外形尺寸为 $\phi 70mm \times 25mm$ 的圆柱体。现要加工正五边形凸台，凸台高度 4mm。试分析加工工艺、选择合适的刀具并编写数控加工程序。

① 工艺分析。该零件外形规则，有一定的规律性，可以考虑使用旋转命令，分别加工 5 条直线轨迹，形成正五边形。使用三爪夹盘夹持工件外圆柱面，并预留足够的加工高度。使用 $\phi 10mm$ 平底立铣刀加工。

② 加工程序如下。

%30	主程序名
G54G17G90G40G49G80	机床初始化，G54 指定工件坐标系，绝对方式编程
M03S800	主轴转速

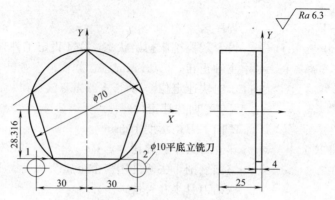

图 8-49　正五边形凸台零件图

G00X0Y0	X、Y 向快速定位到工件坐标系原点
Z10	Z 方向快速定位到安全高度
M98P1122	调子程序 1122
G68X0Y0P72	旋转变换，角度 72°
M98P1122	调子程序 1122
G68X0Y0P144	旋转变换，角度 144°
M98P1122	调子程序 1122
G68X0Y0P216	旋转变换，角度 216°
M98P1122	调子程序 1122
G68X0Y0P288	旋转变换，角度 288°
M98P1122	调子程序 1122
G69	取消旋转变换
G00Z100	Z 方向快速移动到退刀点
X100Y100	X、Y 方向快速移动到退刀点
M05	主轴停转
M30	程序结束
％1122	子程序
G00X−50Y−30	快移到左下角
G42X−30Y−28.316D01	刀具半径右补偿 D01
G01Z−4F100	Z 方向直线切入，深度 4mm
X30	切削底部直线
G00Z10	抬刀
G40X0Y0	快移到刀具到起始位置
G69	取消旋转变换
M99	子程序结束，返回主程序

8.4.7　数控铣床孔加工固定循环指令

(1) 数控铣床孔加工固定循环指令参数

加工各种各样的孔是数控铣床的重要工作内容，每种孔的加工都有其特有的固定格式，从引导定位、切入、断屑到退刀，我们把这一系列动作用一个指令来集中完成的方法叫做孔加工的固定循环。其指令有 G73，G74，G76，G80～G89，通常由下述 6 个动作构成，如图 8-50 所示。

① X、Y 轴定位；

② 定位到 R 点（定位方式取决于上次是 G00 还是 G01）；

③ 孔加工；

④ 在孔底的动作；

⑤ 退回到 R 点（参考点）；

⑥ 快速返回到初始点。

固定循环的数据表达形式可以用绝对坐标（G90）和相对坐标（G91）表示，如图 8-51 所示，其中图 8-51（a）表示是采用 G90 的，图 8-51（b）是表示采用 G91 的。

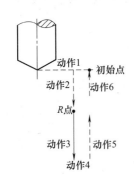

图 8-50　固定循环动作

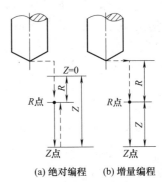

(a) 绝对编程　　(b) 增量编程

图 8-51　固定循环的数据形式

固定循环的程序格式包括数据形式、返回点平面、孔加工方式、孔位置数据、孔加工数据和循环次数。数据形式（G90 或 G91）在程序开始时就已指定，因此，在固定循环程序格式中可不注出。

固定循环的程序格式如下：

$$\begin{Bmatrix} G98 \\ G99 \end{Bmatrix} G\_X\_Y\_Z\_R\_Q\_P\_I\_J\_K\_F\_L$$

说明：

G98：返回初始平面；

G99：返回 R 点平面；

G _：固定循环代码 G73，G74，G76，G80～G89 中的一个指令；

X、Y：加工起点到孔位的距离（G91）或孔位坐标（G90）；

R：初始点到 R 点的距离（G91）或 R 点的坐标（G90）；

Z：R 点到孔底的距离（G91）或孔底坐标（G90）；

Q：每次进给深度（G73/G83）；

I、J：刀具在 X、Y 轴反向位移增量（G76/G87）；

P：刀具在孔底的暂停时间；

F：切削进给速度；

L：固定循环的次数。

G73、G74、G76 和 G81～G89、Z、R、P、F、Q、I、J、K 是模态指令。G80、G01～G03 等代码可以取消固定循环。现对常用指令介绍如下：

（2）高速深孔加工循环指令（G73）

格式：

$$\begin{cases} \text{G98} \\ \text{G99} \end{cases} \text{G73}\_X\_Y\_Z\_R\_Q\_P\_K\_F\_L$$

说明：

Q：每次进给深度；

K：每次退刀距离。

G73 用于 Z 轴的间歇进给，使深孔加工时容易排屑，减少退刀量，可以进行高效率的加工。G73 指令动作循环见图 8-52。注意：Z、K、Q 移动量为零时，该指令不执行。

例：使用 G73 指令编制如图 8-52 所示深孔加工程序：孔位点（X100，Y0），设刀具起点距工件上表面 42mm，距孔底 80mm，在距工件上表面 2mm 处（R 点）由快进转换为工进，每次进给深度 10mm，每次退刀距离 5mm。

%0012

G54G40G49G80G90

G00X0Y0Z80

M03S800

G73X100R40P2Q−10K5Z0F60 ；孔深＝80−42＝38，R＝80−42＋2＝40，P2 停留 2s

G00X0Y0Z80

M05

M30

（3）钻孔循环（中心钻）**指令**（G81）

格式：

$$\begin{cases} \text{G98} \\ \text{G99} \end{cases} \text{G81}\_X\_Y\_Z\_R\_F\_L$$

G81 钻孔动作循环，包括 X，Y 坐标定位、快进、工进和快速返回等动作。G81 指令动作循环如图 8-53 所示。注意：如果 Z 的移动量为零，该指令不执行。

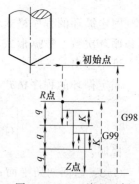

图 8-52　G73 编程示例

例：使用 G81 指令编制如图 8-53 所示钻孔加工程序：孔位点（X100，Y0），设刀具起点距工件上表面 42mm，距孔底 50mm，在距工件上表面 2mm 处（R 点）由快进转换为工进。

%0018

G54G80G40G17G49G90

G00X0Y0Z50

M03S600

G99G81X100R10Z0F20 ；孔深＝50−42＝8，R＝50−42＋2＝10

G90G00X0Y0Z50

M05

M30

（4）取消固定循环指令（G80）

该指令能取消固定循环，同时 R 点和 Z 点也被取消。

使用固定循环时应注意以下几点。

① 在固定循环指令前应使用 M03 或 M04 指令使主轴回转；

② 在固定循环程序段中，X、Y、Z、R 数据应至少指令一个才能进行孔加工；

③ 在使用控制主轴回转的固定循环（G74、G84、G86）中，如果连续加工一些孔间距比较小，或者初平面到 R 点平面的距离比较短的孔时，会出现在进入孔的切削动作前时，主轴还没有达到正常转速的情况，遇到这种情况时，应在各孔的加工动作之间插入 G04 指令，以获得时间；

④ 当用 G00～G03 指令注销固定循环时，若 G00～G03 指令和固定循环出现在同一程序段，按后出现的指令运行；

⑤ 在固定循环程序段中，如果指定了 M，则在最初定位时送出 M 信号，等待 M 信号完成，才能进行孔加工循环。

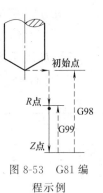

图 8-53　G81 编程示例

8.4.8　数控铣床的综合编程

现以图 8-54 所示的模板零件为例，说明综合运用数控铣床各种编程方法进行编程加工的过程。

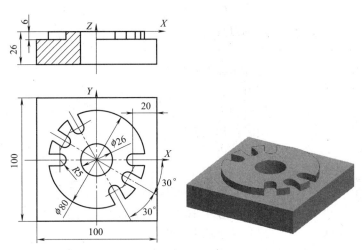

图 8-54　模板零件数控铣削综合编程

(1) 零件的工艺分析

该零件毛坯六面已经加工完成，表面平整，符合要求。只需要对上部凸台轮廓及中心通孔加工即可。加工上部凸台轮廓时选用 ϕ10mm 平底立铣刀进行粗精加工，手动去除多余未加工部分；选用 ϕ26mm 麻花钻加工中心通孔。加工上部凸台轮廓编程时，可以选用 ϕ10mm 平底立铣刀先铣出右侧水平第一个豁口后，采用旋转简化编程加工相距 30°另两个豁口，再采用镜像简化编程加工左上角的一组豁口；加工中心通孔时，可以采用钻孔固定循环来简化编程。

(2) 加工操作步骤

① 装夹。采用等高垫铁支撑，机用平口钳装夹零件毛坯，找正。

② 对刀。X、Y 方向采用寻边器对刀，Z 方向采用手动试切对刀。

③ 用 ϕ10 立铣刀加工上部凸台轮廓。

④ 用 $\phi 26$ 麻花钻加工中心通孔。

⑤ 清理及检查。

(3) 加工工序卡

模板零件加工工序卡见表 8-9。

表 8-9　模板零件加工工序卡

零件名称	模板	工序号		01		工序名称	数控铣削
加工设备	华中数控铣床	夹具名称			机用平口钳		
零件材料	45 钢	毛坯规格			100mm×100mm×26mm 的长方体		
工步号	工步内容		刀具编号	刀具类型参数		主轴转速/(r/min)	进给量/(mm/min)
1	加工上部凸台轮廓		T1	$\phi 10$ 立铣刀		800	120
2	加工中心通孔		T2	$\phi 26$ 麻花钻刀		600	30

(4) 参考程序与注释

%1	主程序
G54G40G49G80G90G17	初始化机床
M03S800	设置加工上部凸台刀具转速
M07	切削液开
G00Z100	
X80Y80	定位刀具
Z5	
G41X40Y60D01	刀具半径左补偿
Z－6	下刀
G01Y0F120	切向切入
G02I－40	顺时针加工整圆
G01Y－60	切向切出
G00Z100	
G40X80Y80	退刀，取消刀具半径补偿
M98P1001	调用子程序 1001，加工右下角三个豁口
G24X0Y0	建立关于原点的镜像
M98P1001	调用子程序 1001，加工左上角三个豁口
G25X0Y0	取消关于原点的镜像
M05	主轴停转
M09	切削液停
M00	程序暂停，换刀（麻花钻）
M03S600	设置钻孔刀具转速
G00X80Y80	
Z5	定位刀具
M07	切削液开

G99G90G81X0Y0Z－30R2F30 ; 孔位点（X0Y0），孔底坐标 Z－30（因为钻头有尖），
R 位于上表面 2mm

G00Z50	抬刀
X80Y80	退刀

M05	主轴停转
M09	切削液停
M30	程序结束
％1001	子程序 1001
M98P1002	调用子程序 1002，加工水平方向豁口
G68X0Y0P30	坐标系旋转 30°
M98P1002	调用子程序 1002，加工方 30°向豁口
G68X0Y0P60	坐标系旋转 60°
M98P1002	调用子程序 1002，加工方 60°向豁口
G69	取消坐标系旋转
G00Z100	
X80Y80	退刀
M99	子程序返回
％1002	子程序 1002
G00X60Y0	刀具定位
Z−6	下刀
G01X30F120	切出一条豁口
G00Z100	
X80Y80	退刀
M99	子程序返回

8.5　数控铣床操作训练

(1) HNC 21M 数控铣床系统的 MDI 面板

如图 8-55 所示为 HNC 21M 数控铣床系统的标准面板。其中右上半部分为 MDI 键盘。左上部分为 CRT 界面、坐标位置和各个菜单。下半部分是机床操作面板。MDI 键盘用于程序编辑、参数输入等功能。MDI 键盘上各个键的功能见表 8-10。

表 8-10　MDI 键盘上各个键的功能

键的外形标志	键的名称	功　　能
PgUp PgDn	页面变换键	软键 PgUp 实现左侧 CRT 中显示内容的向上翻页；软键 PgDn 实现左侧 CRT 显示内容的向下翻页
▲ ◀ ▼ ▶	光标移动键	移动 CRT 中的光标位置。软键 ▲ 实现光标的向上移动；软键 ▼ 实现光标的向下移动；软键 ◀ 实现光标的向左移动；软键 ▶ 实现光标的向右移动
X Y Z G M S T F I J K P	字母键	实现字符的输入，点击 Upper 键后再点击字符键，将输入右上角的字符

续表

键的外形标志	键的名称	功　　能
Esc	取消键	取消当前操作
Tab	跳挡键	按一下此键,光标向前跳到当前行首
数字键盘	数字键	实现字符的输入
BS	退格键	删除光标前的一个字符,光标向前移动一个字符位置,余下字符左移一个字符位置
SP	空格键	按下此键,光标向右空移出一格
Upper	上挡键	按下此键后,再按数字、字母键,则输入键上方的数字或字母
Alt	替换键	字符替换
Del	删除键	删除光标所在位置的数据;或者删除一个数控程序;或者删除全部数控程序
Enter	输入键	输入信息确认键

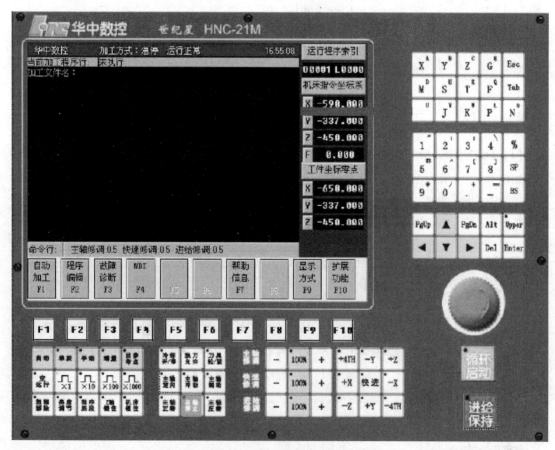

图 8-55　HNC 21M 数控铣床控制面板

（2）菜单命令条说明

数控系统屏幕的下方就是菜单命令条，如图 8-56 所示。

图 8-56　菜单命令条

由于每个功能包括不同的操作，在主菜单条上选择一个功能项后，菜单条会显示该功能下的子菜单。例如，按下主菜单条中的"自动加工"后，就进入自动加工的子菜单条，如图 8-57 所示。

图 8-57　"自动加工"子菜单条

每个子菜单条的最后一项都是"返回"项，按该键就能返回上一级菜单。

（3）快捷键说明

如图 8-58 所示，这些是快捷键，他们的作用和菜单命令条是一样的。

图 8-58　快捷键

在菜单命令条及弹出菜单中，每一个功能项的按键上都标注了 F1，F2 等字样，表明要执行该项操作也可以通过按下相应的快捷键来执行。

（4）机床操作面板说明

如图 8-55 所示 HNC 21M 数控铣床系统的标准面板中的下半部分为数控铣床的操作面板。操作面板上各个键的功能见表 8-11。

表 8-11　操作面板按钮说明

按钮	名称	功 能 说 明
	自动运行	此按钮被按下后,系统进入自动加工模式
	程序单段执行	此按钮被按下后,运行程序时每次执行一条数控指令
	机床锁住	用来禁止机床坐标轴移动。显示屏上的坐标轴仍会发生变化,但机床停止不动
	空运行	在自动方式下,按下该键(指示灯亮),程序中编制的进给速率被忽略,坐标轴以最大快移速度移动
	进给保持	程序运行暂停,在程序运行过程中,按下此按钮运行暂停。按"循环启动" 恢复运行
	循环启动	程序运行开始;系统处于"自动运行"或"MDI"位置时按下有效,其余模式下使用无效
	回参考点	机床处于回零模式;机床必须首先执行回零操作,然后才可以运行
	手动	机床处于手动模式,可以手动连续移动

按钮	名称	功能说明
换刀允许	换刀允许	在手动方式下,通过按此键,使得允许刀具松/紧操作有效
刀具松紧	刀具松开或夹紧	按一下此键,松开此键(默认为夹紧)。再按一下又为夹紧刀具
+4TH -Y +Z / +X 快进 -X / -Z +Y -4TH	进给轴和方向选择开关	在手动连续进给、增量进给和返回机床参考点运行方式下,用来选择机床欲移动的轴和方向。其中的 **快进** 为快进开关。当按下该键后,该键左上方的指示灯亮,表明快进功能开启。再按一下该键,指示灯灭,表明快进功能关闭
快速修调 — 100% +	快速修调	自动或 MDI 方式下,可用快速修调右侧的 100% 和 + − 键,修调 G00 快速移动时系统参数"最大快移速度"设置的速度。按 100% 指示灯亮,快速修调倍率被置为 100%,按一下 + ,快速修调倍率递增 10%;按一下 − ,快速修调倍率递减 10%
主轴修调 — 100% +	主轴修调	在自动或 MDI 方式下,当 S 代码的主轴速度偏高或偏低时,可用主轴修调右侧的 100% 和 + − 键,修调程序中编制的主轴速度。按 100% 指示灯亮,主轴修调倍率被置为 100%,按一下 + ,主轴修调倍率递增 5%;按一下 − ,主轴修调倍率递减 5%
进给修调 — 100% +	进给修调	自动或 MDI 方式下,当 F 代码的进给速度偏高或偏低时,可用进给修调右侧的 100% 和 + − 键,修调程序中编制的进给速度。按 100% 指示灯亮,进给修调倍率被置为 100%,按一下 + ,主轴修调倍率递增 10%;按一下 − ,主轴修调倍率递减 10%
急停按钮	急停按钮	按下急停按钮,使机床移动立即停止,并且所有的输出如主轴的转动等都会关闭
超程解除	超程解除	当机床运动到达行程极限时,会出现超程,系统会发出警告音,同时紧急停止。要退出超程状态,可按下该键(指示灯亮),再按与刚才相反方向的坐标轴键
主轴正转 主轴停止 主轴反转	主轴控制按钮	从左至右分别为:正转、停止、反转
机床锁住	机床锁住	禁止机床所有运动。在自动运行开始前,按一下此键,再按 **循环启动**,系统执行程序,显示屏上的坐标位置信息变化,但不输出伺服轴的 移动指令,机床停止不动。这个功能用于校验程序
X1 X10 X100 X1000	增量值选择键	在增量运行方式下,用来选择增量进给的增量值。X1 为 0.001mm, X10 为 0.01mm,X100 为 0.1mm,X1000 为 1mm。增量值选择键的各键互锁,当按下其中一个时(该键左上方的指示灯亮),其余各键失效(指示灯灭)
增量	增量键	进入增量运行方式

8.6 数控机床安全操作规程

8.6.1 数控车床安全操作规程

① 操作人员必须熟悉机床使用说明书等有关资料,如主要技术参数、传动原理、主要

结构、润滑部位及维护保养等一般知识。

　　② 开机前应对机床进行全面细致的检查，确认无误后方可操作。

　　③ 机床通电后，检查各开关、按钮和按键是否正常、灵活，机床有无异常现象。

　　④ 检查电压、油压是否正常，有手动润滑的部位先要进行手动润滑。

　　⑤ 开机后，要及时使各坐标轴手动回零（机械原点）。

　　⑥ 程序输入后，应仔细核对，其中包括代码、地址、数值、正负号、小数点及语法。

　　⑦ 正确测量和计算工件坐标系，并对所得结果进行检查。

　　⑧ 输入工件坐标系，并对坐标、坐标值，正负号及小数点进行认真核对。

　　⑨ 未装工件前，空运行一次程序，看程序能否顺利运行，刀具和夹具安装是否合理，有无超程现象。

　　⑩ 无论是首次加工的零件，还是重复加工的零件，首件都必须对照图纸、工艺规程、加工程序进行试切。

　　⑪ 安装工件要牢靠，夹盘扳手要及时从夹盘上取下。试切时快速进给倍率开关必须打到较低挡位。

　　⑫ 每把刀首次使用时，必须先验证它的实际长度与所给刀补值是否相符。

　　⑬ 试切进刀时，在刀具运行至离工件表面 30～50mm 处，必须在进给保持下验证 X 轴和 Z 轴坐标剩余值与加工程序是否一致。

　　⑭ 试切和加工中，刃磨刀具和更换刀具后，要重新测量刀具位置并修改刀补值和刀补号。

　　⑮ 程序修改后，对修改部分要仔细核对。

　　⑯ 手动进给连续操作时，必须检查各种开关所选择的位置是否正确，运动方向是否正确，然后再进行操作。

　　⑰ 必须在确认工件夹紧后才能启动机床，严禁工件转动时测量、触摸工件及擦拭机床。

　　⑱ 操作中出现工件跳动、异常声音、夹具松动等异常情况时必须立即停车处理。

　　⑲ 加工完毕，按要求仔细清理机床。

　　⑳ 做好劳动保护。正确穿戴工作服、工作帽及防护眼镜，严禁戴手套操作。机床运转时要关好防护门，禁止 2 人以上同时操作机床。

8.6.2　数控铣床安全操作规程

　　① 实训教师和学生必须按规定正确穿戴好劳保用品，女教师和女生必须戴好工作帽，并把发辫挽塞在帽内，旋转机床禁止戴手套操作机床。

　　② 操作者必须认真阅读机床操作说明书，了解机床性能、结构和原理，严禁超性能使用。

　　③ 开机前必须检查机床各部分是否完整、正常，机床的润滑系统及冷却系统应处于良好的工作状态。同时检查加工区域有无放置其它杂物，确保运转畅通。机床的安全防护装置是否牢靠。各开关及手柄完好，并在规定的位置上。

　　④ 按润滑图表规定加油，检查油标、油量、油质及油路是否正常，保持润滑系统清洁，油箱、油眼不得敞开。

　　⑤ 停车在 11 小时以上的设备，开机时应低速运转 3～5min，并检查各油路，确保油路畅通，管接头牢固。

　　⑥ 开机时，应严格遵照各按键的操作顺序进行操作。学生实际动手操作，必须在指导老师的指导下方能进行，未经指导老师同意，严禁擅自操作机床。

⑦ 按动各按键时用力应适度，不得用力拍打键盘、按键和显示屏。

⑧ 工作台面安放分度头、虎钳或较重夹具时，要轻取轻放，以免碰伤台面。

⑨ 机床数据系统，液晶显示屏，必须保持清洁，以免数据误读。

⑩ 启动数控系统后，首先应手动操作使机床回参考点。

⑪ 程序输入前必须严格检查程序的格式、代码及参数选择是否正确，学生编写的程序必须经指导教师检查同意后，方可进行输入操作。

⑫ 程序输入后必须首先进行加工轨迹的模拟显示，确定程序正确后，方可进行加工操作。

⑬ 按照程序给定的坐标要求，调整好刀具的工作位置，检查刀具是否拉紧、刀具旋转是否撞击工件等，并调整好工作台的限位。

⑭ 加工零件前必须严格检查刀具原点状况及数据，确保正确。

⑮ 加工过程不得进行变速操作，必须保持精力集中，发现异常立即停车及时处理，以免损坏设备。

⑯ 出现报警时，要先进入主菜单的诊断界面，根据报警号和提示文本，查找原因，及时排除警报。

⑰ 操作者离开机床、变换速度、更换刀具、测量尺寸、调整工件时，都应停车。

⑱ 实训学生在操作时，旁观的同学禁止按动控制面板上的任何按钮、旋钮，以免发生意外及事故。

⑲ 严禁任意修改、删除机床参数。

⑳ 下课前，打扫铣床、擦净后加上润滑油，各传动手柄放于空挡位置，进给速度修调置零。关闭总电源。打扫铣床铁屑清扫场地，每班实训完毕后，按照要求进行机床保养。认真填好设备使用记录。

第9章　现代制造技术简介

9.1　特种加工技术

9.1.1　特种加工技术概述

(1) 特种加工技术的概念

特种加工是直接利用各种能量对工件进行加工的方法，如电能、光能、化学能、电化学能、声能、热能等或上述能量与机械能组合的形式等。特种加工方法包括：化学加工（CHM）、电化学加工（ECM）、电化学机械加工（ECMM）、电火花加工（EDM）、电接触加工（RHM）、超声波加工（USM）、激光束加工（LBM）、离子束加工（IBM）、电子束加工（EBM）、等离子体加工（PAM）、电液加工（EHM）、磨料流加工（AFM）、磨料喷射加工（AJM）、液体喷射加工（HDM）及各类复合加工等。

(2) 特种加工技术的特点

特种加工相对于传统的常规加工方法具有以下一些特点。

① 以柔克刚。特种加工的工具与被加工工件基本不接触，加工时不受工件的强度和硬度的制约，故可加工超硬材料和精密微细工件，甚至加工工具材料的硬度可以低于工件材料的硬度。

② 加工时主要使用电能、光能、化学能、声能、热能等去除工具多余材料，而不是主要依靠机械运动切除多余材料。

③ 加工过程不产生宏观切屑，不产生强烈的弹性和塑性变形，故可以获得很低的表面粗糙度值，其残余应力、冷作硬化、热影响程度也远比机械加工小。

④ 加工能量易于控制和转换，故加工范围广、适应性强。

(3) 特种加工的分类

特种加工一般按照所利用的能量形式分成如下几类。

① 电能-热能类：电火花加工、电子束加工、等离子弧加工。

② 电能-机械能类：离子束加工。

③ 电能-化学能类：电解加工、电解抛光。

④ 电能-化学能-机械能类：电解磨削、阳极机械磨削。

⑤ 光能-热能类：激光加工。

⑥ 化学能类：化学加工、化学抛光。

⑦ 声能-机械能类：超声加工。

9.1.2 电火花成型加工

(1) 电火花成型加工的原理

电火花成型加工是在一定的介质中，通过工具电极和工件电极之间脉冲放电的电蚀作用，对工件进行加工的方法。电火花成型加工的原理如图9-1所示。工件1与工具电极4分别与脉冲电源2的两输出端相连接。自动进给调节装置3（此处为液压缸和活塞）使工具和工件间经常保持一个很小的放电间隙。当脉冲电压加到两极之间时，便在当时条件下相对某一间隙最小处或绝缘强度最弱处击穿介质，在该局部产生火花放电，瞬时高温使工具和工件表面局部熔化，甚至汽化蒸发而电蚀掉一小部分金属，各自形成一个小凹坑。脉冲放电结束后，经过脉冲间隔时间，使工作液恢复绝缘后，第二个脉冲电压又加到两极上，又电蚀出一个小凹坑。这种放电循环每秒钟重复数千次到数万次，使工件表面形成许许多多非常小的凹坑，称为电蚀现象。随着工具电极不断进给，工具电极的轮廓尺寸就被精确地"复印"在工件上。因此，只要改变工具电极的形状和工具电极与工件之间的相对运动方式，就能加工出各种复杂的型面，达到加工成形的目的。电火花成型加工机床外形图如图9-2所示。

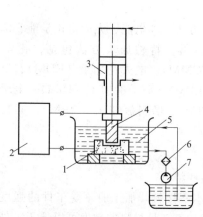

图9-1 电火花成型加工原理

1—工件；2—脉冲电源；3—自动进给调节装置；4—工具电极；5—工作液；6—过滤器；7—工作液泵

图9-2 电火花成型加工机床外形图

工具电极常用导电性良好、熔点较高、易加工的耐电蚀材料，如铜、石墨、铜钨合金和钼等。在加工过程中，工具电极也有损耗，但小于工件金属的蚀除量，甚至接近于无损耗。工作液作为放电介质，在加工过程中还起着冷却、排屑等作用。常用的工作液是黏度较低、闪点较高、性能稳定的介质，如煤油、去离子水和乳化液等。

(2) 电火花成型加工的分类

按照工具电极的形式及其与工件之间相对运动的特征，可将电火花加工方式分为五类。

① 利用成型工具电极，相对工件作简单进给运动的电火花成形加工。

② 利用轴向移动的金属丝作工具电极，工件按所需形状和尺寸作轨迹运动，以切割导电材料的电火花线切割加工。

③ 利用金属丝或成形导电磨轮作工具电极，进行小孔磨削或成形磨削的电火花磨削。

④ 用于加工螺纹环规、螺纹塞规、齿轮等的电火花共轭回转加工。

⑤ 小孔加工、刻印、表面合金化、表面强化等其他种类的加工。

(3) 电火花成型加工的特点

电火花加工是靠局部热效应实现加工的，它和一般切削加工相比有如下特点。

① 它能用软的工具电极来加工任何硬度的工件材料，如淬火钢、不锈钢、耐热合金和硬质合金等导电材料。

② 电火花加工能加工普通切削加工方法难以切削的材料和复杂形状工件。

③ 加工时无切削力。

④ 不产生毛刺和刀痕、沟纹等缺陷。

⑤ 工具电极材料无需比工件材料硬。

⑥ 直接使用电能加工，便于实现自动化。

⑦ 加工后表面产生变质层，在某些应用中须进一步去除。

⑧ 工作液的净化和加工中产生的烟雾污染处理比较麻烦。

⑨ 一些小孔、深孔、弯孔、窄缝和薄壁弹性件等加工不会因工具或工件刚度太低而无法加工；各种复杂的型孔、型腔和立体曲面，都可以采用成型电极一次加工，不会因加工面积过大而引起切削变形。

⑩ 电脉冲参数可以任意调节。加工中不需要更换工具电极，就可以在同一台机床上通过改变电规准（指脉冲宽度、电流、电压）连续进行粗、半精和精加工。

(4) 电火花成型加工的应用

电火花加工用途非常广泛，实用性强。在工具制作、单件小批、产品试制与研发等方面具有其独特的优势。电火花加工要求被加工的工件是好的导电材料，而且最好是优良的导电材料和不含杂质。电火花加工最擅长加工高硬度的（一般的机械加工难以实现的）金属的加工，以及细、窄缝类（普通机械加工难以做到的）、清角位等的加工。电火花成型加工不能加工不导电的材料，加工效率较低。

9.1.3　数控电火花线切割加工

电火花线切割加工（简称 WEDM）是在电火花加工基础上发展起来的一种新工艺，使用线状电极（钼丝或铜丝）靠火花放电对工件进行切割，故称电火花线切割。数控电火花线切割是利用电蚀加工原理，采用金属导线作为工具电极切割工件，通过数字控制系统的控制，可按加工要求，自动切割任意角度的直线和圆弧。主要适用于切割淬火钢、硬质合金等金属材料，特别适用于一般金属切削机床难以加工的细缝槽或形状复杂的零件，在模具行业的应用尤为广泛。

(1) 数控电火花线切割加工机床

线切割机床按电极丝运动的线速度，可分快走丝（走丝速度 $450 \sim 700 \mathrm{m/min}$）和慢走丝（走丝速度 $2 \sim 15 \mathrm{mm/min}$）两种。价格便宜、最常使用的是快走丝线切割机床。数控线切割机床由机床本体、脉冲电源、微机控制装置、工作液循环系统等部分组成，如图 9-3 所示。数控快走丝线切割机床外形图，如图 9-4 所示。

① 机床本体　机床本体由床身、走（运）丝机构、工作台和丝架等组成。

a. 床身：用于支承和连接工作台、运丝机构等部件和工作液循环系统。

b. 走（运）丝机构：电动机通过联轴节带动储丝筒交替作正、反向运动，钼丝整齐地排列在储丝筒上，并经过丝架作往复高速移动。

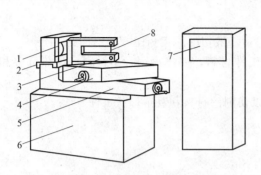

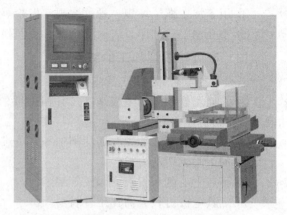

图 9-3　数控快走丝线切割机床结构图
1—储丝筒；2—走丝溜板；3—丝架；4—上
工作台；5—下工作台；6—床身；7—脉
冲电源及微机控制柜；8—电极丝

图 9-4　数控快走丝线切割机床外形图

c. 工作台：用于安装并带动工件在水平面内作 X、Y 两个方向的移动。工作台分上、下两层，分别与 X、Y 向丝杠相连，由两个步进电机分别驱动。步进电机每接收到计算机发出的一个脉冲信号，其输出轴就旋转一个步距角，再通过一对变速齿轮带动丝杠转动，从而使工作台在相应的方向上移动一个脉冲距离。

d. 丝架：主要功用是在电极丝按给定线速度运动时，对电极丝起支撑作用，并使电极丝工作部分与工作台平面保持一定的几何角度。

② 脉冲电源　脉冲电源又称高频电源，其作用是把工频 50Hz 交流电转换成高频率的单向脉冲电压，加工中供给火花放电的能量。电极丝接脉冲电源负极，工件接正极。

③ 微机控制装置　微机控制装置的主要功用是轨迹控制。其控制精度可达 ±0.001mm，机床切割加工精度为 ±0.01mm。

④ 工作液循环系统　工作液起绝缘、排屑、冷却的作用。在加工过程中，工作液可把加工过程中产生的金属微颗粒迅速从电极之间冲走，使加工顺利进行，工作液还可冷却受热的电极丝和工件，防止烧丝和工件变形。

（2）数控电火花线切割加工的特点及应用

① 数控电火花线切割加工的特点

a. 不需要制造成形电极，用简单的电极丝即可对工件进行加工。可切割各种高硬度、高强度、高韧性和高脆性的导电材料，如淬火钢、硬质合金等。

b. 由于电极丝比较细，可以加工微细异形孔、窄缝和复杂形状的工件。

c. 能加工各种冲模、凸轮、样板等外形复杂的精密零件，尺寸精度可达 ±0.01mm，表面粗糙度值可达 $Ra1.6\mu m$。

d. 由于切缝很窄，切割时只对工件进行"套料"加工，故余料还可以利用。

e. 自动化程度高，操作方便，劳动强度低。

f. 加工周期短，成本低。

② 数控电火花线切割加工的应用范围

a. 应用最广泛的是加工各类模具，如冲模、铝型材挤压模、塑料模具及粉末冶金模具等，如图 9-5 所示。

b. 加工二维直纹曲面的零件（需配有数控回转工作台），如图 9-6 所示。

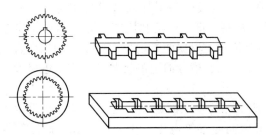

图 9-5　适合线切割加工的齿轮模具和窄长冲裁模具

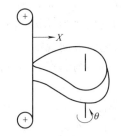

图 9-6　线切割加工平面凸轮

c. 加工三维直纹曲面零件，如图 9-7 所示。

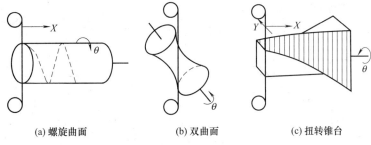

(a) 螺旋曲面　　　　　　(b) 双曲面　　　　　　(c) 扭转锥台

图 9-7　数控电火花线切割加工三维直纹曲面工件

d. 切断各种导电材料和半导体材料以及稀有、贵重金属。

e. 加工微细槽、复杂曲线窄缝。

(3) 数控电火花线切割加工的操作要点

① 毛坯的制备　数控线切割加工一般采用锻造毛坯。线切割加工工序常在淬火与回火后进行。对尺寸、形状相同，断面尺寸较小的零件，可将几个零件制成一个毛坯。零件的切割轮廓线与毛坯侧面之间应留足够的切割余量（一般不小于 5mm）。有时，为防止切割时毛坯产生变形，要在毛坯上加工出穿丝孔，切割的引入程序从穿丝孔开始。

② 工件的装夹与调整　装夹工件时，必须保证工件的切割部位位于机床工作台纵向、横向进给的允许范围之内，避免超出极限，同时还应考虑切割时电极丝运动空间。配合找正法进行调整，使工件的定位基准面分别与机床的工作台面和工作台的进给方向 X、Y 保持平行，以保证所切割的表面与基准面之间的相对位置精度。

③ 穿丝孔和电极丝切入位置的选择
穿丝孔是电极丝相对工件运动的起点，同时也是程序执行的起点，一般选在工件上的基准点处。为缩短开始切割时的切入长度，穿丝孔也可选在距离型孔边缘 2～5mm 处，如图 9-8（a）所示。加工凸模时，为减小变形，电极丝切割时的运动轨迹与边缘的距离应大于 5mm，如图 9-8（b）所示。

④ 电极丝位置的调整　线切割加工之前，应将电极丝调整到切割的起始坐标位

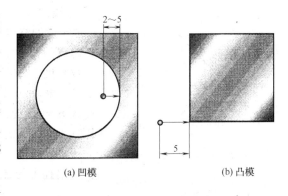

(a) 凹模　　　　　　　　(b) 凸模

图 9-8　切入位置的选择

置上，其调整方法有以下几种。

a. 目测法。对于加工要求较低的工件，在确定电极丝与工件基准间的相对位置时，可以直接利用目测或借助 2～8 倍的放大镜来进行观察。图 9-9 是利用穿丝处划出的十字基准线，分别沿划线方向观察电极丝与基准线的相对位置，根据两者的偏离情况移动工作台，当电极丝中心分别与纵横方向基准线重合时，工作台纵、横方向上的读数就确定了电极丝中心的位置。

b. 火花法。如图 9-10 所示，移动工作台使工件的基准面逐渐靠近电极丝，在出现火花的瞬时，记下工作台的相应坐标值，再根据放电间隙推算电极丝中心的坐标。此法简单易行，但往往因电极丝靠近基准面时产生的放电间隙，与正常切割条件下的放电间隙不完全相同而产生误差。

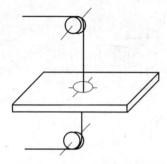 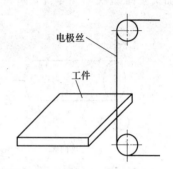

图 9-9　目测法调整电极丝位置　　　　图 9-10　火花法调整电极丝位置

(4) 数控电火花线切割加工编程

① 程序格式　目前数控电火花线切割机床多数采用"5 指令 3B"格式代码。"5 指令 3B"的一般格式是：BX BY BJ GX（Y）Z

格式中 B——分隔符，它将 X、Y、J 的数值分隔开；

X——X 轴坐标值，取绝对值，μm；

Y——Y 轴坐标值，取绝对值，μm；

J——计数长度，取绝对值，μm；

GX（Y）——计数方向，分为按 X 方向计数（GX）和按 Y 方向计数（GY）；

Z——加工指令（共有 12 种指令，直线 4 种、圆弧 8 种）。

在 3B 格式编程中，X、Y、J 的数值最多为 6 位，而且都要取绝对值，即不能用负数。当 X、Y 的数值为 0 时可以省略，即"B0"可以省略成"B"。

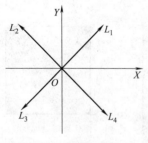

图 9-11　直线加工指令

② 直线编程　直线编程是将坐标原点设定在线段的起点，X、Y 是线段的终点坐标的绝对值 X_e、Y_e，也就是切割直线的终点到起点的相对坐标的绝对值。

计数长度 J 由线段的终点坐标绝对值中较大的值来确定。如 $X_e>Y_e$ 则取 X_e；反之取 Y_e。

计数方向 G 是线段终点坐标值中较大值的方向。如 $X_e>Y_e$，则取 GX；反之取 GY。当 $X_e=Y_e$ 时，45°和 225°取 GY，135°和 315°取 GX。

直线编程中的 Z 取值有 4 种：L_1，L_2，L_3，L_4，按象限划分，如图 9-11 所示。

第一象限取 L_1，0°≤α<90°；

第二象限取 L_2，$90° \leqslant \alpha < 180°$；

第二象限取 L_3，$180° \leqslant \alpha < 270°$；

第四象限取 L_4，$270° \leqslant \alpha < 360°$。

【例 1】　编写加工图 9-12 所示直线 OA 的程序，坐标原点设定在线段的起点 O，线段的终点 A 坐标为（20，40）。

解　因为 $X_e < Y_e$，所以取 GY，J＝40000。因直线位于第一象限，所以取加工指令 Z 为 L1，线切割系统坐标取值单位一般为微米。

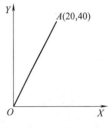

图 9-12　直线编程示例

直线 OA 的程序为：B20000 B40000 B40000 GY L1。

③ 圆弧编程　坐标系原点设定在圆弧的圆心，（X，Y）是圆弧的起点坐标的绝对值，即圆弧起点相对于圆心的坐标值的绝对值。

计数方向 G 由圆弧的终点坐标值中绝对值较小的方向来确定。如 $X_e > Y_e$，取 GY；$X_e < Y_e$ 时，取 GX；$X_e = Y_e$ 时，取 GX 或 GY 均可。

当计数方向确定后，计数长度 J 就是被加工圆弧在该计数方向上投影长度的总和。一个圆弧可能跨越几个象限，此时要将每一象限部分的圆弧在计数方向上投影长度进行累加，得到最终的计数长度，如加工整圆时计数长度为 4 倍半径。

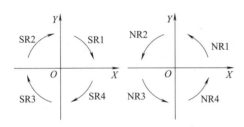

图 9-13　圆弧加工指令示意图

加工指令 Z 由圆弧起点所在的象限决定，如圆弧起点在第 Ⅰ 象限，则为 R1。加工顺时针圆弧时有四种加工指令：SR1、SR2、SR3、SR4。当圆弧的起点在第 Ⅰ 象限（包括 Y 轴而不包括 X 轴）时，加工指令记作 SR1；当处于第 Ⅱ 象限（包括 X 轴而不包括 Y 轴）时，记作 SR2；SR3、SR4 依次类推。加工逆时针圆弧时有四种加工指令：NR1、NR2、NR3、NR4。当圆弧的起点在第 Ⅰ 象限（包括 X 轴而不包括 Y 轴）时，加工指令记作 NR1；当处于第 Ⅱ 象限（包括 Y 轴而不包括 X 轴）时，记作 NR2；NR3、NR4 依次类推。这样，圆弧指令共有 8 种，逆时针 4 种，顺时针 4 种。圆弧的加工指令如图 9-13 所示。

【例 2】　编写如图 9-14 所示圆弧 AB 的加工程序。坐标系原点设在圆心 O 点，起点 A 的坐标为（$X_A = 1000$，$Y_A = 7000$），终点 B 的坐标为（$X_B = 7000$，$Y_B = 1000$）。

解　因为终点坐标 $X_B = 7000 > Y_B = 1000$，则 G 取 GY。

$$J = Y_A - Y_B = 7000 - 1000 = 6000。$$

由于圆弧起点 A 位于第 Ⅰ 象限，圆弧 AB 为顺时针，所以取加工指令为 SR1。

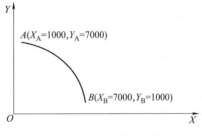

图 9-14　圆弧编程示例

AB 圆弧的程序为：B1000 B7000 B6000 GY SR1。

需要知道的是，现在数控线切割机床已经基本上实现了图形自动编程，即在机床控制系统上绘制出零件图样就可以自动生成加工程序。3B 格式程序的学习，一般只为检查和调试程序之用。

(5) 数控电火花线切割编程加工示例

【例 3】　编制加工图 9-15 所示的凸凹模的数控线切割 3B 格式程序。

解 线切割该凸凹模时，不仅要加工外轮廓，还要加工内轮廓。因此要在该凸凹模内孔的中心 O 处和外轮廓的边缘以外 A 处钻穿丝孔。先切割内孔，切割完成后拆丝，移动机床工作台，使电极丝运行位置对准 A 点再重新穿丝，然后再按 $A \rightarrow B \rightarrow C \rightarrow D \rightarrow E \rightarrow F \rightarrow G \rightarrow H \rightarrow I \rightarrow J \rightarrow K \rightarrow L \rightarrow M \rightarrow B \rightarrow A$ 的顺序切割，如图 9-16 所示。

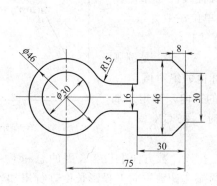

图 9-15 凸凹模零件图

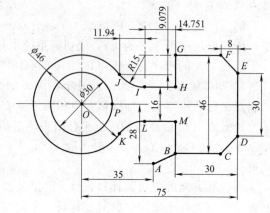

图 9-16 凸凹模加工示意图

程序如下：

N10 B15000 B B15000 GX L1	从 O 点往 P 点切割直线 OP，接近内孔边缘
N20 B15000 B B60000 GY SR4	顺时针切割圆孔 $\phi30\text{mm}$
N30 B15000 B B15000 GX L3	沿 X 负方向退回原点 O
N40 D	暂停，拆丝
N50 B35000 B28000 B35000 GX L4	空走到 A 点
N60 D	暂停，穿丝
N70 B10000 B5000 B10000 GX L1	从 A 点切割到 B 点，接近外轮廓
N80 B22000 B B22000 GX L1	从 B 点切割到 C 点
N90 B8000 B8000 B8000 GY L1	从 C 点切割到 D 点
N100 B B30000 B30000 GY L2	从 D 点切割到 E 点
N110 B8000 B8000 B8000 GX L2	从 E 点切割到 F 点
N120 B22000 B B22000 GX L3	从 F 点切割到 G 点
N130 B B15000 B15000 GY L4	从 G 点切割到 H 点
N140 B14751 B B14751 GX L3	从 H 点切割到 I 点
N150 B B15000 B5921 GY SR3	从 I 点切割到 J 点（15000−9079＝5921）
N160 B18309 B13921 B64158 GY NR1	从 J 点切割到 K 点
	起点 X（45000−11940−14751＝18309）
	起点 Y（15000＋16000/2−9079＝13921）
	计数长度（46000＋9079×2＝64158）
N170 B11940 B9079 B11940 GX SR2	从 K 点切割到 L 点
N180 B14751 B B14751 GX L1	从 L 点切割到 M 点
N190 B B15000 B15000 GY L4	从 M 点切割到 B 点
N200 B10000 B5000 B10000 GX L3	从 B 点切割到 A 点
N210 DD	加工结束

9.1.4　激光加工

激光加工（简称 LBM）是利用功率密度极高的激光束照射工件被加工部位，使材料瞬间熔化或蒸发，并在冲击波作用下熔融物质被喷射出去，从而对工件进行穿孔、蚀刻、切割加工；或者采用能量密度较低的激光束，使被加工区域材料呈熔融状态，对工件进行焊接。

(1) 激光加工的基本原理

激光是一束相同频率、相同方向和严格位相关系的高强度平行单色光。由于光束的发散角通常不超过 $0.1°$，因此在理论上可聚焦到直径为光波波长尺寸相近的焦点上，焦点处的能量密度和温度极高，从而使任何材料均在瞬时（$<10^{-3}$s）被急剧熔化乃至汽化，并产生强烈的冲击波喷发出去，从而达到切除材料的目的。

常用的激光器按激活介质的种类可分为固体激光器和气体激光器。固体激光器的加工原理如图 9-17 所示。当激光工作物质 2 受到光泵 3 的激发后，会有少量激发粒子自发地发射出光子。于是，所有其他激发粒子受感应将产生受激发射，造成光放大。放大的光通过谐振腔 8 的反馈作用产生振荡，并从谐振腔的一端输出激光。激光通过透镜聚焦到工件 7 的待加工表面，进行激光加工。

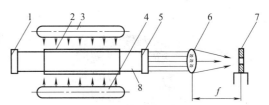

图 9-17　固体激光器加工原理
1—全反射镜；2—激光工作物质；3,4—光泵；
5—部分反射镜；6—透镜；7—工件；8—谐振腔

(2) 激光加工工艺特点及应用

激光加工不受工件材料性能和加工形状的限制，能加工所有的金属材料和非金属材料，特别是能在坚硬材料或难熔材料上加工出各种微孔、深孔、窄缝等，且适于精密加工。例如，采用硬质合金材料制作的化纤喷丝头的直径为 100mm，在喷丝头上可加工出 12000 个 ϕ0.06mm 的孔，以及对仪表中的宝石轴承打孔、金刚石拉丝模具加工、火箭发动机和柴油机的燃料喷嘴加工等。

激光加工具有速度快、效率高、热影响区小、工件几乎无变形的特点，如打一个孔只需 0.001s。并且在不使用任何工具的情况下，可以通过透明介质进行加工，如激光能透过玻璃在真空管内进行焊接。激光加工与电子束、离子束加工相比，不需要高电压、真空环境以及射线保护装置。

(3) 激光切割和焊接

切割时，激光束与工件作相对移动，即可将工件分割开。激光切割机和激光雕刻切割机外形如图 9-18 和图 9-19 所示。激光切割可以在任何方向上切割，包括内尖角。激光加工已广泛用于金刚石拉丝模、钟表宝石轴承、发散式气冷冲片的多孔蒙皮、发动机喷油嘴、航空发动机叶片等的小孔加工以及多种金属材料和非金属材料的切割加工。激光切割机切割板材如图 9-20 所示。激光焊接常用于微型精密焊接，能焊接各种金属与非金属材料。主要特点有：

① 不需要加工工具；

② 激光束的功率密度很高，几乎对任何难加工的金属和非金属材料都可以加工；

③ 激光加工是非接触加工，工件无受力变形；

④ 激光打孔、切割的速度很高，加工部位周围的材料几乎不受切削热的影响，工件热变形很小；

⑤ 激光切割的切缝窄，切割边缘质量好。

图 9-18　激光切割机

图 9-19　激光雕刻切割机

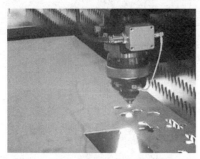

图 9-20　激光切割机切割板材

（4）激光热处理

激光热处理是利用激光对金属表面扫描、在极短的时间内将工件加热到淬火温度，由于表面高温迅速向工件基体内部传导而冷却，从而使工件表面淬硬。激光热处理有很多独特的优点，如快速、不需淬火介质、硬化层均匀、变形小、硬度高（可达 60HRC 以上）、硬化深度能精确控制等。

（5）激光玻璃内雕

激光玻璃内雕的原理是光的干涉现象。将两束激光从不同的角度射入透明物体（如玻璃、水晶等），准确地交汇在一个点上。由于两束激光在交点上发生干涉和抵消，其能量由光能转换为内能，放出大量热量，将该点熔化形成微小的空洞。由机器准确地控制两束激光在不同位置上交汇，制造出大量微小的空洞，最后这些空

图 9-21　激光加工创意作品

洞就形成了所需要的图案，这就是激光内雕的原理。在激光内雕时，不用担心射入的激光会熔掉光线路径直线上的玻璃物质，因为激光在穿过透明物体时维持光能形式，不会产生多余热量，只有在干涉点处才会转化为内能并熔化玻璃物质。

激光玻璃内雕可以在水晶、玻璃等透明材料内雕刻平面或三维立体图案。可雕刻 2D/3D 人像、人名手脚印、奖杯等个性化礼品纪念品，也可批量生产 2D/3D 动物、植物、建筑、车、船、飞机等模型产品和 3D 场景展示。激光加工创意作品如图 9-21 所示。

9.2　逆向工程与 3D 打印技术

9.2.1　三维扫描技术

(1) 三维扫描技术概述

随着 3D 打印技术的兴起，三维模型的获取显得越来越重要，除了正向的设计以外，基于现有物件反求三维模型的获取技术也越来越普遍。获取真实物体的三维模型是计算机视觉、机器人学、计算机图形学等领域的一个重要研究课题，在计算机图形应用、计算机辅助设计和数字化模拟等方面都有广泛的应用。长期以来，由于受到科学技术发展水平的限制，我们所能够得到并能对之进行有效处理及分析的绝大多数数据是二维数据，如目前应用最广的照相机、录像机、CDC 及图像采集卡、平面扫描仪等。然而，随着现代信息技术的飞速发展以及图形图像应用领域的扩大，现实世界的立体信息已经能够快速地转换为计算机可以处理的数据。三维扫描设备就是针对三维信息领域的发展而研制出来的计算机输入的前端设备。使用者通过三维扫描设备扫描实物模型得到实物表面精确的三维点云（Point Cloud）数据，这些点插补成物体的表面形状，越密集的点云可以创建越精确的模型，这个过程称作三维重建。三维重建不仅可以快速生成实物的数字模型，而且精度很高，几乎可以完美的复制现实世界的任何物体，以数字化的形式逼真地重现现实世界。

(2) 三维扫描设备的分类

三维扫描设备按照信息获取方式的不同可分为接触式和非接触式两大类。其中非接触式三维扫描仪又分为光栅三维扫描仪（也称拍照式三维描仪）和激光扫描仪。光栅三维扫描仪有白光扫描或蓝光扫描等，激光扫描仪又有点激光、线激光、面激光的区别。

① 非接触式三维扫描仪　非接触式测量是以光电、电磁等技术为基础，在不接触被测物体表面的情况下，得到物体表面参数信息的测量方法。非接触式三维信息获取技术大多基于计算机视觉原理，需要结合摄像机拍摄的图像和目标与摄像头的位置关系。非接触式三维扫描仪的优点在于扫描速度快，适于软组织物体表面形态的研究，主要缺点在于受物体表面反射特性的影响，存在遮挡现象。

② 接触式三维扫描仪　接触式三维信息获取的基本原理是使用连接在测量装置上的测头（探针）直接接触被测物体的测量点，根据测量装置的空间几何结构得到测头的坐标。典型的接触式三维扫描设备包括三坐标测量机和随动式三维扫描仪。其中三坐标测量机具有可作三个方向移动的探测器，探测器在三个相互垂直的导轨上移动并传递讯号，三个轴的位移测量系统（如光栅尺）经数据处理器或计算机等计算出工件的各点坐标。而随动式三维扫描仪应用传感器技术，由测量者牵引装有探针的机械臂在物体表面进行滑动扫描。机械臂的关节上装有角度传感器，可以实时测量关节的转动角度，根据臂长和各关节的转动角度计算出探针的三维坐标。

(3) 常用三维扫描设备

① 拍照式三维扫描仪　其工作过程类似于拍照过程,工作时一次性扫描一个测量面,扫描速度快、精度高,可按照要求调整测量范围,从小型零件到车身整体测量均能完美胜任,目前已广泛应用于工业设计行业中。

a. 拍照式三维扫描仪的原理。拍照式三维扫描仪也称三维照相机,其工作原理如图9-22所示,扫描仪对被测物体测量时,使用数字光栅投影装置向被测物体投射一系列编码光栅条纹图像并由单个或多个高分辨率的CCD数码相机同步采集经物体表面调制而变形的光栅干涉条纹图像,然后用计算机软件对采集得到的光栅图像进行相位计算和三维重构等处理,可在极短时间内获得复杂工件表面完整的三维点云数据。

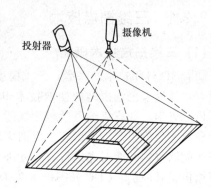

图 9-22　三维照相机的工作原理

b. 拍照式三维扫描仪的特点及应用。扫描仪扫描期间,物体运动会使数据模糊不清,从而降低测量精度。为了实现所需的 3D 精度等级,物体运动得越快,就必须越快速地执行一个完整扫描。越快的扫描需要更快速的空间光调制器和帧捕捉速率更高的摄像头,而亮度更高的图形照明也会对快速扫描有所帮助。拍照式三维扫描仪扫描速度极快,数秒内可得到100 多万点,精度也很高,单面精度达微米级别,可以广泛应用于逆向工程,生产线质量控制和产品元件的形状检测以及文物的录入等领域中。

② 手持式三维扫描仪

a. 手持式三维扫描仪的工作原理。如图 9-23 所示,手持式三维扫描仪工作时将激光线照射到物体上,扫描仪可以使用两个相机来捕捉这一瞬间的三维扫描数据,由于物体表面的曲率不同,光线照射在物体上会发生反射和折射,然后这些信息会通过第三方软件转换为3D 图像。扫描仪工作时使用反光型角点标志贴,与扫描软件配合使用,操作员可以根据其需要的任何方式移动物体。在扫描仪移动的过程中,光线会不断变化,而软件会及时识别这些变化并加以处理,而且光线投射到扫描对象上的频率极高,哪怕扫描时动作很快,也同样可以获得很好的扫描效果。

b. 手持式三维扫描仪的特点及应用。手持式三维扫描仪不仅能够检测每个细节并提供极高的分辨率,而且可以提供无可比拟的高精度,生成精密的 3D 物体图像。手持式三维扫描仪不需要额外跟踪或定位设备,定位目标点技术可以使用户根据其需要以任何方式、角度移动被测物体。便携式手持三维扫描仪可以装入手提箱携带到作业现场,在工厂间转移也十分方便。扫描仪搜集到的数据常被用来进行三维重建计算,在虚拟世界中创建实际物体的数字模型。这些模型具有相当广泛的用途,在工业设计、瑕疵检测、逆向工程、机器人导引、地貌测量、医学信息、生物信息、刑事鉴定、数字文物典藏、电影制片、游戏创作素材等领域都有所应用。

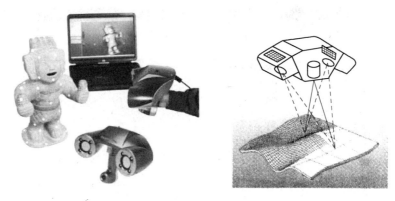

图 9-23 手持式三维扫描仪工作原理

③ 三坐标测量机。如图 9-24 所示，三坐标测量机（Coordinate Measure Machine，CMM）是一种接触式三维信息获取设备。三坐标测量机上的探针在伺服装置的驱动下，可以沿上下、左右、前后三个方向移动，当探针接触被测点时，分别测量其在三个方向的位移，就可以测得这一点的三维坐标。控制探针在物体表面移动、触碰，可以完成整个表面的三维测量。其优点是测量精度高，目前在工业生产领域仍然被广泛使用。其缺点是价格昂贵，速度较慢，无法得到色彩信息。这种装置虽然也是通过探针在物体表面扫描来工作，但更适合作纯粹的测量仪器。三坐标测量机的测量功能包括尺寸精度、定位精度、几何精度及轮廓精度等。

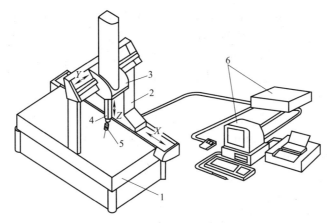

图 9-24 三坐标测量机的组成
1—工作台；2—移动桥架；3—中央滑架；4—Z 轴；5—探头；6—电子系统

9.2.2 点云文件的后处理

(1) Geomagic Studio 逆向工程软件介绍

Geomagic Studio 是美国 Raindrop（雨滴）公司创造的一款逆向工程软件，Geomagic Studio 11 的启动界面如图 9-25 所示。它能够根据三维扫描仪扫描物体所得的点云数据创建出良好的多边形模型和网格模型，并将网格化的模型转换 NURBS 曲面。Geomagic Studio 软件是目前处理三维点云数据功能最强大的软件之一。相较于其他同类软件，Geomagic Studio 对点云数据操作时进行图形拓扑运算速度快、显示快，可以简化三维点云数据处理的过程。目前 Geomagic Studio 广泛应用于汽车、航空、医疗建模、艺术和考古领域。

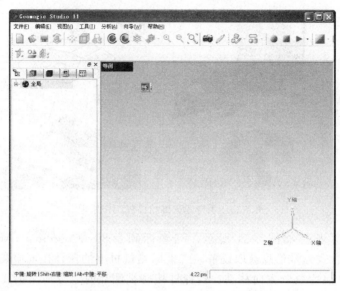

图 9-25　Geomagic Studio 11 的启动界面

① Geomagic Studio 软件的主要功能　作为目前应用最广泛的逆向工程软件，Geomagic Studio 提供以下主要功能。

a. 处理扫描数据：采集点云数据或多边形网格数据并采用降噪、采样和补洞等方式优化扫描数据。

b. 编辑点和多边形网格：根据点云数据创建准确的多边形网格，采用自动检测并纠正误差、新的"修补"命令和自动曲率填孔等方式编辑多边形网格。

c. 曲面建模：根据多边形模型自动创建 NURBS 曲面，根据公差自适应拟合曲面。

d. 输出三维格式：将模型输出成与 CAD/CAM/CAE 匹配的三维格式（包括 IGS，STL，STEP，DXF 等）。

e. 支持多种 CAD 的参数化建模：将模型输出为 CAD 软件包，包括 Pro/E、NX、SolidWorks、Autodesk 和 Inventor 等。

② Geomagic Studio 软件的工作流程　Geomagic Studio 软件的作用是将扫描到的散乱的三维点云数据，经过一系列处理，转化为三维多边形网格数字模型，并以 STL 文件格式输出，其大致的工作流程如下。

a. 从点云数据中重建出三角网格曲面。

b. 对三角网格曲面编辑处理。

c. 模型分割，参数化分片处理。

d. 栅格化并将 NURBS 拟合成 CAD 模型。

（2）Geomagic Studio 软件点云数据后处理

① 点处理阶段　逆向工程中的点云是由三维扫描系统采集的，可表达出模型形状的大量的点组成。由于扫描仪的扫描技术限制以及扫描环境的影响，不可避免地带来多余的点云或噪点，可以采用以下方式删除或编辑这些点云。Geomagic Studio 的点处理如图 9-26 所示。

a. 断开连接：在非连接选项对话框中，"分隔"选择"低"，用 Delete 键删除选中的非连接点云。断开组件连接命令可以自动探测所有非连接点云，使结果更加准确。

b. 手动删除杂点：选择不需要的点云按 Delete 键手动删除。

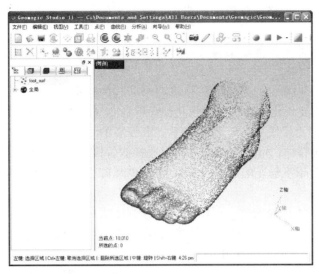

图 9-26　Geomagic Studio 的点处理

　　c. 体外孤点命令：使用该命令删除超出指定移动限制范围的三维点云。体外孤点功能非常保守，可以重复使用三次达到最佳效果。

　　d. 减少噪音：在扫描过程中，由于扫描设备轻微震动、扫描仪测量不准确，物体表面较差和光线变化等原因而产生噪音点，导致三维点云数据不精确。减少噪音操作将自动发现并删除无联系点或体外点等扫描中的噪音点。

　　e. 使用封装或合并命令将点云转换为三角网格，进入多边形处理阶段。

　　② 多边形处理阶段　点云经过三角化处理进入多边形阶段，此阶段的模型由大量点与点之间拼接而成的三角形组成。由于通常会存在多余的、错误的或表达不准确的点，因此由这些点构成的三角形也要进行删除或其它编辑处理。Geomagic Studio 的多边形处理如图 9-27 所示。

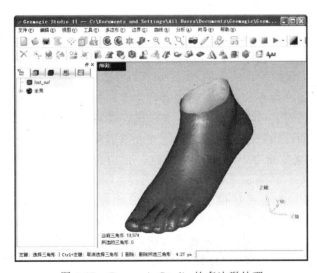

图 9-27　Geomagic Studio 的多边形处理

　　a. 简化三角网格：由于三维扫描会产生大量的空间点云数据，点云生成的三角面网格的数量会非常庞大，为了精简数据量，需要简化模型三维点云数据。

b. 松弛：如果三角网格化模型表面粗糙，所生成的模型表面质量差，需要对模型进行松弛处理。

c. 填充孔：对于曲率变化较小的孔，通过"填充孔"命令进行曲率填充，从而得到较好的完整表面。

d. 锐化向导：在扫描仪的系统中往往将两个邻边的连接自动处理为圆角，要将圆角处理为直角，可选择需要锐化的边执行"锐化向导"命令对其进行锐化

e. 消除特征：对于流线型，弧形等曲率要求较高的三维模型，错误的点云数据可能导致模型表面有凸起等特征，可用选择工具进行选择然后执行"消除特征"进行消除。

f. 编辑边界：对于不整齐的边界，可以执行"编辑边界"命令，减少控制点的数目使边界变得整齐。

g. 提取特征曲线为曲线实体。可以通过两种方法提取特征曲线为曲线实体：一种是使用"创建截面曲线"命令，另一种是软件将边界自动转换为曲线。特征曲线可以保存为 igs 格式，在三维 CAD 软件中直接调用。

h. 使用"对齐到全局坐标系"命令：该命令可以重新调整系统坐标系的方向和位置，这需要事先建立基准或特征。

多边形阶段编辑的好坏很大程度上决定了最终曲面质量的好坏。

③ 创建 NURBS 曲面　NURBS 曲面的创建有形状模块和制作模块两个模块可选。形状模块有两种方法：一种从执行命令"探测轮廓线"开始；另一种从执行命令"探测曲率"开始。制作模块即进入了 Geomagic Studio 软件的 Fashion 模块。

a. 从"探测轮廓线"进入形状模块。从"探测轮廓线"进入形状模块到最终得到 CAD 模型的基本操作过程如下。

· 进入到形状模块后，执行"探测轮廓线"命令，对模型曲面进行轮廓探测以获得模型的轮廓线。

· 执行"编辑轮廓线"，使用绘制、松弛、收缩等命令对轮廓线进行编辑到准确位置，并保持轮廓线的平顺。

· 执行"细分/延伸轮廓线"命令，延伸线根据轮廓线生成，形成完整的曲面形状。执行"编辑延伸"命令，可对延伸线进行编辑。

· 执行"构造曲面片"命令，将各面板铺设曲面片，曲面片数目可以通过软件自动估计，也可以指定数目。

· 执行"移动面板"命令，对所有面板进行定义，即指定所有的面板类型，对面板进行编辑。由于在定义面板时，可选的有格栅、条、圆、椭圆、套环以及自动探测，为了更准确地表达曲面，在构造曲面片时尽量使面板的定义在前五种定义范围之内。

· 执行"构造格栅"命令，将曲面格栅化，并拟合 NURBS 曲面，最终得到的 CAD 模型。

b. 从"探测曲率"进入形状模块。对于轮廓比较明显的模型，可以使用 Geomagic Studio 软件对轮廓线进行探测，但是对于轮廓线不太明显的模型，比如工艺品，就无法使用上述方法。对于这种模型，使用另一种建模方法，即从"探测曲率"开始的方法。从"探测曲率"进入形状模块到最终得到 CAD 模型的基本操作过程如下：

· 执行"探测曲率"命令。由于软件自动生成的轮廓线并不完全是我们所需要的轮廓线，可以通过执行"升级/约束"命令，将曲率线升级成轮廓线；或者将轮廓线降级为曲率线，从而获得理想的轮廓线。

· 执行"构造曲面片"命令，在轮廓线内构造曲面片网格。

- 执行"移动面板"命令，使曲面片网格变得均匀整齐。
- 执行"构造格栅"命令以及构造"拟合 NURBS"曲面命令，得到 CAD 模型。

比较两种进入形状模块的方法可以看出：对于外形较规则的机械零件模型采用第一种方法效率和精度都较高，而对于外形复杂不规则的或者第一种方法无法处理的模型如工艺品模型等，适合选择第二种方法进行处理。

c. 制作模块拟合 NURBS 曲面的工作过程如下：

- 进入制作模块，执行"探测轮廓线"命令，对模型表面进行轮廓线探测，也可在软件自动探测的基础上手动对其进行修改完善，抽取轮廓线。
- 执行"编辑轮廓线"命令，对抽取的轮廓线进行修改，使编辑后的轮廓线准确表达表面轮廓，轮廓线生成和编辑与形状模块操作相同。
- 执行"延伸轮廓线-自适应"命令，根据生成的轮廓线以及曲面表面的曲率变化进行延伸，获得较好的曲面连接效果。
- 执行"编辑延伸"命令，编辑延伸的轮廓线，使其光顺、拐角合理，检查没有问题。
- 执行"创建修剪曲面"命令，将拟合的初级曲面和连接曲面缝合成一个整体 CAD 模型。

9.2.3　快速成型与 3D 打印输出

(1) 快速成型与 3D 打印技术概述

快速成型（Rapid Prototyping，RP）诞生于 20 世纪 80 年代后期，是基于材料堆积法的一种新型技术，被认为是近代制造领域的一个重大成果。它集机械工程、CAD、逆向工程技术、分层制造技术、数控技术、材料科学、激光技术于一身，可以自动、直接、快速、精确地将设计思想转变为具有一定功能的原型或直接制造零件，从而为零件原型制作、新设计思想的校验等方面提供了一种高效低成本的实现手段。

快速成型系统相当于一台"立体打印机"。它可以在没有任何刀具、模具及工装夹具的情况下，快速直接地实现零件的单件生产。根据零件的复杂程度，这个过程一般需要几小时到几天的时间。目前国内传媒界习惯把快速成型技术叫做"3D 打印"或者"三维打印"，显得比较生动形象，但是实际上，"3D 打印"或者"三维打印"只是快速成型的一个分支，只能代表部分快速成型工艺。

3D 打印是一门涉及包括材料、机械、计算机、控制等多学科、多领域的技术。与传统制造中通过模具铸造、机加工精细处理来获得最终成品的方式不同，3D 打印直接将虚拟的数字化实体模型转变为产品，极大地简化了生产的流程，降低了材料的生产成本，缩短了产品的设计与开发周期。3D 打印使得任意复杂结构零部件的生产成为可能，也是实现材料微观组织结构和性能的可设计的重要技术手段。

(2) 快速成型技术与 3D 打印的基本原理

3D 打印技术的基本原理是应用离散、堆积的过程完成加工。3D 打印的成型过程是：首先将工件的复杂三维形体用计算机软件辅助设计（CAD）技术完成一系列数字切片处理，将三维实体模型分层切片，转化为各层截面简单的二维图形轮廓。然后将切片得到的二维轮廓信息传送到 3D 打印机中，由计算机根据这些二维轮廓信息控制喷嘴（或激光器）选择性地喷射热熔材料（或固化液态光敏树脂，或烧结热熔材料，或切割片状材料），从而形成一系列具有微小厚度的片状实体，再采用黏结、聚合、熔结、焊接或化学反应等手段使其逐层堆积叠加成为一体，制造出所需要成型的零件。3D 打印离散和堆积的过程如图 9-28 所示。

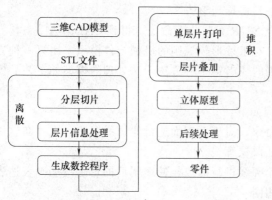

图 9-28 3D 打印的离散和堆积过程

（3）熔融沉积成型技术

熔融沉积成型（Fused Deposition Modeling，FDM），又称熔丝沉积成型，是一种快速成型技术。FDM 技术精度较高，价格较低，对设备、材料和环境要求都不高，是目前市面上比较常见而且广泛采用的 3D 打印技术。采用 FDM 技术的 3D 打印机的尺寸多样，维护轻松，3D 成型简单易学，使用门槛低，可以根据用户需要定制，价格从几千元到几万元不等，选择性较大。

① 熔融沉积成型（FDM）技术的工作原理　FDM 打印工艺是利用成形和支撑材料的热熔性、黏结性，在计算机控制下进行层层堆积成形。FDM 系统主要由喷头、送丝机构、运动机构、加热系统和工作台五个部分组成。如图 9-29 所示，加热喷头在计算机控制下，可以做 X-Y 平面和 Z 方向的移动。送丝机构平稳、可靠地为喷头输送材料，然后材料在喷头中被加热熔化。喷头底部喷嘴挤出熔融材料，与前一层粘结并在空气中迅速固化。一层成型后，工作台下降一层高度，再进行下一层粘结，如此反复进行最终形成成型产品。在制造悬臂件时，为了避免悬臂部分变形，需要添加支撑部分。支撑可以用同一种材料建造，此时只需要一个喷头，但现在一般采用两个喷头独立加热，一个用来喷模型材料，另一个用来喷不同材料的支撑，制作完毕后更容易去除支撑。

② 熔融沉积成型（FDM）技术的工艺过程　FDM 工艺过程一般分为前期数据准备（包括三维 CAD 模型的设计和近似处理，摆放方位的确定和对 STL 文件的分层处理）、成型加工和后处理三个阶段。

a. 前期数据准备。首先，建立和近似处理三维 CAD 模型。由于三维 CAD 模型数据是 3D 打印系统的输入信息，所以在加工之前要先利用计算机软件建立成型件的三维 CAD 模型。设计人员可以根据产品的要求，利用 Pro/E，NX 等计算机辅助设计软件设计三维 CAD 模型，也可以采用逆向工程方法获得三维模型。由于要成型的零件通常都具有比较复杂的曲面，为了便于后续的数据处理，所以需要对三维 CAD 模型进行近似处理。我们采用 STL 格式文件对模型进行近似处理，它的原理是用很多的小三角形平面来代替原来的面，相当于将原来的所有面进行量

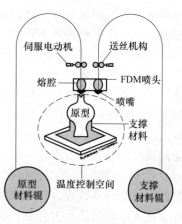

图 9-29　熔融沉积成型技术工作原理

化处理，而后用三角形的法矢量以及它的三个顶点坐标对每个三角形进行唯一标识，可以通过控制和选择小三角形的尺寸来达到我们所需要的精度要求。由于生成 STL 格式文件方便、快捷，且数据存储方便，目前这种文件格式已经在快速成型制造过程中得到了广泛的应用。

然后，确定打印件的摆放方位。将 STL 文件导入 3D 打印机的数据处理系统后，需要确定原型的摆放方位。摆放的处理不仅影响制件的时间和效率，还会影响后续支撑的施加和原型的表面质量。一般情况下，为了减少成型时间，应选择尺寸小的方向作为叠层方向。考虑到原型的表面质量，应该将对表面质量要求高的部分置于上平面或者水平面。

最后，对三维 CAD 模型数据做切片处理。CAD 模型转化成面模型后，接下来就要将三维模型进行切片，提取出每层的界面信息，生成数据文件，再将数据文件导入到 3D 打印机中。在进行切片处理之前，需要选用 STL 文件格式确定分层，对产品的精度要求越高，分层的层数也随之增多，这样可以提高成型制件的精度。但是层数的增加会增加产品的制作周期和相应的成本，降低生产效率，增加废品率。因此，应该在试验的基础上，选择相对合理的分层层数，来达到最合理的工艺流程。

b. 成型加工。FDM 成型加工分为制作支撑结构和制作实体两个阶段。由于 FDM 的工艺特点，通常需要设置支撑。否则，在分层制造过程中，当前截面大于下层截面时，将会出现悬空部分，从而使截面部分发生塌陷或变形，影响零件的成形精度，甚至使产品不能成型。为了在打印完成后，工件的下表面与基板容易分离，不损伤工件表面，需要在下部首先制作一定厚度的支撑垫。对于工件的悬臂部分，特别是孤立、细长的悬臂部分，往往也需要在其下表面设置支撑。在支撑的基础上进行实体的造型，自下而上层层补加形成三维实体，这样可以保证实体造型的精度和品质。

c. 后处理。FDM 工艺的后处理主要是对原型进行表面处理。去除实体的支撑部分，对部分实体表面进行处理，提高原型精度和表面光洁度。但是，原型的部分复杂和细微结构的支撑很难去除，在处理过程中会出现损坏原型表面的情况，从而影响原型的表面品质。1999年 Stratasys 公司开发出水溶性支撑材料，有效地解决了这个难题。目前，我国自行研发的 FDM 工艺还无法做到这一点，原型的后处理仍然是一个需要改善的过程。

③ 熔融沉积成型的工艺特点　与其他 3D 打印工艺相比，FDM 工艺具有以下优势。

a. 不使用激光，维护成本低。多用于概念设计的 FDM 成型机对原型精度和物理化学特性要求不高，价格低廉是其得以推广的决定性因素。

b. 成型材料广泛，热塑性丝材均可应用。塑料丝材更加清洁，易于更换、保存。材料性能一直是 FDM 工艺的主要优点，其 ABS 原型强度可以达到注塑零件的三分之一。近年来又发展出 PC、PC/ABS 和 PPSF 等材料，强度已经接近或超过普通注塑零件，可在某些特定场合（试用、维修、暂时替换等）下直接使用。

c. 制件过程中无化学变化，也不会产生颗粒状粉尘，不污染环境。与其他使用粉末和液态材料的工艺相比，FDM 使用的塑料丝不会在设备中或附近形成粉末或液体污染。而且废旧材料可进行回收再加工，并实现循环使用，原材料利用率高。

d. 后处理简单。仅需要几分钟到十几分钟的时间剥离支撑后，即可使用原型。而现在应用比较多的 SLS，3DP 等工艺都需要经过残余液体和粉末的清理以及后固化处理步骤，需要额外的辅助设备。这些后处理工艺既造成液体或粉末污染，又增加了几个小时的工作时间，原型不能在成型完成后立刻使用。

9.3　智能制造技术

9.3.1　智能制造技术概述

智能制造是指在制造工业的各个环节，以一种高度柔性与高度集成的方式，通过计算机来模拟人类专家的制造智能活动，对制造问题进行分析、判断、推理、构思和决策，旨在取代或延伸制造环境中人的部分脑力劳动；并对人类专家的制造智能进行收集、存储、完善、共享、继承和发展。

智能制造技术是制造技术、自动化技术、系统工程、人机智能等学科相互渗透和融合的一种综合技术。

以数控机床、工业机器人为代表的智能制造装备正逐步地被广泛应用到制造业的各行各业。数控机床可以按照工作人员事先编好的程序对机械零件进行加工，不但提高了机床的工作效率和加工精度，同时也解决了多品种、小批量零件的加工生产，实现了工厂的柔性生产。未来数控机床的趋势表现为：高速、高精加工技术的应用，五轴联动加工和复合加工机床的发展，智能机床的开发应用等，它将成为智能制造装备中重要的一员，具有更高的感知、决策、执行等功能，实现加工零件制造的智能化。工业机器人是面向工业领域应用的多关节机械手或多自由度的机器人，它可以接受人类指挥，也可以按照预先编排的程序运行。在工业生产中，它能代替人类做一些单调、频繁和重复的长时间作业，或是危险、恶劣环境下的作业，例如在喷涂、焊接、搬运、加工、装配等工序上，完成工序的操作。

（1）智能制造及其关键技术

智能制造技术是市场的必然选择，是先进生产力的重要体现之一。智能制造技术可以提高能源和原材料的利用效率、降低污染排放水平，提升产品的性能、文化、知识含量以及技术附加值，增强企业的设计能力和市场响应能力，提高生产质量、效率和安全性。智能制造技术不仅推动了机械制造、航空航天、电子制造、化工冶金等行业的智能化进程，而且还将孕育和促进以制造资源软件中间件、制造资源模型库、材料及工艺数据库、制造知识库、智能物流管理与配送等为主要产品、为其他制造企业提供咨询、分析、设计、维护和生产服务的现代制造服务业，如图 9-30 所示。

智能制造研究的主要内容就是制造活动中的信息感知与分析、知识表达与学习、智能决策与执行。因此，智能制造所包含的关键技术当属感知技术、分析决策技术、调控执行技术和智能系统。

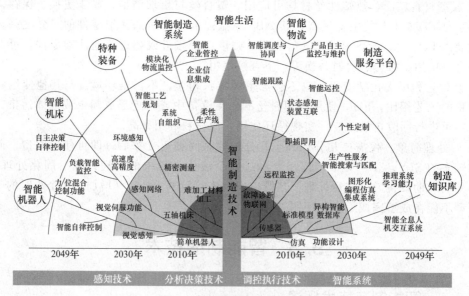

图 9-30　智能制造技术树状图

① 感知技术　感知技术的核心是传感器。传感器是机器智能化的基本条件，它能够为机器提供视觉、听觉、嗅觉、味觉以及触觉。正是有了传感器的存在，机器才能够辨别周边环境，也才能够进行分析并执行相应的任务。

传感器将实现高可靠性、高精度、高适应性、微型化以及无源化。

② 分析决策技术　如果说感知技术相当于机器人的感官，那么分析决策技术就是机器

人的大脑，它决定了机器人的思维能力。

③ 调控执行技术　调控执行技术就相当于机器人的四肢。如果只拥有敏锐的感官和聪慧的大脑，却没有四肢的精确执行，机器人也无法实现自身功能。

生产线控制系统也是智能制造技术的一大特点。生产线控制系统和机器人系统将实现无缝链接，一条生产线上的机器人之间具备完善的信息通信功能。生产线管理调度系统具有加工信息管理功能、资源优化配置功能和智能调度功能，各个机器人将当前加工状态与预计时间等重要加工信息上报给生产线管理调度系统，在该调度系统的协调下能高效协作施工。

④ 智能系统　智能系统包含人机交互和控制管理两个部分。

图形、图像、视频、语音、触屏等人机交互方式与装置已经彻底改变了人们对计算机的使用方式，并将进一步改变制造系统中的人机交互方式。数据手套、数据头盔已在装备制造、汽车、航空航天器、医疗设备的设计、仿真中取得应用。触觉反馈装置和三维显示技术也受到广泛研究和关注。

在控制管理方面，传感技术和物联网技术的发展将显著提高数据实时获取能力，云计算、实时数据库和人工智能技术的发展将提高智能系统对海量数据的智能分析能力，各种仿生智能算法的发展将提高车间智能调度能力。

智能系统能够根据车间状态和优化目标，实现对各种任务、刀具、装备、物流和人员的智能调度。同时，对制造质量进行在线智能监控，及时发现潜在的质量问题并提出智能化解决方案。

(2) 智能产品

在智能制造及其关键技术的支撑下，一些典型的智能产品及系统将会出现，它们是智能制造技术发展的基础，比如：智能机器人、智能机床、特种智能制造装备、柔性加工成形装配系统、精密超精密智能制造系统、绿色智能连续制造系统、产品智能服务平台、生产性服务智能运控平台、智能物流平台、制造与服务的智能集成平台等。

① 智能机器人　工业机器人和自动引导小车（AGV）能代替人从事一些单调、频繁和重复的长时间作业，或是危险、恶劣环境下的作业，例如喷涂、焊接、搬运、加工、装配等，是现代制造系统中的典型装备。力/视觉反馈扩展了机器人对环境的感知能力，提升与环境的交互能力，工业机器人和电子制造装备已采用力/位混合控制、阻抗控制、视觉引导的位置控制等智能技术。在未来几十年，机器人与环境的交互更加紧密，机器人对自身状态和作业环境的实时感知能力将会有很大提升，对环境和任务的适应性也将得到提高。

② 智能制造装备　智能制造装备具有感知、决策、执行等功能，其主要技术特征有：对装备运行状态和环境的实时感知、处理和分析能力；根据装备运行状态变化的自主规划、控制和决策能力；对故障的自诊断自修复能力；对自身性能劣化的主动分析和维护能力；参与网络集成和网络协同的能力。智能制造装备是先进制造技术、数字控制技术、现代传感技术以及智能技术深度融合的结果，是实现高效、高品质、节能环保和安全可靠生产的下一代制造装备。

a. 智能机床。智能机床是最重要的智能制造装备，具有感知环境和适应环境的能力、智能编程的功能、宜人的人机交互模式、网络集成和协同能力等智能特征，将成为未来几十年高端数控机床发展的趋势。

b. 特种智能制造装备。特种智能制造装备是为满足超精密加工、难加工材料加工、巨型零件加工、多工序复合加工、高能束加工、化学抛光加工等特殊加工工艺的要求发展起来的，并将广泛用于航空航天产品制造、超大规模集成电路制造、能源装备制造、海洋装备制造、大型光学镜片制造等。

(3) 智能制造系统

智能制造系统是一种由智能机器和人类专家共同组成的人机一体化智能系统，它在制造过程中能进行诸如分析、推理、判断、构思和决策等智能活动。通过人与智能机器的合作共事，扩大、延伸和部分地取代人类专家在制造过程中的脑力劳动。智能制造系统最终要从以人为决策核心的人机和谐系统向以机器为主体的自主运行转变。智能制造系统的出现是技术驱动和需求拉动双重作用的结果。

① 智能柔性加工成形装配系统　复杂产品的零部件数以万计，制造系统日益复杂庞大。零部件的加工、生产调度、物流管理、质量控制、企业间的协调配合等对制造系统的智能化、柔性化和敏捷化等提出了更高要求。

具有智能感知、规划和控制功能的航空发动机制造系统、大型复合材料制备、铺放、成形、加工系统、汽车自动生产线、大型核泵、水轮发电机、燃气轮机制造系统将在企业得到广泛的应用，这些制造系统具有极高的柔性，一条生产线能够加工各类产品。大型飞机、船舶的装配线也将实现自动化，这将大大降低飞机、船舶的生产成本。智能管控系统、智能全球运营系统等在大型离散制造企业和企业集群中也将起到关键作用，为提高这类企业的生产效率做出极大的贡献。

② 精密超精密智能制造系统　精密超精密电子制造系统是智能传感器、RFID、高性能测控芯片、核心电子器件、高端通用芯片、大尺寸液晶显示器件的基础制造装备，将成为重要技术之一。

③ 绿色智能连续制造系统　石化、冶金、建材、印染、造纸等连续制造业能源、水资源消耗大、污染排放高，对可持续发展提出了严峻挑战。在环境友好型、资源节约型社会建设过程中，需要大力开发低能耗、低资源消耗、零污染、零排放的绿色智能连续制造关键技术与系统。固体废弃物智能分选装备、智能化除尘装备、污水处理系统、智能工业清洗系统将给连续制造业带来绿色化改进。

④ 无人化智能制造系统　随着劳动者保护法规的日益完善、企业社会责任的不断加强和员工素质的不断提高，高浓度有害物资、强辐射、高温等危险有害环境中的无人化智能制造系统的需求越来越强烈。自动喷漆、自动焊接、核电站维修等危险有害作业中，智能制造单元大量涌现，工厂将广泛采用无人化智能制造系统，以减少人体受害的风险。同时，在一些对人体有害物质存在的作业现场，如染织、涂覆、电镀、化工、冶炼、粉碎、电子电器废品回收处理等，也将广泛采用无人化智能制造系统。

9.3.2 柔性制造系统

(1) 柔性制造系统的概念

柔性制造系统具备适应产品变化的能力，是主要用于多品种中小批量或变批量生产的制造自动化技术，是对各种不同形状加工对象进行有效的且程序化转化成品的各种技术的总称。柔性制造系统（Flexible Manufacturing System，FMS）是由数控加工设备、物料运储装置和计算机控制系统等组成的自动化制造系统，它包括多个柔性制造单元，能根据制造任务或生产环境的变化进行调整，适用于多品种、中小批量生产。

FMS是在DNC基础上发展起来的一种集成机械制造系统，也称为可变制造（或加工）系统。它是一组数控机床和其他自动化的工艺设备，由计算机信息控制系统和物料自动储运系统有机结合的整体，它可按任意顺序加工一组有不同工序与加工节拍的工件，能适时地自由调度管理，因而这种系统可以在设备的技术规范的范围内自动地适应加工工件和生产批量的变化。整个加工过程中，系统按生产程序软件调度工作，每个加工工位满负荷工作，可实现无人化加工。

FMS 是 20 世纪 70 年代发展起来的一种新型机械制造系统．它是一种运用系统工程学原理和成组技术，来解决多品种、中小批生产，并使其达到整体优化的自动化的手段。它从全局观点出发，把社会需要与自动化加工联合成为一个有机的整体。

（2）FMS 的基本类型及应用

根据 FMS 所完成加工工序的多少、拥有机床的数量、运储系统和控制系统的完善程度等，可以将 FMS 分为以下三种基本类型。

① 柔性制造单元（Fexible Manufacturing Cells，FMC）　它是由一台或少数几台配有一定容量的工件自动更换装置的加工中心组成的生产设备如图 9-31 所示，按工件储存量的多少，能独立持续地自动进行加工一组不同工序与加工节拍的工件。它可以作为组成 FMS 的模块单元，特别适于多品种、小批生产。

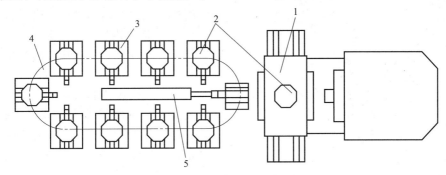

图 9-31　柔性制造单元

1—加工中心；2—托盘；3—托盘站；4—环形工作台；5—工件交换装置

② 柔性制造系统　柔性制造系统主要由加工系统（数控加工设备，一般为加工中心）、物料系统（工件和刀具运输及存储）以及计算机控制系统（中央计算机及其网络）等组成，如图 9-32 所示。它包括多个柔性制造单元，规模比 FMC 大，自动化程度和生产率比 FMC 高，能完成更复杂的加工。在 FMS 中，每台机床既可用来完成一种或多种零件的全部加工，也可以与系统中的其他机床配合，按程序对工件进行顺序加工。所以，FMS 特别适于多品种、小批或中批复杂零件的加工。

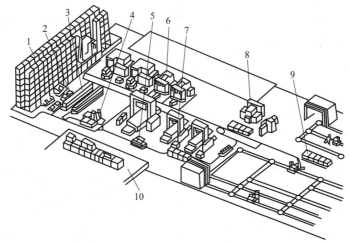

图 9-32　柔性制造系统

1—自动仓库；2—装卸站；3—托盘站；4—检验机器人；5—自动小车；6—卧式
加工中心；7—立式加工中心；8—磨床；9—组装交付站；10—计算机控制室

③ 柔性自动生产线（Flexible Transfer Line，FTL） 它是由更多的数控机床、输送和存储系统等所组成的柔性制造系统。每2～4台机床间设置一个自动仓库．工件和随行夹具按直线式输送。整个生产线可以分成几段，完成不同的加工任务，以便减少因停机所带来的损失。自动仓库还能起到供储料的"缓冲"作用，以协调各机床的加工。FTL的生产率比较高，但柔性稍差，特别适合于中批或大批生产几何形状、加工工艺和节拍都相似，但不同品种的复杂零件。

（3）柔性制造系统实例

本套生产线以智能机器人为主，如图9-33所示包括机器人组网操作、协调动作、辅助设备及生产线调试等。选用现代企业广泛应用的加工机器人、视觉分拣机器人、装配机器人、搬运机器人、机器人上下料、自动化仓储等典型机器人应用实例，按照模块化、智能化、网络化、信息化的要求，以机器人为中心，配合传送带和其它辅助设备设施，构成智能工业机器人生产线。此系统主要由堆垛机器人（巷道式码垛机）、自动化立体仓库、码垛单元控制系统及控制柜、辊筒输送机、数控车床、串联6轴工业机器人2套、工业机器视觉装置、倍

图9-33 柔性制造系统

速链输送机、输送机器人（AGV小车）、主控系统及控制柜等单元组成。

① 工作流程 此系统各单元可单独使用，也可连接构成机器人智能生产线产学研实训系统，实现工件的仓储、码垛、上下料、数控加工、视觉分拣、装配、检测、搬运入库及实训教学与科研等功能，其总体工作流程及方案架构流程图如图9-34所示。

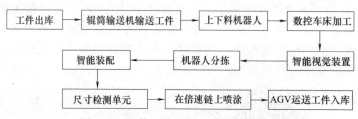

图9-34 总体工作流程及方案架构流程

② 加工零件 此系统可加工的零件参考图如图9-35所示，其中端盖毛坯尺寸为$\phi80mm\times60mm$，底座毛坯尺寸为80mm×80mm×55mm。

③ 设备配置清单 此系统所用的设备配置清单如表9-1所示。

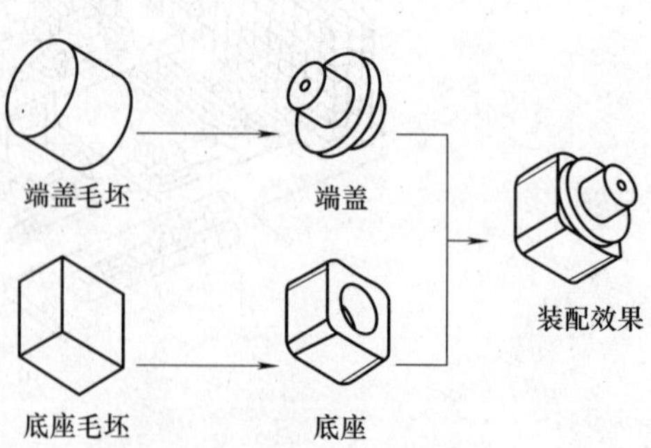

9.3.3 工业机器人

（1）工业机器人简介

① 工业机器人的定义 机器人是自动执行工作的机器装置。它既可以接受人类的指挥，又可以运行预先编排的程序，还可以根据以人工智能技术制定的原则纲领执行动作。它的任

图9-35 加工的零件

务是协助或取代人类的工作，例如生产制造业、建筑业，或是危险场合等的工作，主要涉及军事、航天科技、抢险救灾、工业生产、家庭服务等领域。

表 9-1　设备配置清单

序号	设备名称	单位	数量	序号	设备名称	单位	数量
1	码垛机器人	台	1	11	装配输送线及其工装板	套	1
2	自动化立体仓库	台	1	12	三轴装配机器人	套	1
3	码垛单元控制系统及控制柜	套	1	13	尺寸检测单元	套	1
4	基础底板	套	1	14	倍速链输送机	套	1
5	辊筒输送机	套	1	15	喷涂单元	套	1
6	数控车床	台	1	16	运载机器人（AGV）	套	1
7	工业机器人1	台	1	17	主控系统及控制柜	套	1
8	工业机器人2	台	1	18	虚拟仿真软件	套	1
9	行走轴	套	1	19	计算机	台	1
10	工业机器人视觉装置	套	1				

随着人们对机器人技术智能化本质认识的加深，机器人技术开始源源不断地向人类活动的各个领域渗透。结合这些领域的应用特点，人们发展了各式各样的具有感知、决策、行动和交互能力的特种机器人和各种智能机器人。

② 工业机器人的基本组成　工业机器人系统是由工业机器人、作业对象及工作环境共同构成的，包括四大部分：机械系统、驱动系统、控制系统和感觉系统。四大组成部分之间的关系如图 9-36 所示。

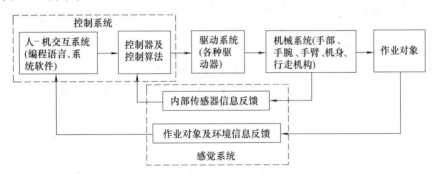

图 9-36　工业机器人系统组成与各部分之间的关系

a. 机械系统。工业机器人的机械系统主要包括手部、手腕、手臂、机身等部分。此外，有的工业机器人还具备行走机构，构成行走机器人。机械系统的每一部分都有若干个自由度，它属于一个多自由度的系统。

b. 驱动系统。驱动系统主要指驱动机械系统关节动作的驱动装置。机器人在工作过程中，所做的每一个动作都是通过关节来实现的，因此，必须给各个关节即每个运动自由度安装相应的传动装置。

c. 控制系统。工业机器人要执行的每个动作都是由控制系统决定的。因此，控制系统的作用是根据编写的指令程序以及从传感器反馈回来的信号来支配相应执行机构去完成规定的作业任务。

d. 感觉系统。工业机器人与外部环境之间的交互作用是通过感觉系统来实现的。感觉系统包括内部传感器和外部传感器两部分，感觉系统在获取工业机器人内部和外部环境信息之后，将这些信息反馈给控制系统。

③ 工业机器人的技术参数　技术参数是各工业机器人厂家在产品供货时所提供的技术数据。由于工业机器人的种类、结构、用途广泛，且不同的用户对应的要求也不同，因此各

厂家所提供的技术参数项目可能不完全一样。但是，工业机器人的主要技术参数应包括以下五个方面：自由度、精度、工作范围、最大工作速度、承载能力等。

a. 自由度：指机器人所具有的独立坐标轴运动的数目，不应包括末端操作器的开合自由度。在三维空间坐标中，机器人一般具有 6 个自由度，包括 X，Y，Z 方向的 3 个移动自由度和 3 个转动自由度。

b. 精度：指定位精度和重复定位精度。定位精度是指机器人手部实际到达位置与目标位置之间的偏差，主要由机械误差、控制算法误差与系统分辨率等部分组成。

c. 工作范围：也称为工作区域，是指机器人末端操作器或手腕中心所能到达的所有点的集合。由于工业机器人的种类众多，结构尺寸也有不同差异，因此工作范围与机器人的总体外形结构、动作形式等有关。

d. 最大工作速度：生产机器人的厂家不同，对最大工作速度的定义也不同，有的厂家认为最大工作速度指工业机器人主要自由度上最大的稳定速度，有的厂家认为其应指末端操作器最大的合成速度。最大工作速度越高，工作效率就越高。

e. 承载能力：指机器人在工作范围内的任何位置上所能承受的最大质量。它是负载质量与末端操作器质量的总和。承载能力不仅与负载的质量有关，而且还与机器人最大工作速度、加速度的大小和方向等有关。为保证安全，承载能力这一技术指标是指高速运行时的承载能力。

④ 工业机器人的分类

a. 按关节在不同坐标形式的组合分类。工业机器人的机械系统部分都是由一系列的连杆通过关节组装起来的。关节决定两相邻连杆副之间的连接关系，也称为运动副。工业机器人最常用的两种关节分别是移动关节（P）和回转关节（R）。

工业机器人的作业环境可以看作是一个三维空间，结合三维空间坐标系，工业机器人的运动实际就是关节沿坐标轴运动。因此工业机器人按关节 P 和 R 在不同坐标形式的组合分类，可分为直角坐标式机器人、圆柱坐标式机器人、球坐标式机器人、关节坐标式机器人四类，如图 9-37 所示。

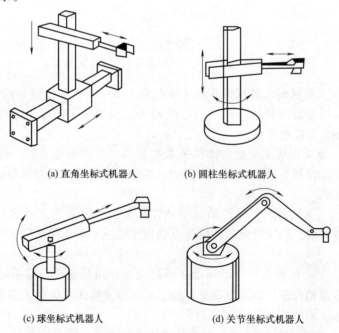

(a) 直角坐标式机器人　　(b) 圆柱坐标式机器人

(c) 球坐标式机器人　　(d) 关节坐标式机器人

图 9-37　四种坐标形式的工业机器人

　　• 直角坐标式机器人（3P）。直角坐标式机器人具有 3 个移动关节。直角坐标系是通过手臂的上下、左右移动和前后伸缩构成的，手臂末端可沿直角坐标系的 X，Y，Z 三个方向作直线运动，它的工作范围是一个长方体。

　　• 圆柱坐标式机器人（R2P）。圆柱坐标式机器人具有 1 个转动关节和 2 个移动关节：基座上设立一个水平转台，在转台上装有立柱和水平臂，水平臂能上下移动和前后伸缩，并能绕立柱旋转，它的工作范围是一个圆柱形状。

　　• 球坐标式机器人（2RP）。球坐标式机器人具有 2 个转动关节和 1 个移动关节。手臂不仅可绕垂直轴旋转，还可绕水平轴做俯仰运动，且能沿手臂轴线做伸缩运动，并能绕立柱回转，它工作范围是一个球缺形状。

　　• 关节坐标式机器人（3R）。关节坐标式机器人具有 3 个转动关节，由多个旋转和摆动机构组合构成，它的工作范围在空间上是一个复杂形状。关节坐标式机器人又分为水平多关节坐标机器人和垂直多关节坐标机器人。

　　b. 按用途分类：工业机器人按用途可分为搬运机器人、焊接机器人、喷涂机器人、装配机器人等多种。

　　• 搬运机器人。搬运机器人是可以进行自动化搬运作业的工业机器人。搬运作业是指用末端操作器握持工件，把工件从一个加工位置移到另一个加工位置。工厂需要搬运和存放材料、工件、产品等，如果仅仅依靠人力，耗费很大，这将大大增大生产成本。

　　搬运机器人可安装不同的末端操作器以完成各种不同形状和状态的工件搬运工作，大大减轻了人类繁重的体力劳动，如机床用上、下料机器人；取卸冲压机上电脑塑料外壳、电视机外壳等的机器人；用于堆料、码垛，进行集装箱自动搬运的机器人等。如图 9-38 所示为搬运机器人。

　　• 焊接机器人。焊接机器人避免了工人在焊接过程中受到的伤害，从而改善了工人劳动条件，达到提高焊接质量的目的。目前焊接机器人已广泛应用于汽车制造业，如汽车底盘、座椅骨架、导轨等的焊接，尤其是在汽车底盘焊接生产中得到了广泛的应用。如图 9-39 所示为焊接机器人。

图 9-38　搬运机器人

图 9-39　焊接机器人

　　• 喷涂机器人。喷涂机器人是可进行自动喷漆或喷涂其它涂料的工业机器人。喷涂作业也是对工人身体健康影响较大的行业之一，使用喷涂机器人能大大减少或消除喷涂作业对工人身体的伤害。喷涂机器人的优点是工作范围大，可实现内表面及外表面的喷涂，大大提高喷涂质量和材料使用率。目前喷涂机器人广泛应用于汽车、家用电器等外壳的制造业、陶瓷制品、建筑工业等行业中。如图 9-40 所示为喷涂机器人。

　　• 装配机器人。装配机器人是柔性自动化装配系统的核心设备，由机器人操作机、控制器、末端操作器和传感系统组成。其中操作机的结构类型有直角坐标型、圆柱坐标型、关节坐标型等；控制器一般采用多CPU或多级计算机系统，实现运动控制和运动编程；末端操作器为适应不同的装配作业对象而设计成各种手爪或手腕等；传感系统用来获取装配机器人与作业环境和装配对象之间相互作用的信息。

装配机器人的大量作业是轴与孔的装配，为了在轴与孔存在误差的情况下进行装配，应使机器人具有柔顺性。与一般工业机器人相比，装配机器人具有精度高、柔顺性好、工作范围小、能与其它系统配套使用等特点，主要应用于各种电器制造（包括家用电器，如电视机、洗衣机、电冰箱、吸尘器）、汽车及其部件、计算机、玩具、机电产品及其组件的装配等方面。如图9-41所示为装配机器人。

图9-40 喷涂机器人

图9-41 装配机器人

（2）机器人的机械系统

① 机器人的手部

a. 手部的结构特点。工业机器人的手部也叫末端操作器，它是装在工业机器人手腕上直接抓握作业对象或执行作业的部件。人的手有两种含义：第一种含义是医学上把包括上臂、手腕在内的整体叫做手；第二种含义是把手掌和手指部分叫做手。工业机器人的手部接近于第二种含义。

b. 工业机器人手部的特点

• 手部与手腕相连处可拆卸。手部与手腕有机械接口，也可能有电、气、液接头，当工业机器人作业对象不同时，可以方便地拆卸和更换手部。

• 手部是工业机器人的末端操作器。它可以像人手那样具有手指，也可以是不具备手指的手；可以是类人的手爪，也可以是进行专业作业的工具，比如装在机器人手腕上的喷漆枪、焊接工具、吸盘等。

• 手部的通用性比较差。工业机器人手部通常是专用的装置。比如，一种手爪往往只能抓握一种或几种在形状、尺寸、重量等方面相近似的作业对象；一种工具只能执行一种作业任务。

• 手部是一个独立的部件。假如把手腕归属于手臂，那么工业机器人机械系统的三大部件就是机身、手臂和手部。手部对于整个工业机器人来说是完成作业任务好坏、作业柔性好坏的关键部件之一。具有复杂感知能力的智能化手爪的出现，增加了工业机器人作业的灵活性和可靠性。

c. 手部的分类

• 按用途分类：工业机器人的手部可以分为手爪和工具两类。

• 按夹持原理分类：工业机器人的手部可以分为机械类、真空类和磁力类三种手爪。机械类手爪有靠摩擦力夹持和吊钩承重两类，前者是有指手爪，后者是无指手爪。产生夹紧力的驱动源可以有气动、液动、电动和电磁四种。真空式手爪是真空式吸盘，根据形成真空的原理可分为真空吸盘、挤气负压吸盘、气流负压吸盘三种。磁力类手爪主要是磁力吸盘，有电磁吸盘和永磁吸盘两种。磁力手爪及真空手爪是无指手爪。

• 按手指或吸盘数目分类：机械手爪按手指个数分，机器人的手部可分为二指手爪、多指手爪；机械手爪按手指关节分，机器人的手部可分为单关节手指手爪、多关节手指手爪；吸盘式手爪按吸盘数目分，机器人的手部可分为单吸盘式手爪、多吸盘式手爪。

图 9-42 所示为一种三指手爪的外形图，每个手指是独立驱动的。这种三指手爪与二指手爪相比可以抓取像立方体、圆柱体、球体等不同形状的作业对象。图 9-43 所示为一种多关节柔性手指手爪，它的每个手指具有若干个被动式关节，每个关节不是独立驱动的。在拉紧夹紧钢丝绳后，柔性手指在四周紧紧包住作业对象，因此这种柔性手指手爪对作业对象形状有一种适应性。

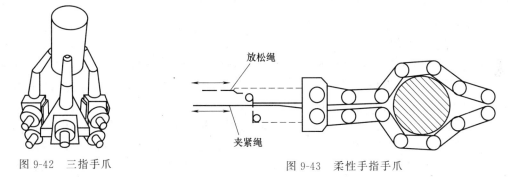

图 9-42　三指手爪　　　　　　　图 9-43　柔性手指手爪

② 工业机器人的手腕

a. 手腕的结构特点。工业机器人的腕部是连接手部与手臂的部件，起支承手部的作用。机器人一般具有 6 个自由度才能使手部达到目标位置和处于期望的姿态，手腕上的自由度主要是实现所期望的姿态。

b. 按驱动方式分类：工业机器人的手腕按驱动方式分类，可分为以下两种。

• 直接驱动手腕。手腕因为装在手臂末端，所以必须设计得十分紧凑，可以把驱动源装在手腕上。直接驱动手腕的关键是能否选到尺寸小、重量轻且驱动力矩大、驱动特性好的驱动电动机或液压驱动马达。

• 远距离传动手腕。远距离传动的好处是可以把尺寸、重量都较大的驱动源放在远距离手腕上，有时放在手臂的后端作平衡重量用，不仅减轻了手腕的整体重量，而且改善了机器人体结构的平衡性。

③ 工业机器人的手臂　手臂（又称为臂部）是机器人的主要执行部件，它的作用是支撑腕部和手部，并带动它们在作业环境空间运动。机器人的手臂由大臂、小臂（或多臂）组成。工业机器人的手臂一般具有 2～3 个自由度，即伸缩、回转或俯仰。手臂总重量较大，受力一般较复杂，在运动时，直接承受腕部、手部和作业对象的静、动载荷，尤其是高速运动时，将产生较大的惯性力（或惯性力矩），引起冲击，影响定位的准确性。

a. 手臂的常用结构

• 手臂直线运动机构。机器人手臂的伸缩、横向移动均属于直线运动，实现手臂往复直线运动的机构形式比较多，常用的有活塞油（气）缸、齿轮齿条机构、丝杆螺母机构以及连杆机构等。由于活塞油（气）缸的体积小、重量轻，因而在机器人的手臂结构中应用比较广泛。

• 手臂回转运动机构。实现机器人手臂回转运动的机构形式是多种多样的，常用的有叶片式回转缸、齿轮传动机构、链轮传动机构、活塞缸和连杆机构等。为提高机器人的运动速度，要尽量减小手臂运动部分的重量，以减小整个手臂对回转轴的转动惯量。

b. 手臂的基本要求。手臂的结构形式必须根据机器人的作业环境、运动形式、抓取重量、动作自由度、精度等因素来确定。同时，设计时必须考虑到手臂的受力情况、油（气）缸及导向装置的布置、内部管路与手腕的连接形式等因素。因此，对手臂有以下几个方面的要求。

• 刚度要求高。为防止手臂在运动过程中产生过大的变形，手臂的截面形状要合理选择。工字形截面弯曲刚度一般比圆截面大；空心管的弯曲刚度和扭转刚度都比实心轴大得多，所以常用钢管作臂杆及导向杆，用工字钢和槽钢作支承板。

• 导向性要好。为防止手臂在直线运动中沿运动轴线发生相对转动，需要设立导向装置，或设计方形、花键等形式的臂杆。

• 重量要轻。为提高机器人的运动速度，要尽量减小手臂运动部分的重量，以减小整个手臂对回转轴的转动惯量。

• 运动要平稳、定位精度要高。由于手臂运动速度越高，惯性力引起的定位前的冲击也就越大，不仅运动不平稳，定位精度也不高。因此，除了手臂设计上要尽量满足结构紧凑、重量轻的要求之外，同时还要采用一定形式的缓冲措施。

④ 工业机器人的机身和行走机构　工业机器人机械系统有四大部分：机身（又称为立柱）、手臂、手腕、手部。机器人必须有一个便于安装的基础件，这就是工业机器人的机座，机座往往与机身做成一体。若工业机器人是移动式的，则还有一个行走机构，如图9-44所示的一个工业机器人系统，包括手部、手腕、手臂、机身、行走机构等。

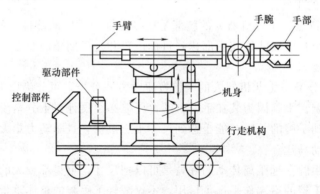

图9-44　具有行走机构的工业机器人

a. 机身设计。机身是支承手臂的部件。一般实现升降、回转和仰俯等运动，常有1～3个自由度。机身设计时要考虑以下几个方面的问题。

• 要有足够的刚度、强度和稳定性。

• 运动要灵活，升降运动的导套长度不宜过短，以避免发生卡死现象，一般机器人可分成固定式和行走式两种。一般的工业机器人大多为固定式的，但随着海洋科学研究、宇宙空间研究及原子能工业的发展，移动机器人、自动行走机器人的应用也越来越多。

b. 行走机构。行走机构是行走机器人的重要执行部件，它由行走的驱动装置、传动机构、位置检测元件、传感器、电缆及管路等组成。它一方面支承机器人的机身、手臂和手部；另一方面还根据不同作业任务的要求，带动机器人实现在不同作业环境的空间内运动。

　　•行走机构的两种形式。行走机构按其行走运动轨迹可分为固定轨迹式和无固定轨迹式。工业机器人主要采用固定轨迹式行走机构。该机器人机身底座安装在一个可移动的拖板座上，靠丝杠螺母驱动，整个机器人沿丝杠纵向移动。除了这种直线驱动方式外，还有类似起重机梁行走方式等。这种可移动机器人主要用于作业范围比较大的场合，比如大型设备装配、立体化仓库中材料搬运、材料堆垛和储运、大面积喷涂等。无固定轨迹行走方式按其行走机构的结构特点可分为轮式、履带式和步行式。无固定轨迹式行走机器人必须具有功能完备的外部传感器，能对作业环境进行了解和判断，能对作业环境中各种信息进行监视和反应，机器人具备自我规划能力，包括任务分解、任务排序、信息资源管理以及几何规划等。它们在行走过程中，固定轨迹式行走机器人与地面为连续接触，形态为运行车式。无固定轨迹式行走机器人为间断接触，为类人（或动物）的腿脚式。运行车式行走机构用得比较多，多用于外界环境作业。

　　•行走机构的特点。行走机构一般的特点是可以移动；自行重新定位；自身可平衡；有足够的强度和刚度。

（3）工业机器人的驱动系统

　　工业机器人的驱动系统是指驱使机器人机械臂运动的机构，它按照控制系统发出的指令信号，借助动力元件，使机器人产生预定的动作，从而完成较为复杂的作业任务。驱动系统包括动力装置和传动机构，用以使执行机构产生相应的动作。比如，通过接收指令，由动力带动驱动机构，使机器人的手臂产生转动、摆动、伸缩等动作，就是驱动系统的工作。

　　机器人驱动系统输入的是电信号，输出的是线、角位移量。机器人使用的驱动装置主要是电力驱动装置，如步进电动机、伺服电动机等，此外也有采用液压、气动等驱动装置。常见的三种驱动方式是电气驱动、液压驱动和气压驱动。其特点分别是：电气驱动的输出力较小或较大，容易与CPU连接，控制性能好，响应快，可精度定位，但控制系统复杂，维修使用较复杂，需要减速装置，体积较小，适用在高性能、运动轨迹要求严格的机器人，制造成本较高；液压驱动的压力高，可获得较大的输出力；油液不可压缩，压力流量均容易控制，可无级调速，反应灵敏，可实现连续轨迹控制，维修方便，液体对温度变化敏感，油液泄漏易着火，在输出力相同的情况下，体积比气压驱动方式小，适用在中、小型及重型机器人，液压元件成本较高，油路比较复杂；气压驱动的气体压力低，输出力较小，如需输出力大时，其结构尺寸过大可高速运行，冲击较严重，精确定位困难。气体压缩性大，阻尼效果差，低速不易控制，不易与CPU连接，维修简单，能在高温、粉尘等恶劣环境中使用，泄漏无影响，体积较大，适用在中、小型机器人，结构简单，工作介质来源方便，成本低。

（4）工业机器人的感觉系统

　　工业机器人感觉系统包括传感器系统以及对传感器的数据进行分析处理从而得到作业对象的有效数据部分。

　　要想让机器人与人一样更加有效地完成作业，对包括作业环境在内等的外界状况进行判别的感觉功能是必不可少的。没有感觉功能的机器人，只能按预先给定的顺序，重复地进行一定的动作，其可靠性差，精度低，应用范围比较窄。如果能加上感觉系统，就能够根据作业对象的变化而改变相应的动作，例如对某种作业对象的零乱位置可自适应地抓取等。作为工业机器人的感觉系统的电子设备就是传感器。

　　① 工业机器人传感器的定义　传感器在机器人的控制中起了非常重要的作用，正是因为有了传感器，机器人才具备了类似人类的知觉功能和反应能力。机器人在进行作业期间，

其控制器如人的大脑，需要不断地获取周围作业环境或者作业对象的信息，如力、温度、速度、位移、时间、电压、压力、数量等，以此来判断接下来要进行的动作或者运动。如冲压机械人在作业期间就需要获取作业对象的位置信息，以便判断是否进行冲压动作。要获取这些信息通常都是用传感器来实现的。传感器是一种以一定的精度和规律把被测量转换为与之有确定关系的、便于应用的某种物理量的测量装置。

② 工业机器人常用传感器的组成　传感器通常由敏感元件、转换元件和转换电路三部分组成，如图 9-45 所示。

敏感元件：直接感受被测量，输出与被测量成确定关系。

转换元件：敏感元件的输出就是转换元件的输入，它把输入转换成电量参量。

转换电路：把转换元件输出的电量信号转换为便于处理、显示、记录或控制的有用的电信号的电路。

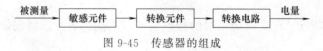

图 9-45　传感器的组成

③ 工业机器人常用传感器的分类　工业机器人常用传感器的分类，主要是根据工业机器人进行作业时，需要检测包括自身状态、作业对象及作业环境等状态信息，所要完成的作业任务不同，其配备的传感器类型和规格也不同。由此，工业机器人常用传感器可分为两大类：内部传感器和外部传感器。

内部传感器是用于测量机器人自身状态参数（如机身、关节和手部等的位移、速度、加速度、旋转角度等）的功能元件。该类传感器安装在机器人坐标轴中，用来感知机器人自身的状态，以调整和控制机器人的行动。内部传感器通常是指应用在机器人各关节上的传感器，主要有位置传感器、速度传感器及加速度传感器等。

外部传感器用于测量机器人与作业对象之间相互作用的外部信息，这些外部信息通常与机器人的目标检测、作业安全等有关。外部传感器可获取机器人周围作业环境、作业对象的状态特征等相关信息，使机器人和作业环境发生交互作用，从而使机器人对作业环境有自校正和自适应能力。外部传感器可分为应用在手部的传感器（如接触觉传感器、压觉传感器、滑觉传感器、力觉传感器、接近觉传感器等）和环境检测传感器（如视觉传感器、超声波传感器等）。

(5) 工业机器人的控制系统

如果说操作机是机器人的"肢体"，那么控制器则是机器人的"大脑"和"心脏"。机器人控制器是根据指令以及传感信息控制机器人完成一定动作或作业任务的装置，是决定机器人动作功能和性能的主要因素，也是机器人系统中更新和发展最快的部分。它通过各种控制电路中的硬件和软件的结合来操纵机器人，并协调机器人与周边设备的关系。控制系统是工业机器人的主要组成部分，它的机能与人脑机能类似，一般包括：机器人动作的顺序、应实现的路径与位置、动作时间间隔以及作用于作业对象上的作用力等。

工业机器人控制系统如图 9-46 所示，主要由控制计算机、示教盒、操作面板、磁盘存储器（包括硬盘和软盘）、数字和模拟量输入/输出、打印机接口、传感器接口、轴控制器、辅助设备控制、通信接口和网络接口等部分组成。

① 控制计算机：现代的工业机器人控制系统都是以计算机控制为前提的，因此控制计算机是工业机器人控制系统的调度指挥中心。一般为微型机，微处理器有 32 位、64 位等，如奔腾系列 CPU 以及其它类型 CPU。

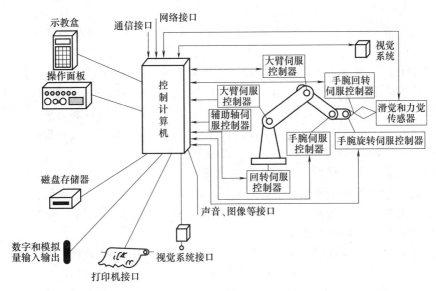

图 9-46　机器人控制系统组成框图

② 示教盒：主要用于示教机器人的工作轨迹和参数设定，以及所有人-机交互操作，它拥有自己独立的 CPU 以及存储单元，与主计算机之间以串行通信方式实现信息交互。

③ 操作面板：由各种操作按钮（如启动按钮、停止按钮、电源开关按钮等）、状态指示灯（如电源指示灯、报警指示灯等）构成，只完成基本功能操作。

④ 磁盘存储器：是以磁盘为存储介质的存储器，存储各种数据信息。磁盘存储器包括硬盘和软盘存储器，主要用于存储机器人工作程序的外部存储器。

⑤ 数字和模拟量输入/输出：用于各种状态和控制命令的输入或输出。

⑥ 打印机接口：指打印机与计算机之间采用的接口类型，它主要用于记录需要输出的各种信息，用户通过打印机接口，可以清楚了解机器人的基本信息和运动状态信息等。目前，打印机产品的主要接口类型包括常见的并行接口、专业的串口、主流的 USB 接口以及比较少用的网口等。

⑦ 传感器接口：用于信息的自动检测，以实现机器人柔顺控制，一般为接触觉、滑觉、压觉、力觉和视觉传感器等。

⑧ 轴控制器：包括各关节的伺服控制器，用于完成机器人各关节位置、速度和加速度等控制。

⑨ 辅助设备控制：用于和机器人配合的辅助设备控制，如手爪变位器等。

⑩ 通信接口：用于实现机器人和其它设备的信息交换，一般有串行接口、并行接口等。

⑪ 网络接口：有以太网（Ethernet）接口和现场总线（Fieldbus）接口两种。

(6) 编程

机器人具有可编程功能，机器人运动和作业的指令都是由程序进行控制的，但需要用户和机器人之间的接口。为了提高编程效率，运用机器人编程语言，解决人-机通信问题。

① 工业机器人的编程方式　机器人编程，就是针对机器人为完成规定的作业任务而进行的程序设计。机器人的作业任务有多种形式，有的要求能完成复杂的顺序任务，有的要求在指定作业环境下完成规定任务，因此对机器人的编程能力要求也不一样。随着微型计算机在工业上的广泛应用，工业机器人编程方式主要发展成为计算机编程，计算机编程已成为用户与机器人之间最为方便的接口，实现对各种机器人不同的编程，从而达到对机器人操作控

制的目的。

目前，应用于工业机器人的编程方式主要有示教编程、机器人语言编程、离线编程三种方式。

a. 示教编程。示教编程是目前大多数工业机器人采用的编程方式。对机器人编程采用这种方法时，程序编制是在机器人现场进行的。首先，用户把机器人终端移动至目标位置，并把位置对应的机器人关节角度信息写入内存储器，这就是示教的过程，然后，当要求复现这些动作时，顺序控制器从内存储器中读出相应位置，机器人就可重复示教时的轨迹和各种操作。示教盒示教是目前广泛使用的一种示教编程方式。

b. 机器人语言编程。机器人语言编程是指采用专用的机器人语言来表达机器人的顺序动作轨迹。机器人语言编程实现了计算机编程，并可以引入传感信息，从而提供一个更加通用的方法来解决人-机器人通信接口问题。所使用的编程语言具有良好的通用性，同一种机器人语言适用于不同种类的机器人。

c. 离线编程。离线编程是利用计算机图形学成果，借助图形处理工具建立几何模型，通过规划算法来获取作业规划轨迹，从而实现脱离机器人作业环境现场进行编程。与示教编程不同，离线编程与机器人作业不会发生冲突，在编程过程中机器人可以照常进行作。离线编程和示教编程两种方式的比较如表9-2所示。

表9-2 示教编程和离线编程的比较

离线编程	示教编程
需要机器人系统和工作环境的图形模型	需要实际机器人系统和工作环境
编程与机器人工作可同步进行	编程时机器人停止工作
通过仿真检验程序	在实际系统上检验程序
可用CAD方法，进行最佳轨迹规划	编程的质量取决于编程用户的经验
可实现复杂运动轨迹的编程	难以实现复杂的机器人运动轨迹

② 编程实例

a. 程序的基本信息。示教编程方法包括示教、编辑和轨迹再现，可以通过示教器示教再现，由于示教方式使用性强，操作简便，因此大部分机器人都常用这种方法。程序的基本信息包括程序名、程序注释、子程序、程序指令、工具坐标、速度和程序结束标志。

程序名：用以识别存入控制器内存中的程序，在同一目录下不能出现两个或更多拥有相同程序名的程序。程序名长度不超过32个字符，由字母、数字、下划线组成。

程序注释：程序注释连同程序名一起用来描述、选择界面上显示的附加信息。最长16个字符，由字母、数字及符号组成。新建程序后可在程序选择之后修改程序注释。

子程序：用于设置程序文件的类型。

程序指令：包括运动指令、逻辑指令等示教中所涉及的所有指令。

工具坐标：工具坐标系是把机器人腕部法兰盘所握工具的有效方向定为 Z 轴，把坐标定义在工具尖端，所以工具坐标的方向随腕部的移动而发生变化。

速度：机器人可以设置不同的运动速度。

程序结束标志：程序结束标志（END）自动显示在程序的最后一条指令的下一行。只要有新的指令添加到程序中，程序结束标志就会在屏幕上向下移动，所以程序结束标志总放在最后一行，当系统执行完最后一条程序指令后，执行程序结束标志时，就会自动返回到程序的第一行并终止。

b. 工业机器人斜面搬运单元的编程实例。某工业机器人斜面搬运单元工作站的组成工作站，如图 9-47 所示。其斜面搬运模块实现机器人的搬运作业，工作站由单吸盘夹具、物料托盘、图块、工作台组成。每块物料托盘上有 16 个凹槽，每个凹槽有唯一的编号，分别标识数字 1～16，相邻两个凹槽之间的距离为 70mm。机器人将图块从某一凹槽中取出，再将其搬运至另一物料托盘上相同编号的凹槽中，完成一个图块的搬运。斜面搬运模块最终实现 16 个图块的搬运动作，物料托盘可以倾斜，倾斜角度可以自行调整，并可以实现来回循环搬运功能。

根据控制功能，设计机器人程序流程图如图 9-48 所示。

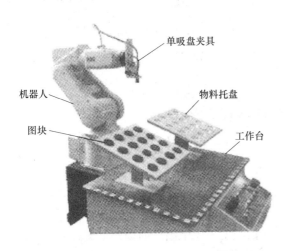

图 9-47 斜面搬运单元工作站的组成

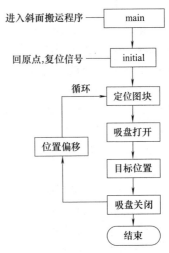

图 9-48 机器人程序设计流程图

斜面搬运使用单吸盘拾取和放置图块，需要建立吸盘 TCP，可以命名为 danxipan_t；搬运过程要求吸盘中能沿着物料托盘表面的 X、Y、Z 方向偏移，所以需要建立两个坐标系，分别为 xmby_wobj1、xmby_wobj2 如图 9-49 所示。根据机器人关键示教点和坐标系，可确定其运动所需的示教点和坐标系，如表 9-3 所示。

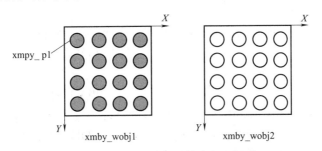

图 9-49 机器人关键示教点和坐标系

表 9-3 机器人关键示教点和坐标系

序 号	点序号	注 释	备 注
1	xmby home	机器人初始位置	需示教
2	xmby_p1	第一个图块的中心	需示教
3	xmby_wobj1	物料托盘 1 坐标系	需建立
4	xmby_wobj2	物料托盘 2 坐标系	需建立

• 单个图块搬运的程序。实现所有图块搬运之前，首先完成一个图块的搬运，其方法及步骤是：首先，使用示教器的操纵杆将吸盘定位到第一个图块上表面，将位置数据保存在

225

xmby_p1 示教点，要求吸盘下端面与图块上表面贴合。然后，打开吸盘电磁阀，吸盘吸住图块，然后吸盘上升 20mm，接下来，将 xmby_wobj1 工件坐标系更换为 xmby_wobj2，吸盘到达目标位置上方，最后，吸盘下降 20mm，关闭吸盘电磁阀，第一个图块搬运完成。

参考程序如下：

```
PROC test1 ()
    MoveJ xmby_home, v150, z5, danxipan_t；! 回原点
    MoveL xmby_p1, v150, z5, danxipan_t；! 第一个图块位置
    Set do3；! 打开吸盘
    xmby_p2 ：= Offs (xmby_p1, 0, 0, -20)；! 吸盘往上偏移 20mm
    MoveL xmby_p2, v20, fine, danxipan_t \ WObj：= xmby_wobj1；
    ! 更换坐标系，吸盘到达标位置上方
    MoveL xmby_p2, v20, fine, danxipan_t \ WObj：= xmby_wobj2；
    xmby_p2：= Offs (xmby_p1, 0, 0, 20)；! 吸盘往下偏移 20mm
    MoveL xmby_p2, v20, fine, danxipan_t \ WObj：= xmby_wobj2；
    Reset do3；! 关闭吸盘
ENDPROC
```

程序编写完成，并确保所有指令的速度值不能超过 150mm/s，可以调试机器人程序。

• 一行图块搬运的程序。完成单个图块的搬运流程后，需要进行一行图块的搬运，一行图块搬运的控制程序是在程序中使用一个 For 循环语句实现 4 个图块的搬运，搬运完一个图块后，吸盘定位图块位置沿 X 正方向偏移 70mm。参考程序如下：

```
PROC test2 ()
    MoveJ xmby_home, v150, z5, danxipan_t；! 回原点
    MoveL xmby_p1, v150, z5, danxipan_t；! 第一个图块位置
    xmby_p2 ：= xmby_p1；
    FOR reg1 FROM 1 TO 4 DO
        Set do3；! 打开吸盘
        xmby_p2 ：= Offs (xmby_p1, 0, 0, -20)；! 吸盘往上偏移 20mm
        MoveL xmby_p2, v20, fine, danxipan_t \ WObj：= xmby_wobj1；
        ! 更换坐标系，吸盘到达标位置上方
        MoveL xmby_p2, v20, fine, danxipan_t \ WObj：= xmby_wobj2；
        xmby_p2：= Offs (xmby_p2, 0, 0, 20)；! 吸盘往下偏移 20mm
        MoveL xmby_p2, v20, fine, danxipan_t \ WObj：= xmby_wobj2；
        Reset do3；! 关闭吸盘
        xmby_p2 ：= Offs (xmby_p2, 0, 0, 20)；! 吸盘往上偏移 20mm
        ! 第一图块位置沿 X 正方向偏移 70mm
        xmby_p2：= Offs (xmby_p2, 70, 0, 0)
        MoveL xmby_p2, v150, z1, danxipan_t \ WObj：= xmby_wobj1；
        xmby_p2 ：= Offs (xmby_p2, 0, 0, 20)；! 吸盘往下偏移 20mm
    ENDFOR
ENDPROC
```

• 所有图块搬运的程序 完成一行图块的搬运后，需要设计所有图块搬运的程序，这时只要使用双重 For 循环实现 16 个图块的搬运，在程序搬运完一行的图块后，图块定位位置

沿 Y 正方向偏移 70mm。参考程序如下：

```
PROC main ()
    inital;                 ! 程序初始化
    Set do9;                ! 图块定位信号
    MoveL xmby_p1, v100, fine, danxipan_t \ WObj: = xmby_wobj1;
    xmby_p2 : = xmby_p1;
    FOR reg1 FROM 1 TO 4 DO   ! 使用双重 For 循环实现 16 个工件的搬运
      FOR reg2 FROM 1 TO 4 DO
        xmby_p2 : = Offs (xmby_p2, 0, 0, 20); ! 吸盘往下偏移 20mm
        MoveL xmby_p2, v20, fine, danxipan_t \ WObj: = xmby_wobj1;
        Reset do9;
        Set do2;      ! 打开吸盘
          WaitTime0. 2;
        xmby_p2 : = Offs (xmby_p2, 0, 0, −20); ! 吸盘往上偏移 20mm
        MoveL xmby_p2, v20, z1, danxipan_t \ WObj: = xmby_wobj1;
        Set do10       ! 目标位置定位信号
        xmby_p2 : = Offs (xmby_p2, 0, 0, −3);
        MoveL xmby_p2, v150, z1, danxipan_t \ WObj: = xmby_wobj2;
        xmby_p2 : = Offs (xmby_p2, 0, 0, 20); ! 吸盘往下偏移 20mm
        MoveL xmby_p2, v20, fine, danxipan_t \ WObj: = xmby_wobj2;
        Reset do10;
        Reset do2;     ! 关闭吸盘
        xmby_p2 : = Offs (xmby_p2, 0, 0, −20); ! 吸盘往上偏移 20mm
        MoveL xmby_p2, v20, fine, danxipan_t \ WObj: = xmby_wobj2;
        Set do10       ! 图块定位信号
        IF reg2<4 THEN   ! 同行偏移
          xmby_p2 : = Offs (xmby_p2, 70, 0, 3);
          MoveL xmby_p2, v150, z1, danxipan_t \ WObj: = xmby_wobj1;
        ENDIF
          ENDFOR
      IF reg1<4 THEN   ! 换行偏移
        xmby_p2 : = Offs (xmby_p1, 0, 70 * reg1, 0);
        MoveL xmby_p2, v150, z1, danxipan_t \ WObj: = xmby_wobj1;
      ENDIF
      ENDFOR
ENDPROC
PROC initial ()      ! 初始化子程序
    MoveJ xmby_home, v150, z5, danxipan_t; ! 回原点
    Reset do2;      ! 复位信号
    Reset do9;      ! 复位信号
    Reset do10;     ! 复位信号
ENDPROC
```

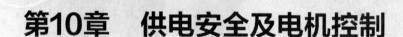

第10章 供电安全及电机控制

10.1 供电安全操作训练

10.1.1 常用电工工具

① 低压验电笔　低压验电笔是用来检测低压导体和电气设备外壳是否带电的常用工具，检测电压的范围通常为 60~500V。低压验电笔的外形通常有钢笔式和螺丝刀式两种，如图 10-1 所示。

使用低压验电笔时，必须按图 10-2 所示的方法握笔，以手指触及笔尾的金属体，使氖管小窗背光朝自己。当用电笔测带电体时，电流经带电体、电笔、人体、大地形成回路，只要带电体与大地之间的电位差超过 60V，电笔中的氖泡就发光。电压高发光强，电压低发光弱。

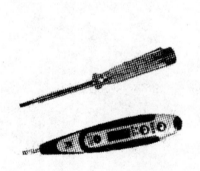

图 10-1　低压验电笔

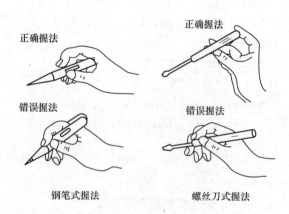

图 10-2　低压验电笔的使用方法

② 剥线钳　剥线钳是用来剥削小直径（$\phi0.5\text{mm}\sim\phi3\text{mm}$）导线绝缘层的专用工具，其外形如图 10-3 所示。它的手柄是绝缘的，耐压为 500V。

剥线钳使用时，将要剥削的绝缘层长度用标尺确定好后，用右手握住钳柄，左手将导线放入相应的刀口中（比导线直径稍大），右手将钳柄握紧，导线的绝缘层即被割破拉开，自动弹出。剥线钳不能用于带电作业。

图 10-3　剥线钳

③ 电工刀　电工刀是用来剖削电线线头、切削木台缺口、削制木枕的专用工具，其外形如图 10-4 所示。

电工刀使用时，应将刀口朝外剖削。剖削导线时，应使刀面与导线成较小的锐角，以免割伤导线，并且用力不宜太猛，以免削破左手。电工刀用毕，应随即将刀身折进刀柄，不得传递未折进刀柄的电工刀。

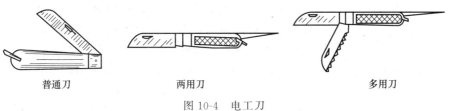

| 普通刀 | 两用刀 | 多用刀 |

图 10-4　电工刀

10.1.2　常用电工测量仪表

(1) 万用表

万用表又称万能表，是一种能测量多种电量的多功能仪表，其主要功能是测量电阻、直流电压、交流电压、直流电流以及晶体三极管的有关参数等。万用表具有用途广泛、操作简单、携带方便、价格低廉等优点，特别适用于检查线路和修理电气设备。

① 指针式万用表　图 10-5 所示是 500 型万用表的外形，以此为例来说明指针式万用表的使用方法。

图 10-5　500 型万用表

a. 使用前的检查和调整。检查红色和黑色测试笔是否分别插入红色插孔（或标有"＋"号）和黑色插孔（或标有"－"号）并接触紧密，引线、笔杆、插头等处有无破损露铜现象。如有问题应立即解决，否则不能保证使用中的人身安全。观察万用表指针是否停在左边零位线上，如不指在零位线，应调整中间的机械零位调节器，使指针指在零位线上。

b. 用转换开关正确选择测量种类和量程。根据被测对象，首先选择测量种类。严禁当转换开关置于电流挡或电阻挡去测量电压，否则，将损坏万用表。测量种类选择妥当后，再选择该种类的量程。测量电压、电流时应使指针偏转在标度尺的中间附近，读数较为准确。若预先不知被测量的大小范围，为避免量程选得过小而损坏万用表，应选择该种类最大量程预测，然后再选择合适的量程。

c. 正确读数。万用表的标度盘上有多条标度尺，它们代表不同的测量种类。测量时应根据转换开关所选择的种类及量程，在对应的标度尺上读数，并应注意所选择的量程与标度尺上读数的倍率关系。另外，读数时，眼睛应垂直于表面观察表盘。

d. 电阻测量。

• 被测电阻应处于不带电的情况下进行测量，防止损坏万用表。被测电路不能有并联支路，以免影响精度。

• 按估计的被测电阻值选择电阻量程开关的倍率，应使被测电阻接近该挡的欧姆中心值，即使表针偏转在标度尺的中间附近为好。并将交、直流电压量程开关置于"Ω"挡。

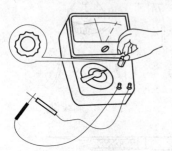

图 10-6　进行欧姆调零

• 测量以前，先进行"调零"。如图 10-6 所示，将两表笔短接，此时表针会很快指向电阻的零位附近，若表针未停在电阻零位上，则旋动下面的"Ω"钮，使其刚好停在零位上。若调到底也不能使指针停在电阻零位上，则说明表内的电池电压不足，应更换新电池后再重新调节。测量中每次更换挡位后，均应重新校零。

• 测量非在路的电阻时，将两表笔（不分正、负）分别接被测电阻的两端，万用表即指示出被测电阻的阻值。测量电路板上的在路电阻时，应将被测电阻的一端从电路板上焊开，然后再进行测量，否则由于电路中其他元器件的影响，测得的电阻误差将很大。

• 将读数乘以电阻量程开关所指倍率，即为被测电阻的阻值。

• 测量完毕后，应将交、直流电压量程开关旋到交流电压最高量程上，可防止转换开关放在欧姆挡时表笔短路，长期消耗电池。

e. 测量交流电压

• 将选择开关转到"V"挡的最高量程，或根据被测电压的概略数值选择适当量程。

• 测量 1000～2500V 的高压时，应采用专测高压的高级绝缘表笔和引装，将测量选择开关置于"1000V"挡，并将正表笔改插入"2500V"专用插孔。测量时，不要两只手同时拿两支表笔，必要时使用绝缘手套和绝缘垫；表笔插头与插孔应紧密配合，以防止测量中突然脱出后触及人体，使人触电。

• 测量交流电压时，把表笔并联于被测的电路上。转换量程时不要带电。

• 测量交流电压时，一般不需分清被测电压的火线和零线端的顺序，但已知火线和零线时，最好用红表笔接火线，黑表笔接零线，如图 10-7 所示。

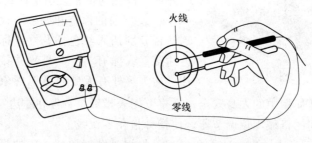

图 10-7　用指针式万用表测量交流电压

f. 测量直流电压

• 将表笔插在"+"插孔，去测电路"+"正极；将黑表笔插在"*"插孔，去测电路"—"负极。

• 将万用表的选择量程开关置于"V"的最大量程，或根据被测电压的大约数值，选择合适的量程。

• 如果指针反指，则说明表笔所接极性反了，应尽快更正过来重测。

g. 测量直流电流

• 将选择量程开关转到"mA"部分的最高量程，或根据被测电流的大约数值，选择适当的量程。

•将被测电路断开，留出两个测量接触点。将红表笔与电路正极相接，黑表笔与电路负极相接。改变量程，直到指针指向刻度盘的中间位置，不要带电转换量程，如图 10-8 所示。

•测量完毕后，应将选择量程开关转到电压最大挡上去。

② 数字式万用表。数字式万用表以其测量精度高、显示直观、速度快、功能全、可靠性好、小巧轻便、省电及便于操作等优点，受到人们的普遍欢迎。图 10-9 是 DT-830 型数字式万用表的面板图。测量方法参考指针式万用表。

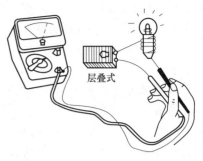

图 10-8　用指针式万用表测量直流电流

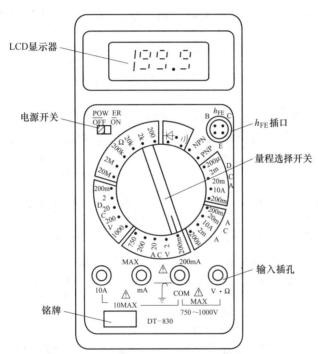

图 10-9　DT-830 型数字式万用表

（2）兆欧表

兆欧表俗称摇表，是一种专门用来测量电气设备及电路绝缘电阻的便携式仪表。它主要由手摇直流发电机、磁电式比率表和测量线路组成，其外形如图 10-10 所示。

值得一提的是，兆欧表测得的是在额定电压作用下的绝缘电阻阻值。万用表虽然也能测得数千欧的绝缘阻值，但它所测得的绝缘阻值，只能作为参考，因为万用表所使用的电池电压较低，绝缘物质在电压较低时不易击穿，而一般被测量的电气设备，均要接在较高的工作电压上，为此，只能采用兆欧表来测量。一般还规定在测量额定电压在 500V 以上的电气设备的绝缘电阻时，必须选用 1000～2500V 兆欧表。

图 10-10　兆欧表

测量 500V 以下电压的电气设备，则以选用 500V 兆欧表为宜。

指针式兆欧表的使用方法及注意事项如下。

① 测量前，应切断被测设备的电源，并进行充分放电（需 2～3min），以确保人身和设备安全。

② 将兆欧表放置平稳，并远离带电导体和磁场，以免影响测量的准确度。

③ 正确选择其电压和测量范围。应根据被测电气设备的额定电压选用兆欧表的电压等级：一般测量 50V 以下的用电器绝缘情况，可选用 250V 兆欧表；测量 50～380V 的用电设备绝缘情况，可选用 500V 兆欧表。测量 500V 以下的电气设备，兆欧表应选用读数从零开始的，否则不易测量。

④ 对有可能感应出高电压的设备，应采取必要的措施。

⑤ 对兆欧表进行一次开路和短路试验，以检查兆欧表是否良好。试验时，先将兆欧表"线路（L）"、"接地（E）"两端钮开路，摇动手柄，指针应指在"∞"位置；再将两端钮短接，缓慢摇动手柄，指针应指在"O"处。否则，表明兆欧表有故障，应进行检修。

⑥ 兆欧表接线柱与被测设备之间的连接导线，不可使用双股绝缘线、平行线或绞线，而应选用绝缘良好的单股铜线，并且两条测量导线要分开连接，以免因绞线绝缘不良而引起测量误差。

⑦ 兆欧表上有分别标有"接地（E）""线路（L）"和"保护环（G）"的三个端钮。测量线路对地的绝缘电阻时，将被测线路接于 L 端钮上，E 端钮与地线相接，如图 10-11（a）所示。测量电动机定子绕组与机壳间的绝缘电阻时，将定子绕组接在 L 端钮上，机壳与 E 端连接，如图 10-11（b）所示。测量电动机或电器的相间绝缘电阻时，L 端钮和 E 端钮分别与两部分接线端子相接，如图 10-11（c）所示。测量电缆芯线对电缆绝缘保护层的绝缘电阻时，将 L 端钮与电缆芯线连接，E 端钮与电缆绝缘保护层外表面连接，将电缆内层绝缘层表面接于保护环端钮 G 上，如图 10-11（d）所示。

⑧ 测量时，摇动手柄的速度由慢逐渐加快，并保持在 120r/min 左右的转速约 1min，这时读数才是准确的结果。如果被测设备短路，指针指零，应立即停止摇动手柄，以防表内线圈发热损坏。

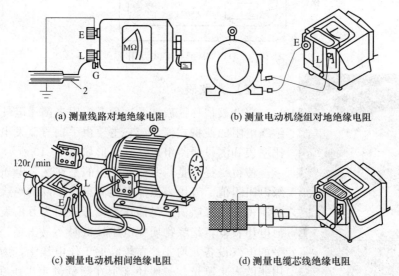

(a) 测量线路对地绝缘电阻　　　　　　(b) 测量电动机绕组对地绝缘电阻

(c) 测量电动机相间绝缘电阻　　　　　(d) 测量电缆芯线绝缘电阻

图 10-11　兆欧表测量绝缘电阻的接线

⑨ 测量电容器、较长的电缆等设备绝缘电阻后，应将"线路L"的连接线断开，以免被测设备向兆欧表倒充电而损坏仪表。

⑩ 测量完毕后，在手柄未完全停止转动和被测对象没有放电之前，切不可用手触及被测对象的测量部分和进行拆线，以免触电。被测设备放电的方法是：用导线将被测点与地（或设备外壳）短接2～3min。

10.1.3　电工操作技能训练

(1) 导线绝缘层的剥削

① 塑料硬线绝缘层的剥削　芯线截面为4mm^{2}及以下的塑料硬线，其绝缘层用钢丝钳剥削，具体操作方法：根据所需线头长度，用钳头刀口轻切绝缘层（不可切伤芯线），然后用右手握生钳头用力向外勒去绝缘层，同时左手握紧导线反向用力配合动作，如图10-12所示。

芯线截面大于4mm^{2}的塑料硬线，可用电工刀来剥削其绝缘层，方法如下。

a. 据所需的长度用电工刀以45°角斜切入塑料绝缘层，如图10-13(a)所示。

b. 接着刀面与芯线保持15°角左右，用力向线端推削，不可切入芯线，削去上面一层塑料绝缘层，如图10-13(b)所示。

c. 下面的塑料绝缘层向后扳翻，最后用电工刀齐根切去，如图10-13(c)所示。

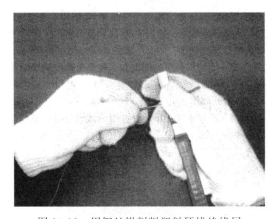

图 10-12　用钢丝钳剥削塑料硬线绝缘层

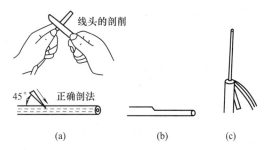

图 10-13　电工刀剥削塑料硬线绝缘层

② 皮线线头绝缘层的剥削

a. 在皮线线头的最外层用电工刀割破一圈，如图10-14(a)所示。

b. 削去一条保护层，如图10-14(b)所示。

c. 剩下的保护层剥割去，如图10-14(c)所示。

d. 出橡胶绝缘层，如图10-14(d)所示。

e. 在距离保护层约10mm处，用电工刀以45°角斜切入橡胶绝缘层，并按塑料硬线的剥削方法剥去橡胶绝缘层，如图10-14(e)所示。

③ 花线线头绝缘层的剥削

a. 花线最外层棉纱织物保护层的剥削方法和里面橡胶绝缘层的剥削方法类似皮线线端的剥削。由于花线最外层的棉纱织物较软，可用电工刀将四周切割一圈后用力将棉纱织物拉去，如图10-15(a)、(b)所示。

b. 在距棉纱织物保护层末端10mm处，用钢丝钳刀口切割橡胶绝缘层，不能损伤芯线，然后右手握住钳头，左手用力抽拉花线，通过钳口勒出橡胶绝缘层。花线的橡胶层剥去后就露出了里面的棉纱层。

c. 用手将包裹芯线的棉纱松散开，如图 10-15(c) 所示。

d. 用电工刀割断棉纱，即露出芯线，如图 10-15(d) 所示。

④ 塑料护套线线头绝缘层的剖削

a. 按所需长度用电工刀刀尖对准芯线缝隙划开护套层，如图 10-16(a) 所示。

b. 向后扳翻护套层，用电工刀齐根切去，如图 10-16(b) 所示。

c. 在距离护套层 5～10mm 处，用电工刀按照剖削塑料硬线绝缘层的方法，分别将每根芯线的绝缘层剥除。

⑤ 塑料多芯软线线头绝缘层的剖削　这种线不要用电工刀剖削，否则容易切断芯线。可以用剥线钳或钢丝钳剥离塑料绝缘层，方法如下。

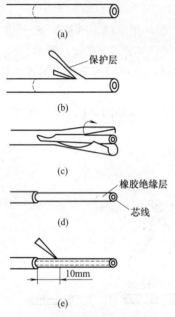

图 10-14　皮线线头绝缘层的剖削

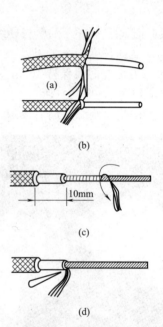

图 10-15　花线线头绝缘层的剖削

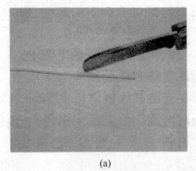

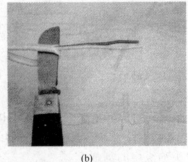

图 10-16　塑料护套线线头绝缘层的剖削

a. 手拇、食指先捏住线头，按连接所需长度，用钢丝钳钳头刀口轻切绝缘层。注意：只要切破绝缘层即可，千万不可用力过大，使切痕过深，如图 10-17(a) 所示。

b. 手食指缠绕一圈导线，并握拳捏住导线，右手握住钳头部，两手同时反向用力，左手抽右手勒，即可把端部绝缘层剥离芯线，如图 10-17(b) 所示。

(2) 铜芯导线的连接

① 单股铜芯导线的直线连接　连接时，先将两导线芯线线头按图 10-18(a) 所示成 X 形相交，然后按图 10-18(b) 所示互相绞合 2～3 圈后扳直两线头，接着按图 10-18(c) 所示将每个线头在另一芯线上紧贴并绕 6 圈，最后用钢丝钳切去余下的芯线，并钳平芯线末端。

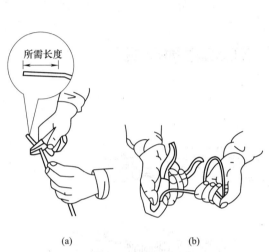

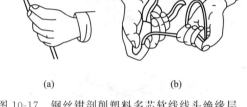

图 10-17　钢丝钳剖削塑料多芯软线线头绝缘层

图 10-18　单股铜芯导线的直线连接

② 单股铜芯导线的 T 字分支连接　将支路芯线的线头与干线芯线十字相交，在支路芯线根部留出 5mm，然后顺时针方向缠绕支路芯线，缠绕 6～8 圈后，用钢丝钳切去余下的芯线，并钳平芯线末端。如果连接导线截面较大，两芯线十字交叉后直接在干线上紧密缠 8 圈即可，如图 10-19(a) 所示。较小截面的芯线可按图 10-19(b) 所示方法，环绕成结状，然后再将支路芯线线头抽紧扳直，向左紧密地缠绕 6～8 圈，剪去多余芯线，钳平切口毛刺。

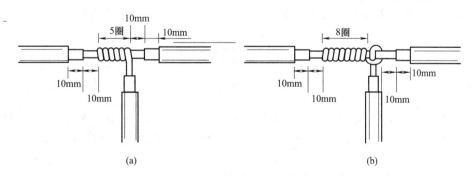

图 10-19　单股铜芯导线的 T 字分支连接

③ 7 股铜芯导线的直线连接　先将剖去绝缘层的芯线头散开并拉直，如图 10-20(a) 所示；把靠近绝缘层 1/3 线段的芯线绞紧，并将余下的 2/3 芯线头分散成伞状，将每根芯线拉直，如图 10-20(b) 所示；把两股伞骨形芯线一根隔一根地交叉直至伞形根部相接，如图 10-20(c) 所示；然后捏平交叉插入的芯线，如图 10-20(d) 所示；把左边的 7 股芯线按 2、2、3 根分成三组，把第一组 2 根芯线扳起，垂直于芯线，并按顺时针方向缠绕 2 圈，缠绕 2 圈后将余下的芯线向右扳直紧贴芯线，如图 10-20(e) 所示；把下边第二组的 2 根芯线向上

扳直，也按顺时针方向紧紧压着前 2 根扳直的芯线缠绕，缠绕 2 圈后，将余下的芯线向右扳直，紧贴芯线，如图 10-20(f) 所示；再把下边第三组的 3 根芯线向上扳直，按顺时针方向紧紧压着前 4 根扳直的芯线向右缠绕。缠绕 3 圈后，切去多余的芯线，钳平线端，如图 10-20(g) 所示；用同样方法再缠绕另一边芯线，如图图 10-20(h) 所示。

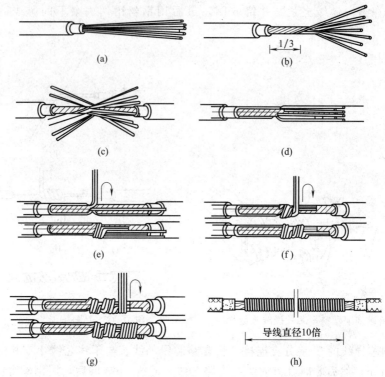

图 10-20 7 股铜芯导线的直线连接

④ 不等径铜导线的连接 如果要连接的两根铜导线的直径不同，可把细导线线头在粗导线线头上紧密缠绕 5～6 圈，弯折粗线头端部，使它压在缠绕层上，再把细线头缠绕 3～4 圈，剪去余端，钳平切口即可，如图 10-21 所示。

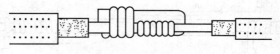

图 10-21 不等径铜导线的连接

⑤ 软线与单股硬导线的连接 连接软线和单股硬导线时，可先将软线拧成单股导线，再在单股硬导线上缠绕 7～8 圈，最后将单股硬导线向后弯曲，以防止绑线脱落，如图 10-22 所示。

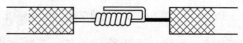

图 10-22 软线与单股硬导线的连接

(3) 线头与接线端子（接线桩）的连接

① 线头与针孔接线桩的连接 端子板、某些熔断器、电工仪表等的接线，大多利用接线部位的针孔并用压接螺钉来压住线头以完成连接。如果线路容量小，可只用一只螺钉压接；如果线路容量较大或对接头质量要求较高，则使用两只螺钉压接。

　　单股芯线与接线桩连接时，最好按要求的长度将线头折成双股并排插入针孔，使压接螺钉顶紧在双股芯线的中间，如图 10-23（a）所示。如果线头较粗，双股芯线插不进针孔，也可将单股芯线直接插入，但芯线在插入针孔前，应朝着针孔上方稍微弯曲，以免压紧螺钉稍有松动线头就脱出，如图 10-23（b）所示。

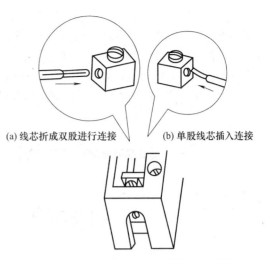

(a) 线芯折成双股进行连接　　(b) 单股线芯插入连接

图 10-23　单股芯线与针孔接线桩的连接

　　在接线桩上连接多股芯线时，先用钢丝钳将多股芯线进一步绞紧，以保证压接螺钉顶压时不致松散。此时应注意，针孔与线头的大小应匹配，如图 10-24(a) 所示。如果针孔过大，则可选一根直径大小相宜的导线作为绑扎线，在已绞紧的线头上紧紧地缠绕一层，使线头大小与针孔匹配后再进行压接，如图 10-24(b) 所示。如果线头过大，插不进针孔，则可将线头散开，适量剪去中间几股，如图 10-24(c) 所示，然后将线头绞紧就可进行压接。通常 7 股线可剪去 1～2 股，19 股芯线可剪去 1～7 股。

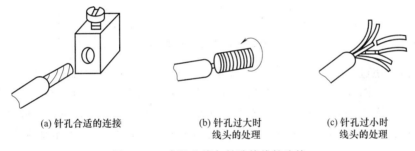

(a) 针孔合适的连接　　　(b) 针孔过大时　　　(c) 针孔过小时
　　　　　　　　　　　　　线头的处理　　　　　线头的处理

图 10-24　多股芯线与针孔接线桩连接

　　无论是单股芯线还是多股芯线，线头插入针孔时必须插到底，导线绝缘层不得插入孔内，针孔外的裸线头长度不得超过 3mm。

　　② 线头与螺钉平压式接线桩的连接　　单股芯线与螺钉平压式接线桩的连接，是利用半圆头、圆柱头或六角头螺钉加垫圈将线头压紧完成连接的。对载流量较小的单股芯线，先将线头变成压接圈（俗称羊眼圈），再用螺钉压紧。为保证线头与接线桩有足够的接触面积，日久不会松动或脱落，压接圈必须弯成圆形。单股芯线压接圈弯法如图 10-25 所示。

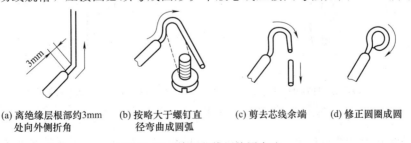

(a) 离绝缘层根部约3mm　(b) 按略大于螺钉直　(c) 剪去芯线余端　(d) 修正圆圈成圆
　处向外侧折角　　　　　径弯曲成圆弧

图 10-25　单股芯线压接圈弯法

　　对于横截面不超过 10mm^2 的 7 股及以下多股芯线，应按图 10-26 所示方法弯制压接圈。首先把离绝缘层根部约 1/2 长的芯线重新绞紧，越紧越好，如图 10-26(a) 所示；将绞紧部分的芯线，在离绝缘层根部 1/3 处向左外折角，然后弯曲成圆弧，如图 10-26(b) 所示；当圆弧弯曲得将成圆圈（剩下 1/4）时，应将余下的芯线向右外折角，然后使其成圆，捏平余下线端，使两端芯线平行，如图 10-26(c) 所示；把散开的芯线按 2、2、3 根分成三组，将第一组两根芯线扳起，垂直于芯线〔要留出垫圈边宽，如图 10-26(d) 所示〕；按 7 股芯线直线对接的自缠法加工，如图 10-26(e) 所示；图 10-26(f) 是缠成后的 7 股芯线压接圈。

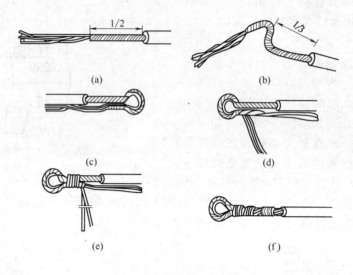

图 10-26　7 股导线压接圈弯法

对于横截面超过 10mm^2 的 7 股以上软导线端头，应安装接线耳。

压接圈与接线圈连接的工艺要求是：压接圈和接线耳的弯曲方向与螺钉拧紧方向应一致；连接前应清除压接圈、接线耳和垫圈上的氧化层及污物，然后将压接圈或接线耳放在垫圈下面，用适当的力矩将螺钉拧紧，以保证接触良好。压接时不得将导线绝缘层压入垫圈内。

软导线线头也可用螺钉平压式接线桩连接。软导线线头与压接螺钉之间的绕结方法如图 10-27 所示，其工艺要求与上述多股芯线压接相同。

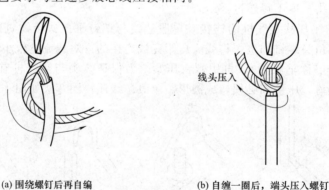

(a) 围绕螺钉后再自编　　　　　(b) 自缠一圈后，端头压入螺钉

图 10-27　软导线线头用平压式接线桩的连接方法

③ 线头与瓦形接线桩的连接　瓦形接线桩的垫圈为瓦形。为了保证线头不从瓦形接线桩内滑出，压接前应先将已去除氧化层和污物的线头弯成 U 形，如图 10-28（a）所示，然后将其卡入瓦形接线桩内进行压接。如果需要把两个线头接入一个瓦形接线桩内，则应使两个弯成 U 形的线头重合，然后将其卡入瓦形垫圈下方进行压接，如图 10-28（b）所示。

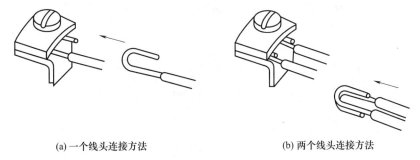

(a) 一个线头连接方法　　　　　　(b) 两个线头连接方法

图 10-28　单股芯线与瓦形接线桩的连接

(4) 开关的安装

① 暗扳把式开关的安装　暗扳把式开关必须安装在铁皮开关盒内，铁皮开关盒如图 10-29(a) 所示。开关接线时，将来自电源的一根相线接到开关静触点接线桩上，将到灯具的一根线接在动触点接线桩上，如图 10-29(b) 所示。在接线时应接成扳把向上时开灯，向下关灯。然后把开关芯连同支持架固定到预埋在墙内的接线盒上，开关的扳把必须放正且不卡在盖板上，再盖好开关盖板，用螺栓将盖板固定牢固，盖板应紧贴建筑物表面。

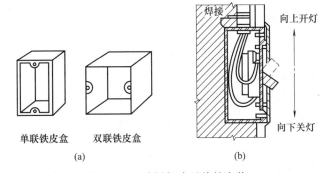

图 10-29　暗扳把式开关的安装

② 跷板式开关的安装　跷板式开关应与配套的开关盒进行安装。常用的跷板式塑料开关盒如图 10-30(a) 所示。开关接线时，应使开关切断相线，并应根据跷板式开关的跷板或面板上的标志确定面板的装置方向，即装成跷板下部按下时，开关处在合闸的位置，跷板上部按下时，开关应处在断开位置，如图 10-30(b) 所示。

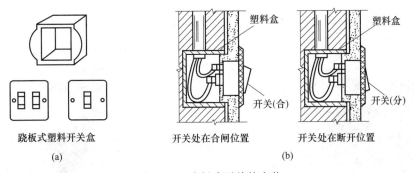

图 10-30　跷板式开关的安装

(5) 插座的安装

① 插座的接线　插座应正确接线，单相两孔插座为面对插座的右极接电源火线，左极

接电源零线；单相三孔及三相四孔插座为保护接地（接零）极均应接在上方，如图 10-31 所示。

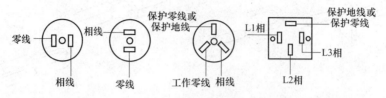

图 10-31　插座的接线方式

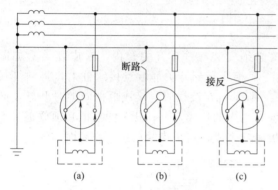

图 10-32　单相三孔插座较典型的错误接法

单相三孔插座较典型的错误接法如图 10-32 所示。图 10-32(a) 的接法潜伏着不可忽视的危险性，如零线因外力断线或接头氧化、腐蚀、松脱等都会造成零线断路，导致出现图 10-32(b) 所示情况，此时负载回路中无电流，负载上无压降，家用电器的金属外壳上就带有 220V 对地电压，这就严重危及人身安全。另一种情况是当检修线路时，有可能将相线与零线接反，导致出现图 10-32(c) 所示情况，此时 220V 相电压直接通过接地（接零）插孔传到单相电器的金属外壳上，危及人身安全。

② 插座安装　插座的安装见表 10-1。

表 10-1　插座的安装

 a. 准备好暗装插座,将电源线及保护地线穿入暗装盒	 b. 用螺丝刀将开关一相线连在插座的相线接线架上
 c. 将保护地线接在插座的接地(⏚)接线架上	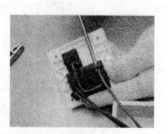 d. 将零线接到插座的零线接线架上

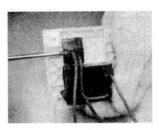

e. 将电源相线接到插座的相线接线架上

f. 接好后用钢丝钳对电线进行整形,将插座固定在暗装接线盒上,安装完毕

(6) 白炽灯的安装

① 白炽灯的常用控制电路　白炽灯照明的基本电路由电源、导线、开关、电灯等组成,常用的基本电路见表10-2。

表 10-2　白炽灯照明基本电路

名称	接线原理图	说　明
一只单联开关控制一盏灯		开关 S 应安装在相线上,开关以及灯头的功率不能小于所安装灯泡的额定功率,螺口灯头接零线,灯头中心应接火线
一只单联开关控制一盏灯并连接一只插座		这种安装方法外部连线可做到无接头。接线安装时,插座所连接的用电器功率应小于插座的额定功率,选用连接插座的电线所能通过的正常额定电流,应大于用电器的最大工作电流
一只单联开关控制三盏灯(或多盏灯)		安装接线时,要注意所连接的所有灯泡总电流,小于开关允许通过的额定电流值
用两只双联开关在两个地方控制一盏灯		这种方式用于两地需同时控制时,如楼梯、走廊中电灯,需在两地能同时控制等场合。安装时,需要使用两只双联开关

续表

名称	接线原理图	说　　明
五层楼照明灯开关控制方法	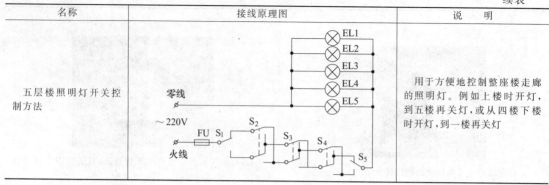	用于方便地控制整座楼走廊的照明灯。例如上楼时开灯，到五楼再关灯，或从四楼下楼时开灯，到一楼再关灯

　　② 白炽灯的安装方法　吊灯头的安装见表10-3。

表 10-3　吊灯头的安装

a. 将电源交织线穿入螺口灯头盖内

b. 将交织线打一蝴蝶结

c. 将电源相线接在螺口灯头的中心弹簧连通的接线柱上

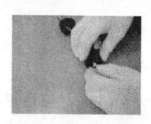

d. 将电源零线接在螺口灯头的另一接线柱上

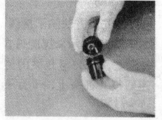

e. 接好后检查线头有无松动。线与线中间有无毛刺

f. 检查接线合格后，装上螺口灯头盖并装上螺口灯泡

　　③ 双联开关两地控制一盏灯的安装　安装时，使用的开关应为双联开关，此开关应具有 3 个接线桩，其中两个分别与两个静触点接通，另一个与动触点连通（称为共用桩）。双联开关用于控制线路上的白炽灯，一个开关的共用桩（动触点）与电源的相线连接，另一个开关的共用桩与灯座的一个接线桩连接。采用螺口灯座时，应与灯座的中心触点接线桩相连接，灯座的另一个接线桩应与电源的中性线相连接。两个开关的静触点接线桩，分别用两根导线进行连接，如图 10-33 所示。

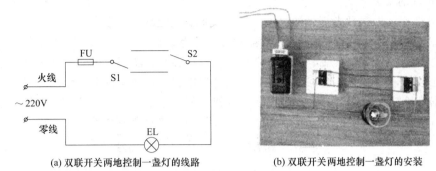

(a) 双联开关两地控制一盏灯的线路　　　　　(b) 双联开关两地控制一盏灯的安装

图 10-33　双联开关两地控制一盏灯的线路及安装

(7) 日光灯的安装

① 日光灯的常用线路　日光灯的常用各种安装线路如图 10-34 所示。

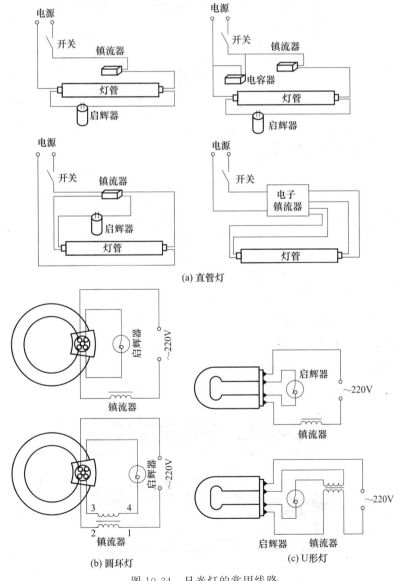

(a) 直管灯

(b) 圆环灯　　　　　　　　(c) U形灯

图 10-34　日光灯的常用线路

② 日光灯的安装方法

a. 准备灯架。根据日光灯管的长度，购置或制作与之配套的灯架。

b. 组装灯具。日光灯灯具的组装，就是将镇流器、启辉器、灯座和灯管安装在铁制或木制灯架上。组装时必须注意，镇流器应与电源电压、灯管功率相配套，不可随意选用。由于镇流器比较重，又是发热体，应将其扣装在灯架中间或在镇流器上安装隔热装置。启辉器规格应根据灯管功率来确定。启辉器宜装在灯架上便于维修和更换的地点。两灯座之间的距离应准确，防止因灯脚松动而造成灯管掉落。灯具的组装示意图如图 10-35 所示。

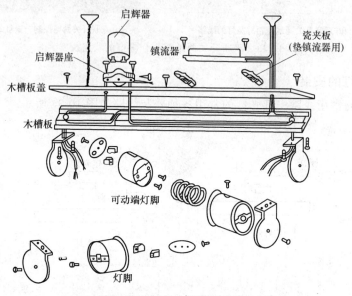

图 10-35　灯具的组装示意图

c. 固定灯架。固定灯架的方式有吸顶式和悬吊式两种。悬吊式又分金属链条悬吊和钢管悬吊两种。安装前先在设计的固定点打孔预埋合适的固定件，然后将灯架固定在固定件上。

d. 组装接线。启辉器座上的两个接线端分别与两个灯座中的一个接线端连接，余下的接线端，其中一个与电源的中性线相连，另一个与镇流器的一个出线头连接。镇流器的另一个出线头与开关的一个接线端连接，而开关的另一个接线端则与电源中的一根相线相连。与镇流器连接的导线既可通过瓷接线柱连接，也可直接连接，但要恢复绝缘层。接线完毕，要对照电路图仔细检查，以免错接或漏接，如图 10-36 所示。

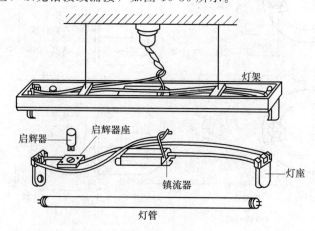

图 10-36　日光灯的组装接线

(8) 照明配电箱的安装

在室内电气线路中，通常将照明灯具、电热器、电冰箱、空调器等电器分成几个支路，电源火线接入低压断路器的进线端，断路器的出线端接电器，零线直接接入电器，每个支路单独使用一只断路器。这样，当某条支路发生故障时，只有该条支路的断路器跳闸，而不影响其他支路的用电。必要时也可单独切断某一支路。安装好后的配电箱外壳需要接地。

照明配电箱的安装见表 10-4。

表 10-4　照明配电箱的安装

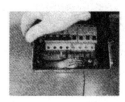

a. 打开照明配电箱，将照明保护地线接在照明配电箱外壳的接地螺丝上

b. 将照明电源线相线接在照明配电箱断路器右上端口

c. 将照明电源零线接在照明配电箱左上端口

d. 将所有照明零线都接在零线的接线柱上

e. 照明第一路相线连接所有室内照明灯

f. 照明第二路相线连接室内所有插座，作插座电源供电用

g. 照明第三路相线电源可作室内空调专用电源

h. 照明第四路相线电源可作另一室内空调专用电源

(9) 电度表的安装

常用的单相电度表、三相电度表如图 10-37 所示。

(a) 单相电度表　　　　　　　(b) 三相电度表

图 10-37　电度表

① 电度表应安装在干燥、稳固的地方，避免阳光直射，忌湿、热、霉、烟、尘、砂及腐蚀性气体。

② 电度表应安装在没有震动的位置，因为震动会使电度表计量不准。

③ 电度表应垂直安装，不能歪斜，允许偏差不得超过 2°。因为电度表倾斜 5°会引起 10%的误差，倾斜太大，电度表铝盘甚至不转。

④ 电度表的安装高度一般为 1.4～1.8m，电度表并列安装时，两表的中心距离不得小于 200mm。

⑤ 在电压 220V、电流 10A 以下的单相交流电路中，电度表可以直接接在交流电路上，如图 10-38 所示。电度表必须按接线图接线（在电表接线盒盖的背面有接线图）。常用单相电度表的接线盒内有四个接线端，自左向右按 1、2、3、4 编号。接线方法为 1、3 接电源，2、4 接负载。

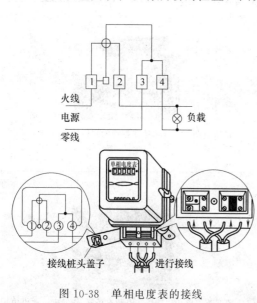

图 10-38　单相电度表的接线

(10) 漏电保护器的安装

漏电保护器的外形如图 10-39 所示，在安装漏电保护器时应注意以下几点。

① 安装前，应仔细阅读使用说明书。

② 安装漏电保护器以后，被保护设备的金属外壳仍应进行可靠的保护接地。

③ 漏电保护器的安装位置应远离电磁场和有腐蚀性气体环境，并注意防潮、防尘、防震。

④ 安装时必须严格区分中性线和保护线，三极四线式或四极式漏电保护器的中性线应接入漏电保护器。经过漏电保护器的中性线不得作为保护线，不得重复接地或接设备的外露可导电部分；保护线不得接入漏电保护器。

⑤ 漏电保护器应垂直安装，倾斜度不得超过 5°，电源进线必须接在漏电保护器的上方，

即标有"电源"的一端；出线应接在下方，即标有"负载"的一端。

⑥ 作为住宅漏电保护时，漏电保护器应装在进户电度表或总开关之后，如图 10-40 所示。

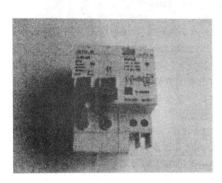

图 10-39　漏电保护器的外形

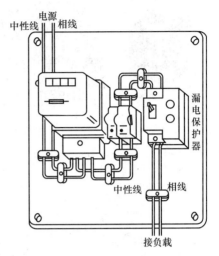

图 10-40　漏电保护器的安装

⑦ 漏电保护器接线完毕投入使用前，应先做漏电保护动作试验，即按动漏电保护器上的试验按钮，漏电保护器应能瞬时跳闸切断电源。试验 3 次，确定漏电保护器工作稳定，才能投入使用。

⑧ 对投入运行的漏电保护器，必须每月进行一次漏电保护动作试验，不能产生正确保护动作的，应及时检修。

(11) 低压断路器的安装

低压断路器又称自动空气开关或自动空气断路器，主要用于低压动力线路中，当电路发生过载、短路、失压等故障时，它的电磁脱扣器自动脱扣进行短路保护，直接将三相电源同时切断，保护电路和用电设备的安全。在正常情况下，也可用于不频繁地接通和断开电路或控制电动机。

低压断路器具有多种保护功能，动作后不需要更换元件，其动作电流可按需要方便地调整，工作可靠、安装方便、分断能力较强，因而在电路中得到广泛的应用。

低压断路器按结构形式可分为塑壳式（又称装置式）和框架式（又称万能式）两大类。常用的 D25-20 型塑壳式和 DW10 型万能式低压断路器的外形结构如图 10-41 所示。框架式断路器为敞开式结构，适用于大容量配电装置；塑壳式断路器的特点是外壳用绝缘材料制作，具有良好的安全性，广泛用于电气控制设备及建筑物内做电源线路保护，以及对电动机进行过载和短路保护。

小型断路器 D247-63 系列主要适用于交流 50Hz、额定电压至 400V、额定电流至 63A 的线路中，用来对建筑物和类似场所的电力线路设施和电气设备进行过电流保护，也可用于不频繁的通断操作。外形结构如图 10-42 所示。

正常工作条件和安装注意以下几点。

① 周围空气温度上限值不超过 +40℃，下限值不低于 -5℃，24h 内平均值不超过 +35℃。

② 安装地点的海拔不超过 2000m。

③ 安装地点的大气相对湿度在周围最高温度为 +40℃ 时不超过 50%，在较低温度下可

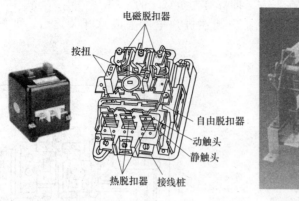

(a) D25-20形塑壳式低压断路器　　　　　　(b) DW10型万能式低压断路器

图 10-41　低压断路器的外形结构

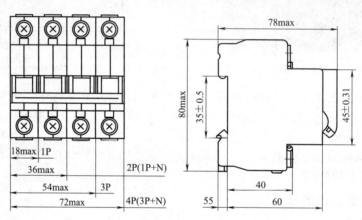

图 10-42　外形尺寸及安装尺寸

以有较高的相对湿度，最湿月的平均最大相对湿度 不超过 90%，同时该月的月平均温度不超过＋25℃，由于温度变化发生在产品上的凝露情况应采取特殊措施。

④ 污染等级 2。

⑤ 安装类别Ⅱ、Ⅲ。

⑥ 断路器采用 TH35 标准安装轨安装。

⑦ 断路器一般应垂直安装，手柄向上为接通电源位置。

⑧ 安装处应无显著冲击和震动。

10.1.4　安全用电常识

(1) 安全用电基本知识

① 导线、接头、插座、接线盒要分布放置，连接应符合规范，不得乱拉乱接电线，注意导线连接处要有良好的绝缘。

② 室内布线及电气设备不可有裸露的带电体，对于裸露部分应包上绝缘带或装设罩盖。当闸刀开关罩盖、熔断器、按钮盒、插头及插座等有破损而使带电部分外露时，应及时更换，不可将就使用。

③ 在高温、潮湿和有腐蚀性气体的场所，如厨房、浴室及卫生间等，不允许安装一般的插头、插座，应选用有罩盖的防溅型插座。检修这类场所的灯具时，要特别注意防止触

电，最好停电后进行。

④ 开关要装在火线上，不能装在零线上。采用螺口灯座时，火线必须接在灯座的顶心上；灯泡拧进后，金属部分不可外露。悬挂吊灯的灯头离地面的高度不应小于 2m。

⑤ 安装电灯严禁用"一线一地"（即用铁丝或铁棒插入地下代替零线）的做法。

⑥ 更换灯泡时要先关闭电源，人站在木凳或干燥的木板上，使人体与地面绝缘。

⑦ 在一个插座上不应接过多的用电器；根据电度表和导线用电量限，不可超负荷用电。

⑧ 不可用湿手接触带电的开关、灯座、导线和其他带电体。

⑨ 使用家用电器，特别是新购买的电器，要事先了解其性能、特点、使用方法及注意事项，防止乱动。

⑩ 有金属外壳的家用电器，如电冰箱、电扇、电熨斗、电烙铁及电热炊具等，要用有接地极的三极插头和三孔插座，而且要求接地装置良好或者加装漏电保护器。当不能满足这些要求时，至少应采取电气隔离措施。

⑪ 不可将照明灯、电熨斗及电烙铁等器具的导线绕在手臂上进行工作。

⑫ 用电器具出现异常，如电灯不亮、电视机无影像或无声音及电冰箱、洗衣机不启动等情况时，要先断开电源，再做修理。

⑬ 电气设备工作时，不允许以拖拉电源线的方式来搬移电器。用电设备不用时，应及时切断电源，尽量避免雨天修理户外电气设备或移动带电的电气设备。

⑭ 临时使用的电线要用绝缘电线、花线及电缆等，禁止使用裸导线，并且不得随地乱扔，要尽可能吊挂起来。临时线用完后应及时拆除，不要长久带电。临时线的绝缘性能也要符合要求，不可用老化破旧的电线。拆除临时线时需先切断电源，并从电源一端拆向负载；安装时，顺序与此相反，即线路全部安装完毕后才能接通电源。

⑮ 禁止在电线上晾衣服、挂东西，不要接近已断了的电线，更不可直接接触，雷雨时不要接近避雷装置的接地极。

⑯ 尽可能不要带电修理电器和电线。在检修前，应先用验电笔检测是否带电，经确认无电后方可工作。另外，为防止线路突然来电，应拉开闸刀开关、拔下熔断器盖并带在身上。

(2) 电气消防常识

在电的生产、传输、变换及使用过程中，由于线路短路、接点发热、电动机电刷打火、电动机长时间过载运行、油开关或电缆头爆炸、低压电器触头分合、熔断器熔断及电热设备使用不当等原因均可能引起电气火灾，故作为电气操作人员应该掌握必要的电气消防知识，以便在发生电气火灾时，能运用正确的灭火知识，指导和组织人员迅速灭火。

① 电气火灾的危害性很大，一旦发生，损失惨重。因此，对电气火灾一定要贯彻"预防为主、防消结合"的原则，防患于未然。

② 发生火灾时，不要惊慌，迅速报警；尽快切断电源，防止火势蔓延。

③ 不可用水和泡沫灭火器灭火（尤其是油类火警），应采用黄砂、二氧化碳、1211、四氯化碳及干粉灭火器灭火。

④ 灭火人员不可使身体及手中的灭火器碰触到有电的导线或电气设备，防止灭火时发生触电事故，如果电线断落在地上，则灭火人员最好穿绝缘鞋。

⑤ 在危急情况下，为了争取灭火的主动权，争取时间控制火势，在保人身安全的情况下可以带电灭火，在适当时机再切断电源，但千万要注意安全。

⑥ 对于旋转电动机火灾，为防止因矿物性物质落入设备内部而击穿电动机的绝缘，一般不宜用干粉、砂子、泥土灭火。

（3）灭火器的使用常识

① 泡沫灭火器的使用　泡沫灭火器适用于扑救油脂类、石油类产品及一般固体物质的初起火灾。泡沫灭火器只能立着放置，其使用方法如图10-43所示。

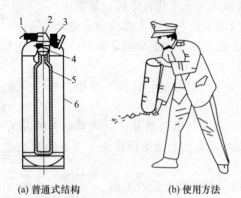

（a）普通式结构　　（b）使用方法

图 10-43　泡沫灭火器的使用方法
1—喷嘴；2—筒盖；3—螺母；4—瓶
胆盖；5—瓶胆；6—筒身

泡沫灭火器筒身内悬挂装有硫酸铝水溶液的玻璃瓶或用聚乙烯塑料制成的瓶胆。筒身内装有碳酸氢钠与发泡剂的混合溶液。使用时将筒身颠倒过来，碳酸氢钠与硫酸两溶液混合后发生化学作用，产生二氧化碳气体泡沫由喷嘴喷出，对准被灭火物持续喷射，大量的二氧化碳气体覆盖在物体表面，使其与氧气隔绝，即可将火势控制。使用时必须注意，不要将筒盖、筒底对着人体，以防万一爆炸伤人。

② 二氧化碳灭火器的使用　二氧化碳灭火器主要适用于扑救贵重设备、档案资料、仪器仪表、额定电压为600V以下的电器及油脂等的火灾，不适用于扑灭金属钾、钠的燃烧。二氧化碳灭火器分为手轮式和鸭嘴式两种手提式灭火器。鸭嘴式二氧化碳灭火器的使用方法如图10-44所示。

二氧化碳灭火器的钢瓶内装有液态的二氧化碳。使用时，液态二氧化碳从灭火器喷出后迅速蒸发，变成固体雪花状的二氧化碳。固体二氧化碳在燃烧物体上迅速挥发而变成气体。当二氧化碳气体在空气中含量达到30%～50%时，物质燃烧就会停止。使用鸭嘴式二氧化碳灭火器时，一手拿喷筒对准火源，一手握紧鸭舌，即可喷出气体。由于二氧化碳导电性差，故电器电压超过600V时必须先停电、后灭火。二氧化碳怕高温，灭火器存放点温度不应超过42℃。使用时，不要用手摸金属导管，也不要将喷筒对着人，以防冻伤。喷射方向应顺风，切勿逆风使用。

③ 干粉灭火器的使用　干粉灭火器主要适用于扑救石油及其产品、可燃气体和电气设备的初起火灾其使用方法如图10-45所示。

（a）结构图　　（b）使用方法

图 10-44　鸭嘴式二氧化碳灭火器的使用方法
1—启动阀门；2—器桶；3—虹吸管；4—喷筒

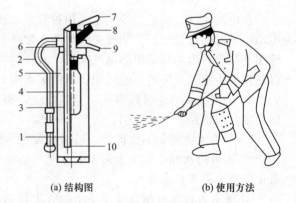

（a）结构图　　（b）使用方法

图 10-45　干粉灭火器的使用方法
1—进气管；2—喷管；3—出粉管；4—钢瓶；5—喷筒；
6—筒盖；7—后把；8—保险销；9—提把；10—防潮堵

使用干粉灭火器时，先打开保险销，一手将喷管口对准火源，另一手紧握导杆提环，将顶针压下，干粉即被喷出。

（4）触电急救常识

人体触电后，除特别严重的当场死亡外，常常会暂时失去知觉，形成假死。如果能使触电者迅速脱离电源并采取正确的救护方法，则可以挽救触电者的生命。实验研究和统计结果表明，如果从触电后 1min 开始救治，则 90% 可以被救活；从触电后 6min 开始救治，则仅有 10% 的救活可能性；如果从触电后 12min 开始救治，则救活的可能性极小。因此，使触电者迅速脱离电源是触电急救的重要环节。当发生触电事故时，抢救者应保持冷静，争取时间，一面通知医务人员，一面根据伤害程度立即组织现场抢救。切断电源要根据具体情况和条件采取不同的方法，若急救者离开关或插座较近，则应迅速拉下开关或拔出插头，以切断电源，如图 10-46(a) 所示；如距离较远，则应使用干燥的木棒、竹竿等绝缘物将电源移掉，如图 10-46(b) 所示；若附近没有开关、插座等，则可用带绝缘手柄的钢丝钳从有支撑物的一端剪断电线，如图 10-46(c) 所示；如果身边什么工具都没有，则可以用干衣服或者干围巾等将自己一只手厚厚地包裹起来，拉触电者的衣服，附近有干燥木板时，最好站在木板上拉，使触电人脱离电源，如图 10-46(d) 所示。总之，要迅速用现场可以利用的绝缘物，使触电者脱离电源，并要防止救护者触电。

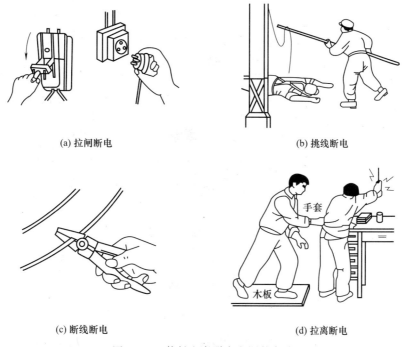

(a) 拉闸断电　　　　　　　　　　　(b) 挑线断电

(c) 断线断电　　　　　　　　　　　(d) 拉离断电

图 10-46　使触电者脱离电源的方法

当触电者脱离电源后，应立即将其移至附近通风干燥的地方，松开其衣裤，使其仰天平躺，并检查其瞳孔、呼吸、心跳及知觉情况，初步了解其受伤害程度。

轻微受伤者一般不会有生命危险，应给予关心、安慰；对触电后精神失常者，应使其保持安静，防止其狂奔或伤人；对失去知觉，呼吸不齐、微弱或完全停止，但还有心跳者，应采用"口对口人工呼吸法"进行抢救；对有呼吸，但心跳不规则、微弱或完全停止者，应采用"胸外心脏挤压法"进行抢救；对呼吸与心跳均完全停止者，应同时采用"口对口人工呼吸法"和"胸外心脏挤压法"进行抢救。抢救者不要紧张、害羞，方法要正确，力度要适中，争分夺秒，耐心细致。

(5) 触电急救方法

触电急救方法见表 10-5。

表 10-5 触电急救方法

急救方法	适用情况	图　示	实施方法
口对口人工呼吸法	触电者有心跳而呼吸停止		将触电者仰卧,解开衣领和裤带,然后将触电者头偏向一侧,张开其嘴,用手指清除口腔中的假牙、血等异物,使呼吸道畅通
			抢救者在触电者的一边,使触电者的鼻孔朝天,头后仰
			救护人用一手捏紧触电者的鼻孔,另一手托在触电者颈后,将颈部上抬,深深吸一口气,用嘴紧贴触电者的嘴,大口吹气,同时观察触电者胸部的膨胀情况,以略有起伏为宜。胸部起伏过大,表示吹气太多,容易把肺泡吹破。胸部无起伏,表示吹气用力过小起不到应有作用
			救护人吹气完毕准备换气时,应立即离开触电人的嘴,并放开鼻孔,让触电人自动向外呼气,每 5s 吹气一次,坚持连续进行,不可间断,直到触电者苏醒为止
胸外心脏挤压法	触电者有呼吸而心脏停跳	跨跪腰间	将触电者仰卧在硬板或地上,颈部枕垫软物使头部稍后仰,松开衣服和裤带,急救者跪在触电者腰部
		中指抵颈凹膛	急救者将右手掌根部按于触电者胸骨下 1/2 处,中指指尖对准其颈部凹陷的下缘,右手掌放在胸口,左手掌复压在右手背上
		向下挤压3～4cm	选好正确的压点以后,救护人肘关节伸直,适当用力,带有冲击性地压触电者的胸膛(压胸骨时,要对准脊椎骨,从上向下用力)。对成年人可压下 3～4cm(1～1.2 寸),对儿童只用一只手,用力要小,压下深度要适当浅些

续表

急救方法	适用情况	图　示	实施方法
胸外心脏挤压法	触电者有呼吸而心脏停跳	突然放松	挤压到一定程度时,手掌根应迅速放松(但不要离开胸腔),使触电者的胸骨复位,挤压与放松的动作要有节奏,每秒钟进行一次,必须坚持连续进行,不可中断,直到触电者苏醒为止
口对口人工呼吸法和胸外心脏挤压法并用	触电者呼吸和心跳都已停止	单人操作	一人急救:两种方法应交替进行,即吹气 2~3 次,再挤压心脏 10~15 次,且速度都应快些
		双人操作	两人急救:每 5s 吹气一次,每秒钟挤压一次,两人同时进行

10.2　电机控制操作训练

10.2.1　常用低压电器

常用的低压电器有:开关电器、主令电器、熔断器、低压断路器、接触器和继电器等。本节主要介绍低压电器的种类、作用、结构、原理、型号含义及符号等,前面介绍的不再赘述。

(1) 开关电器

开关电器主要作为不频繁地手动接通和分断交直流电路或作隔离开关用。也可以用于不频繁地接通与分断额定电流以下的负载,如小型电动机等。开关电器主要有刀开关、主令电器、空气开关(低压断路器)等。

① 刀开关　主要作为电源引入开关,用于不频繁接通或分断容量较小的负载。

a. 刀开关的外形结构及符号。根据刀的极数和操作方式的不同,刀开关可分为:单极、双极和三极。机床上常用的三极开关允许通过的电流有 100A、200A、400A、600A、1000A 五种。除特殊的大电流刀开关采用电动机操作外,一般都采用手动操作方式。

刀开关的外形结构及符号如图 10-47 所

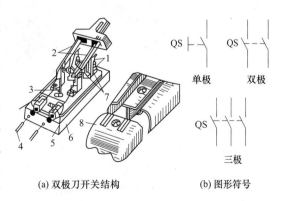

(a) 双极刀开关结构　　(b) 图形符号

图 10-47　刀开关的外形结构及符号
1—电源进线座;2—刀片;3—熔丝;4—电源出线;
5—负载接线座;6—瓷底座;7—静触点;8—胶盖

示，其文字符号为 QS。

用手握住手柄，使触刀绕铰链支座转动，推入插座内即完成接通操作（合闸）。分断操作（分闸）与接通操作相反，向外拉动手柄，使触刀脱离静插座。

刀开关安装时，合闸状态手柄要向上，不得倒装或平装。如果倒装，则拉闸手柄可能因自重下落引起误合闸而造成人身和设备安全事故。接线时，应将电源进线接在上端，负载出线接在下端。

b. 刀开关的型号含义。刀开关有 HD（单投）系列和 HS（双投）系列，它们都适用于交流 50Hz，额定电压小于 500V，直流额定电压小于 440V，额定电流至 1500A 以下的成套配电装置中，作为非频繁手动接通和分断电路使用，或作为隔离开关使用，其型号的含义及技术参数图 10-48 所示。

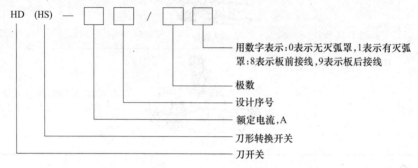

图 10-48　刀开关的型号含义

② 主令电器　自动控制系统中用于发送控制指令的电器称为主令电器。常用的主令电器有控制按钮、行程开关、主令控制器、万能转换开关等。

a. 控制按钮。控制按钮也称按钮开关，它是一种典型的主令电器，其作用通常是用来短时间接通或断开小电流的控制电路，从而控制电动机或其他电器设备的运行。

• 控制按钮的外形结构及符号。常用控制按钮的外形结构如图 10-49 所示，文字符号为 SB。

 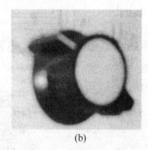 

(a)　　　　　　　　　(b)　　　　　　　　　(c)

图 10-49　按钮的外形结构

• 控制按钮的种类及动作原理。

动合按钮：外力未作用时（手未按下），触点是断开的；外力作用时，触点闭合，但外力消失后，在复位弹簧作用下自动恢复原来的断开状态。如图 10-50(a) 所示。

动断按钮：外力未作用时（手未按下），触点是闭合的；外力作用时，触点断开，但外力消失后，在复位弹簧作用下自动恢复原来的闭合状态。如图 10-50(b) 所示。

复合按钮：按下复合按钮时，所有的触点都改变状态，即动合触点要闭合，动断触点要断开。但是，这两对触点的变化是有先后次序的，按下按钮时，动断触点先断开，动合触点后闭合；松开按钮时，动合触点先复位（断开），动断触点后复位（闭合）。如图 10-50（c）所示。

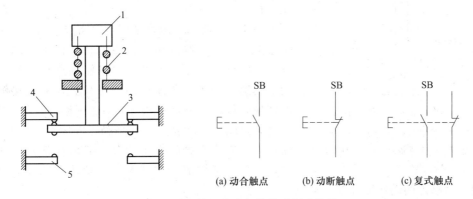

图 10-50 按钮的内部结构及图形符号

1—按钮箱；2—复位弹簧；3—动触点；4—动断静触点；5—动合静触点

• 控制按钮的型号及含义。目前使用比较多的控制按钮型号有 LA18、LA19、LA25、LAY3、LAY5 等系列产品。其中 LAY3 系列是引进产品，LAY5 是仿法国施耐德电气公司产品，LAY9 系列是综合日本和泉公司和德国西门子公司等产品的优点而设计制作。

控制按钮的型号及含义如图 10-51 所示。

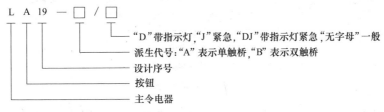

图 10-51 控制按钮的型号及含义

b. 行程开关。行程开关又称限位开关，是依据生产机械的行程发出命令以控制其运行方向或行程长短的主令电器。若将行程开关安装于生产机械行程的终点处，以限制其行程，则称为限位开关或终点开关。行程开关广泛用于各类机床或起重机械中以控制这些机械的行程。

• 行程开关的外形结构及符号。行程开关的外形结构如图 10-52 所示，其文字符号为 SQ。

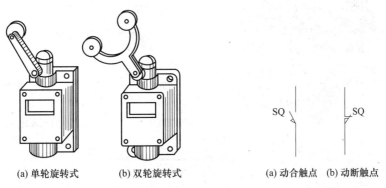

图 10-52 行程开关的外形结构及符号

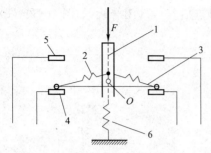

图 10-53　行程开关的触点结构示意图
1—推杆；2—弹簧；3—动触点；4—动断静
触点；5—动合静触点；6—复位弹簧

• 行程开关的结构及工作原理。行程开关的工作原理与控制按钮类似，只是它用运动部件上的撞块来碰撞行程开关的推杆。行程开关触点运动及运动示意图如图 10-53 所示。触点结构是双断点直动式，为瞬动型触点，瞬动操作是靠传感头推动推杆 1 达到一定行程后，触桥中心点过死点 O、以使触点在弹簧 2 的作用下迅速从一个位置跳到另一个位置，完成接触状态的转换，使动断触点断开（动触点 3 和静触点 4 分开），动合触点闭合（动触点 3 和静触点 5 闭合）。闭合与分断速度不取决于推杆行进速度，而由弹簧刚度和结构决定。各种结构的行程开关，只是传感部件的机构方式不同，而触点的动作原理都是类似的。

• 行程开关的型号及含义。行程开关的型号及含义如图 10-54 所示。

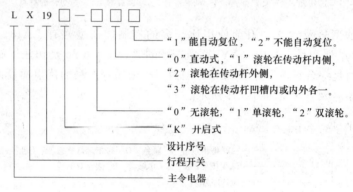

图 10-54　行程开关的型号及含义

常用的行程开关有 JIXK1、LX19、LX32、LX33 和微动开关 LXW-11、JLXK1-11、LXK3 等。

③ 接触器　接触器是一种自动控制电器，它可以用来频繁的接通或者断开大容量的交直流负载电路。接触器按其主接触点通过电流的种类不同可以分为直流接触器和交流接触器两种，分别用于控制直流电路和交流电路的通断，其中交流接触器应用广泛。

a. 外形结构与符号。交流接触器外形及符号如图 10-55 所示，其文字符号为 KM。

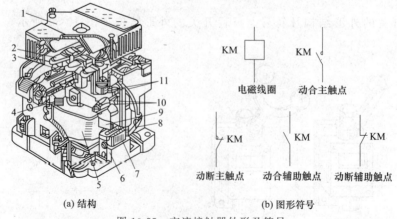

(a) 结构　　　　　　　　　　　　(b) 图形符号

图 10-55　交流接触器外形及符号

1—灭弧罩；2—触点压力弹簧片；3—主触点；4—反作用弹簧；5—线圈；6—短路环；7—静铁芯；8—弹簧；
9—动铁芯；10—辅助动合触点；11—辅助动断触点

b. 组成及动作原理。交流接触器主要由电磁系统、触点系统和灭弧装置及其它部件等四部分组成。

• 电磁系统。电磁系统主要用于产生电磁吸力（动力）。它由电磁线圈（吸力线圈）、动铁芯（衔铁）和静铁芯等组成。交流接触器的电磁线圈是由绝缘铜导线绕制在铁芯上，铁芯由硅钢片叠压而成，以减少交流接触器吸合时产生的振动和噪声，故又称减振环，其材料为铜、康铜或者镍烙合金等。

• 触点系统。触点系统主要用于通断电路或者传递信号。它分为主触点和辅助触点，主触点用以通断电流较大的主电路，一般由三对动合触点组成；辅助触点用以通断电流较小的控制电路，一般有动合和动断两对触点，常在控制电路中起电气自锁或互锁作用。

• 灭弧装置　灭弧装置用来熄灭触点在切断电路时所产生的电弧，保护触点不受电弧灼伤。在交流接触器中常采用的灭弧方法有电动力灭弧和栅片灭弧。

• 其他部件　其它部件包括反作用弹簧、缓冲弹簧、传动机构、接线柱和外壳等。

交流接触器动作原理如图 10-56 所示。电磁线圈得电以后，产生磁通，吸引动铁芯，克服反作用弹簧的弹力，使它向着静铁芯运动，拖动动触点系统运动，使得动合触点闭合，动断触点断开。一旦电源电压消失或者显著降低，以致电磁线圈没有磁势或磁势不足，动铁芯电磁吸力消失或过小，在反作用弹簧的弹力作用下释放，使得动触点与静触点脱离，触点恢复线圈未通电时的状态。

c. 型号含义及技术参数。常见的 CJ 系列交流接触器型号含义如图 10-57 所示。

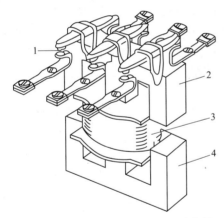

图 10-56　交流接触器动作原理示意图
1—主触点；2—动铁芯；3—电磁线圈；4—静铁芯

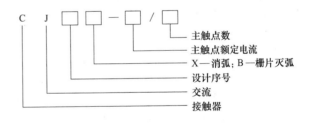

图 10-57　CJ 系列交流接触器型号含义

例如：CJ20B-40/3 表示额定电流为 40A、三级、栅片灭弧的 380V 交流 20 型接触器。

④ 电磁式继电器　继电器是一种根据某种输入信号的变化，而接通或断开控制电路的电器。我们所讲的继电器通常是电磁式继电器，即以电磁力为驱动力的继电器，也是电气设备中用得最多的一种继电器。

电磁式继电器一般由铁芯、衔铁、线圈、反力弹簧和触点等部分组成，如图 10-58 所示。在这种电磁系统中，铁芯 7 和铁轭为一整体，减少了非工作气隙；极靴 8 为一圆环，套在铁芯端部；衔铁 6 制成

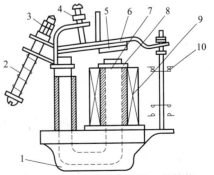

图 10-58　电磁式继电器的一般结构
1—底座；2—反力弹簧；3,4—调整螺钉；
5—非磁性垫片；6—衔铁；7—铁芯；
8—极靴；9—电磁线圈；10—触点系统

板状，绕棱角（或绕轴）转动。线圈不通电时，衔铁靠反弹力弹簧 2 作用而打开。衔铁上垫有非磁性垫片 5。装设不同的线圈后分别制成电流继电器、电压继电器和中间继电器。这种继电器线圈有交流的和直流的两种，即构成交流电磁式继电器和直流电磁式继电器。

a. 电磁式电流继电器。电流继电器的线圈串接在被测量的电路中，以反映电路电流的变化。为了不影响电路的正常工作，电流继电器线圈匝数少、导线粗、线圈阻抗小。

电流继电器有欠电流继电器和过电流继电器两种。欠电流继电器的吸引电流为线圈额定电流的 30％～65％，继电器电流为线圈额定电流的 10％～20％，因此在电路正常工作时，衔铁是吸合的，只有当电流降低到某一整定值时，继电器释放输出信号。过电流继电器在电路正常工作时不动作，当电流超过某一整定值时才动作，整定范围通常为 1.1～4 倍额定电流。

在机床的电气控制系统中，用得较多的电流继电器有 JL14、JL15、JT3、JT9、JT10 等系列型号，主要根据主电路内的电流种类和额定电流来选择。

b. 电压继电器。电压继电器的结构与电流继电器相似，不同的是电压继电器线圈要并联在被测量的电路中，以反映电路电压的变化。为了不影响电路的正常工作，电压继电器线圈匝数多、导线细、线圈阻抗大。

电压继电器按动作电压值的不同，有欠电压、过电压和零电压之分。欠电压继电器在电压为额定电压的 40％～70％时有保护动作；过电压继电器在电压为额定电压的 110％～115％以上时动作；零电压继电器当电压降至额定电压的 5％～25％时有保护动作。

在机床的电气控制系统中，用得较多的电压继电器有 JT3、JT4 等系列型号。

c. 中间继电器。中间继电器实质上是电压继电器的一种，但它的触头数多（多至 6 对或更多），触头电流容量大（额定电流 5～10A），动作灵活（动作时间不大于 0.05s）。其主要用途是当其它继电器触头数或触点容量不够时，可借助中间继电器来扩大它们的触点数或触点容量，起到中间转换的作用。

在机床的电气控制系统中，用得较多的中间继电器有 JZ7 系列交流中间继电器和 JZ8 系列交直流两用中间继电器。

d. 电磁式继电器的图形符号。电磁式继电器的一般图形符号是相同的，如图 10-59 所示。电流继电器的文字符号为 KI，线圈方格中用 I＞（或 I＜）表示过电流（或欠电流）继电器。电压继电器的文字符号为 KV，线圈方格中用 U＜（或 U＝0）表示欠电压（或零电压）继电器。

e. 电磁式继电器的型号及含义。电磁式继电器的型号及含义如图 10-60 所示。

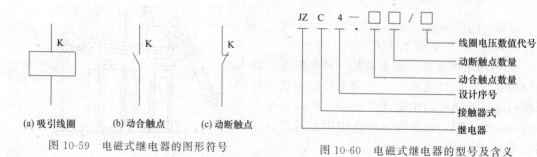

图 10-59 电磁式继电器的图形符号

图 10-60 电磁式继电器的型号及含义

⑤ 时间继电器　时间继电器也称为延时继电器，是一种用来实现触点延时接通或断开的控制继电器。时间继电器种类繁多，但目前常用的时间继电器主要有空气阻尼式、电动式、晶体管式及直流电磁式等几大类。

时间继电器按延时方式可分为：通电延时型和断电延时型两种。通电延时型时间继电器在其感应部分接收信号后开始延时，一旦延时完毕，就通过执行部分输出信号以操纵控制电路，当输入信号消失时，继电器就立即恢复在动作前的状态（复位）。断电延时型和通电延时型相反，它是在其感测部分接收输入信号后，执行部分立即动作，但输入信号消失后，继电器必须经过一定的延时，才能恢复到原来的状态，并且有信号输出。下面主要以空气阻尼式时间继电器为例加以介绍。

a. 外形结构。空气阻尼式时间继电器的外形结构如图 10-61 所示。它由电磁系统、延时机构和工作触点三部分组成。将电磁机构翻转 180°安装后，通电延时型可以改换成断电延时型，同样，断电延时型也可改换成通电延时型。

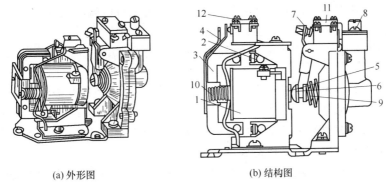

(a) 外形图　　　　　　　　　(b) 结构图

图 10-61　空气阻尼式时间继电器的外形结构

1—电磁线圈；2—静铁芯；3—动铁芯；4—弹簧片；5—推板；6—活塞杆；7—杠杆；8—调节螺钉；
9—宝塔弹簧；10—反力弹簧；11—延时微动开关；12—瞬时微动开关

b. 动作原理及符号。图 10-62 所示为 JST-A 系列时间继电器的动作原理和符号图，时间继电器的符号分通电延时型和断电延时型两种，其文字符号为 KT。

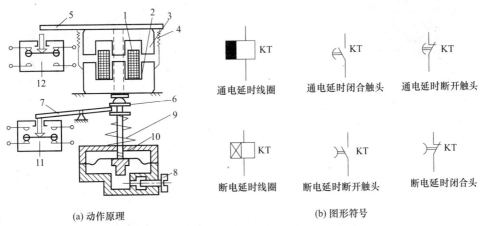

(a) 动作原理　　　　　　　　　(b) 图形符号

图 10-62　JST-A 系列时间继电器的动作原理和符号图

1—线圈；2—铁芯；3—衔铁；4—弹簧片；5—推板；6—活塞杆；7—杠杆；8—调节螺钉；
9—宝塔弹簧；10—空气室壁；11,12—微动开关

通电延时时间继电器：通电时，电磁线圈产生磁通，当电磁力大于弹簧拉力时，动铁芯（衔铁）被静铁芯吸引，推板迅速顶到微动开关，触点动作，由于橡皮膜内有空气，形成负压，使弹簧的移动受到空气阻尼作用，活塞杆顶到触点微动开关，触点动作，微动开关的动作相对于通电时间而言有一个延时，断电时，微动开关迅速复位。

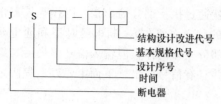

图 10-63　时间继电器型号及含义

断电延时时间继电器的动作原理自行分析。

晶体管式和数字式时间继电器目前也得到了广泛应用，由于篇幅有限这里不再赘述。

c. 型号含义及技术数据。时间继电器型号及含义如图 10-63 所示。

(2) 低压保护电器

低压保护电器是指在低压配电系统及动力设备系统中起保护作用的电器，如熔断器、热继电器、漏电继电器等。熔断器和漏电继电器前面已经介绍，下面只介绍热继电器。

热继电器是一种具有反时限（延时）过载保护特性的过电流继电器，广泛用于电动机的过载保护，也可以用于其它电气设备的过载保护。

① 外形结构及符号　热继电器的外形结构及符号如图 10-64 所示，其中文字符号为 FR。

从结构上看，热继电器的热元件由两极（或三极）双金属片及缠绕在外面的电阻丝组成。双金属片是由膨胀系数不同的金属片压合而成，电阻丝直接反映笼形异步电动机的定子回路电流。复位按钮是热继电器动作后进行手动复位的按钮，可以防止热继电器动作后，因故障未被排除而电动机自行启动而造成更大的事故。

电动机过载时，过载电流使热继电器中双金属片弯曲动作，使串联在控制电路的动断触点断开，从而切断接触器线圈 KM 的电路，主触点断开，电动机失电停转。

② 动作原理　热继电器动作原理如图 10-65 所示。

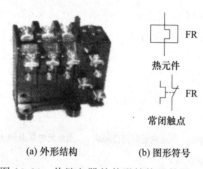

图 10-64　热继电器的外形结构及符号

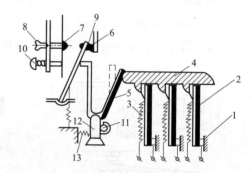

图 10-65　热继电器动作原理示意图

1—固定柱；2—主双金属片；3—热元件；4—导板；5—补偿双金属片；6—静触点（动断）；7—静触点（动合）；8—复位调节螺钉；9—动触点；10—复位按钮；11—调节旋钮；12—支撑件；13—弹簧

当电动机过载时，流过电阻丝（热元件）的电流增大，电阻丝产生的热量使金属片弯曲，经过一定时间后，弯曲位移增大，因而脱扣，使其动断触点断开，动合触点闭合。动断触点断开切断接触器线圈回路电流，从而断开电动机电源。

热继电器触点动作切断电路后，电流为零，则电阻丝不再发热，双金属片冷却到一定值时恢复原状，于是动合和动断触点可以复位。另外，也可以通过调节螺钉，使触点在动作后不自动复位，而必须按动复位按钮才能使触点复位。这很适用于某些要求故障未排除而防止电动机再启动的场合。不能自动复位对检修时确定故障范围也是十分有利的。

③ 型号及含义　热继电器型号及含义如图 10-66 所示。

10.2.2　电气控制线路的典型控制环节

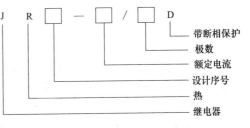

图 10-66　热继电器型号及含义

(1) 电气控制线路常用的图形及文字符号

① 电气图　是用电气符号来绘制且用来描述电气设备结构、工作原理和技术要求的图，它必须采用符合国家电气制图标准及国际电工委员会颁布的有关文件要求，用统一标准的图形符号、文字符号及规定的画法绘制。

② 电气文字符号　电气图中的文字符号是用于标明电气设备、装置和元器件的名称、功能、状态和特征的，可置于电器设备、装置和元器件中或其近旁，以表明电器设备、装置和元器件种类的字母代码和功能字母代码。电气技术中的文字符号分为基本文字符号和辅助文字符号。

电气元件的图形符号和文字符号必须有统一的标准。同学可自行查阅，这里不再给出图形和文字符号。

(2) 电气图的分类及绘制原则

电气图包括电气原理图、电气安装图、电气互连图等。

① 电气原理图　电气原理图是说明电气设备工作原理的线路图。在电气原理图中并不考虑电气元件的实际安装位置和实际连线情况，只是把各元件按其在电路中的接线顺序用符号展开在平面图上，用直线将各元件连接起来。

图 10-67 为笼型异步电动机直接启停控制电气原理图。

在阅读和绘制电气原理图时应注意以下原则。

电气原理图中各元器件的文字符号和图形符号必须按标准绘制和标注。同一电器的所有元件必须用同一文字符号标注。

电气原理图应按功能来组合，同一功能的电气相关元件应画在一起，但同一电器的各部件不一定画在一起。电路应按动作顺序和信号流程自上而下或自左向右排列。

电气原理图分主电路和控制电路，一般主电路在左侧，控制电路在右侧。

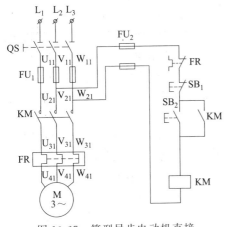

图 10-67　笼型异步电动机直接启停控制电气原理图

电气原理图中各电器应该是未通电或未动作的状态，二进制逻辑元件应是置零的状态，机械开关应是循环开始的状态，即按电路"常态"画出。

② 电气安装图　电气安装图表示各种电气设备在机械设备和电气控制柜中的实际安装位置。它将提供电气设备各个单元的布局和安装工作所需数据的样图。例如，电动机要和被拖动的机械装置在一起，行程开关应画在获取信息的地方，操作手柄应画在便于操作的地方，一般电气元件应放在电气控制柜中。

图 10-68 为笼型异步电动机直接启停控制线路安装图。

在阅读和绘制电气安装图时应注意以下几个原则。

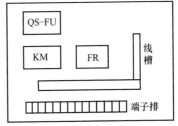

图 10-68　笼型异步电动机直接启停控制线路安装图

a. 按电气原理图要求，应将动力、控制和信号电路分开布置，并各自安装在相应的位置，以便于操作、维护。

b. 电气控制柜中各元件之间、上下左右之间的连线应保持一定的间距，并且应考虑器件的发热和散热因素，应便于布线、接线和检修。

c. 给出部分元器件型号和参数。

d. 图中的文字符号应与电气原理图、电气互连图和电气设备清单等一致。

(3) 电气控制线路的典型控制环节

① 连续控制　连续控制亦称长动控制，是指按下按钮后，电动机通电启动运转，松开按钮后，电动机仍然继续运行，只有按下停止按钮，电动机才失电直至停转。连续控制与点动控制的主要区别在于松开启动按钮后，电动机能否继续保持得电运行的状态。如所设计的控制线路能满足松开启动按钮后，电动机仍然保持运转，即完成了连续控制，否则就是点动控制。

连续控制线路如图 10-69 所示，它是在点动控制线路的启动按钮 SB_2 两端并联一个接触器的辅助动合触点 KM，另串联一个动断停止按钮 SB_1。

控制线路动作原理如下。

合上刀开关 QS。

启动：$SB_2 \pm$——KM 自＋——M＋

停止：$SB_1 +$——KM－——M－

KM 自＋表示"自锁"。

接触器的动合触点称为自锁触点。自锁，是依靠接触器自身的辅助触点来保证线圈继续通电的现象。带有自锁功能的控制线路具有失压（零压）和欠压保护作用。即一旦发生断电或者电源电压下降到一定值（一般降到额定值 85％以下）时，自锁触点就会断开，接触器线圈 KM 就会断电，不再次按下启动按钮 SB_2，电动机将无法自行启动。只有在操作人员再次按下启动按钮 SB_2，电动机才能重新启动，从而保证人身和设备的安全。

② 三相交流异步电动机可逆控制　三相交流异步电动机的可逆控制也称正、反转控制，它在生产中可实现生产部件向正反两个方向运动。对于笼型三相异步电动机来说，实现可逆控制只要改变其电源相序，即将主回路中的三相电源线任意两相对调即可。我们利用接触器的主触点改变相序，实现电动机正反转，主要适用于需要频繁可逆控制的电动机。

三相交流异步电动机的正-停-反可逆控制线路如图 10-70 所示，KM_1 为正转接触器，

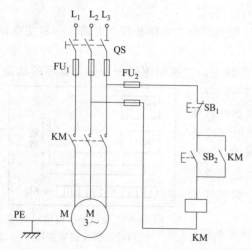

图 10-69　连续控制线路

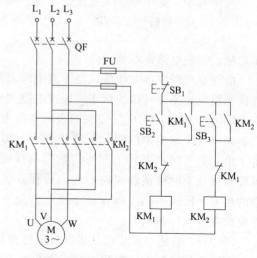

图 10-70　三相交流异步电动机的正-停-反可逆控制线路

KM₂ 为反转接触器。显然 KM₁ 和 KM₂ 两组主触点不能同时闭合，既 KM₁ 和 KM₂ 两接触器线圈不能同时通电，否则会引起电源短路。

控制线路中，正、反转换接触器 KM₁ 和 KM₂ 线圈支路都分别串联了对方的动断触点，任何一个接触器接通的条件是另一个接触器必须处于断电释放的状态。例如，正转接触器 KM₁ 线圈被接通得电，它的辅助动断触点被断开，将反转接触器 KM₂ 线圈支路切断，KM₂ 线圈在 KM₁ 接触器得电的情况下是无法接通得电的。两个接触器之间的这种相互关系称为互锁，在图 10-78 所示线路中，互锁是依靠电气元件来实现的，所以也称为电气互锁。现实电器互锁的触点称为互锁触点。

线路动作原理如下。

正转：$SB_2 \pm$——KM_1 自 $+$——$M+$

停止：$SB_1 \pm$——$KM_1 -$——$M-$

反转：$SB_3 \pm$——KM_2 自 $+$——$M+$

电气互锁正、反转控制线路存在的缺点是从一个转向过渡到另一个转向时，是先按停止按钮 SB_1，不能直接过渡，显然这是十分不方便的。

10.2.3　电机控制的操作训练

电机控制的操作训练以星形（Ｙ）-三角形（△）降压启动控制线路为例进行训练。

(1) 星形（Ｙ）-三角形（△）降压启动控制线路及原理

对于正常运行时电动机额定电压等于电源线电压，定子绕组为三角形连接方式的三相交流异步电动机，可以采用星形—三角形降压启动。它是指启动时，将电动机定子绕组接成星形，待电动机的转速上升到一定值后，再换接成三角形连接。这样，电动机启动时每相绕组的工作电压为正常时绕组电压的 1/3，启动电流为三角形直接启动时的 1/3。

自动控制星形（Ｙ）-三角形（△）降压启动线路如图 10-71 所示。

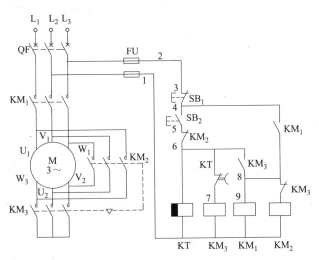

图 10-71　自动控制星形（Ｙ）-三角形（△）降压启动线路

图中使用了三个接触器 KM₁、KM₂、KM₃ 和一个通电延时型的时间继电器 KT，当接触器 KM₁、KM₃ 主触点闭合时，电动机 M 星形连接；当接触器 KM₁、KM₂ 主触点闭合时，电动机 M 三角形连接。

线路动作原理如图 10-72 所示。

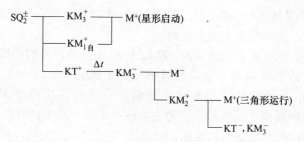

图 10-72　星形-三角形降压启动线路动作原理

（2）操作训练过程

① 熟悉电机控制线路的工作原理。

② 熟悉接触器、时间继电器、热继电器等电器元件的结构、原理及在控制柜中的位置。

③ 选择各种导线，一般主电路选择较粗的单股铜线，最好颜色有所区分，一旦出现故障便于查找，选择细线为控制线。

④ 熟练使用各种工具，根据原理图，先连接主电路，然后再连接控制回路，控制回路较为复杂，要认真进行连接。

⑤ 连接完成要经过指导教师检查无错误后，方可送电。若线路连接有误，用万用表进行检查线路是否有接触不牢或接错的现象。

⑥ 连接好电机，送上电源，按下正转启动按钮，观察电机是否能够旋转，若旋转正常，经过一定时间后，按下停止按钮，待电机停止后，按下反转按钮，电机实现反转，经过一定时间后按下停止按钮，操作结束。

⑦ 训练过程结束后，把所有导线全部拆卸下来，放到工具箱中，所使用的工具放到指定位置。

第11章 石油化工仿真实训装置简介

11.1 油气钻采仿真实训平台

油气钻采是运用科学的理论、技术与装备高效地钻探地下油气资源，并经济有效地将地层中的油气开采到地面。我校仿真实训基地油气钻采平台包括油藏仿真装置、钻机仿真装置、井控仿真装置、修井机仿真装置、游梁式抽油机装置等实训设备。

11.1.1 油藏仿真实训装置

油藏仿真实训装置包括油藏地质构造、多井型井身结构及采油生产系统。能够直观的观察断层、水平岩层、背斜等地质构造类型，了解各种井身结构及适用的储层形态，学习不同举升方式的工作原理。

（1）油藏地质构造

石油是储存于地下岩石之中的，但不是所有的岩石都能够储存石油。只有那些具备了一定的物性条件和构造条件的岩石，才可能在特定的时期内储存石油。任何油气都储集于各种不同类型的圈闭中，因此圈闭是形成油气藏的必要条件。

圈闭的分类基本上可看成是油气藏的分类，而圈闭的成因分类无论在国内的生产单位还是科研院所都得到了广泛的应用，比较具有普遍性。按照圈闭的成因可把圈闭划分为构造圈闭、非构造圈闭两大类。构造圈闭包括背斜型圈闭、断层型圈闭两个亚类。非构造型圈闭主要由沉积、地层不整合和地层超覆等因素形成，可分为地层型圈闭、岩性型圈闭和古潜山型等类型。

① 构造圈闭

a. 背斜型圈闭：该类圈闭是同生断层在发育过程中，因重力作用使得下降的地层在断层附近发生反向倾斜而形成的。挤压背斜圈闭地层在侧向挤压应力作用下发生褶皱变形，形成的背斜圈闭。这种侧向挤压应力既可以是区域性的，也可以发生在局部凹陷内由于相向正断层的下掉所引起的。

b. 断层型圈闭：该类圈闭是由于倾斜的储集层上倾方向被断层错断，并与非渗透性层相接而形成的。断层可以是弯曲的或交叉的断层。断块圈闭中含油气高度受断层面和对盘对接的非渗透性地层封堵条件的控制。

② 非构造圈闭

　　a. 地层型圈闭：该类圈闭位于不整合面之上，主要是储集岩体沿不整合面上超时上倾方向与不整合面相交并被封堵而形成的。地层削蚀不整合圈闭位于不整合面之下，是由于构造抬升所形成的侵蚀不整面对下伏储集层封堵所形成。

　　b. 岩性型圈闭：该类圈闭是由于沉积作用形成的透镜状高孔渗性砂体四周为非渗透性岩层封闭所形成的。砂体上倾尖灭圈闭该类圈闭是由于高孔渗性的储集体沿上倾方向发生尖灭所形成的。一般沿盆地边缘带、古隆起的翼部和古构造斜坡等部位分布。河道砂体圈闭此种类型的圈闭有别于砂体上倾尖灭型和透镜体型，其平面上呈带状分布，剖面上呈透镜状。

　　c. 古潜山型圈闭：严格地讲，古潜山圈闭应是一种地层剥蚀不整合型与岩性型的复合圈闭。特指前古近系基底起伏不平的背景上，长期地质营力作用所形成的新地层覆盖的潜山圈闭。按岩性可分为中上元古界碳酸盐岩潜山，如静北潜山太古界混合花岗岩潜山，如东胜堡潜山等。按潜山形态也可进一步划分为残丘山、单面山、断阶山和地垒山。按构造位置的高低，可分为高潜山、低潜山等。关于圈闭的分类方案很多，仅采用构造型和非构造型两端元对圈闭进行划分很难把所有圈闭类型包括进来。事实上，沉积盆地中的圈闭类型绝大多数是构造和非构造圈闭共同作用下所构成的复合型圈闭。

　　在以构造控制为主的油藏内，因构造隆起或由于断层遮挡，位于构造位置较高处发育纯油区，构造较低位置处发育水层，在单一圈闭范围内可形成有利含油区。

（2）采油类型

　　国内外机械采油装置主要分有杆泵和无杆泵两大类。有杆泵地面动力设备带动抽油机，并通过抽油杆带动深井泵，目前应用最广泛的还是游梁式抽油机深井泵装置。因为此装置结构合理、经久耐用、管理方便、适用范围广。无杆泵不借助抽油杆来传递动力的抽油设备。目前无杆泵的种类很多，如水力活塞泵、电动潜油离心泵、射流泵、振动泵、螺杆泵等。

　　① 抽油机采油　抽油机是有杆泵抽油系统中的主要设备，主要由工作筒（外筒和衬套）、活（柱）塞及阀（游动阀和固定阀）组成。抽油泵按其结构不同可分为管式泵和杆式泵。管式泵适用于下泵深度不大、产量较高的井。杆式泵适用于下泵深度较大，但产量较低的井。

　　抽油机工作过程中，上冲程，游动阀受油管内活塞以上液柱的压力作用而关闭，并排出活塞冲程一段液体。固定阀由于泵筒内压力下降，被油套环形空间液柱压力顶开，井内液体进入泵筒内，充满活塞上行所让出的空间。下冲程，由于泵筒内液柱受压，压力增高，而使固定阀关闭。在活塞继续下行中，泵内压力继续升高，当泵筒内压力超过油管内液柱压力时，游动阀被顶开，液体从泵筒内经过空心活塞上行进入油管。

　　② 潜油电泵采油　潜油电泵的全称是电动潜油离心泵（简称电泵）。它以排量大、自动化程度高等显著的优点被广泛应用于原油生产中，是目前重要的机械采油方法之一。

　　③ 水力活塞泵采油　水力活塞泵是一种液压传动的无杆抽油设备，它是由地面动力泵通过油管将动力液送到井下驱动油缸和换向阀，从而带动抽油泵抽油工作的一种人工举升采油设备。

　　④ 螺杆泵采油　螺杆泵是一种利用抽油杆旋转运动进行抽油的人工举升采油方法。螺杆泵是依靠空腔排油即转子在泵筒（定子）中做行星运动的结果。转子和定子就位后，形成了一个个互不连通的封闭腔。当转子转动时，封闭腔沿轴线方向由吸入端向排出端方向运动，封闭腔在排出端消失，其中在空腔内所充满的液体也就随着它的运动由吸入端均匀地推挤到排出端，同时又在吸入端重新形成新的低压空封闭腔，将液体吸入。这样封闭腔不断地形成、运动、消失，液体也不断地充满、挤压、排出，把井中的原油不断地吸入，通过油管举升到井口。由于螺杆泵设计简单，没有阀的磨损，不会由于砂子、盐、蜡或其它影响因素

而阻塞。

⑤ 气举采油　气举采油是一种人为地把气体（天然气或空气）压入井内使井下液流举升到地面的方法。按进气的连续性，气举可分为连续气举与间歇气举两大类。

连续气举是将高压气体连续地注入井内，使其和地层流入井底的流体一同连续从井口喷出的气举方式，它适用与采油指数高和因井深造成井底压力较高的井。

间歇气举是将高压气间歇的注入井中，将地层流入井底的流体周期性地举升到地面的气举方式。间歇气举时，地面一般要配套使用间歇气举控制器（时间—周期控制器）。间歇气举既可用于地产井，也可用于采油指数高、井底压力低，或者采油指数与井底压力都低的井。

11.1.2　钻机仿真实训装置

石油钻井是利用机械设备将地层钻成具有一定深度的圆柱形孔眼的过程，是勘探和开发石油和天然气资源的一个重要环节。要寻找和开发石油资源，就必须进行大量的钻井工作。

石油钻机是油气田开发的钻井设备，用于石油天然气的联合勘探和开发。要直接了解地下的地质情况，要证实已探明的构造是否含有油气以及含油气的面积和储量，都需要通过钻井来完成。钻机仿真实训装置是以 ZJ70DB 钻机为原型，按 1∶8 的比例缩小建设的。该装置具有八大系统，如图 11-1 所示。

① 起升系统　起升系统由绞车、井架、钢丝绳（大绳）、天车、游动滑车（游车）、大钩等组成。游动系统（天车、游车、钢丝绳）及大钩悬挂在井架内。绞车起升工作所需的动力通过传动装置传递。起升作业时，还需要一些辅助设备，如吊环、吊卡、卡瓦等。起升系统的主要功用是起下钻具、控制送钻钻压、更换钻头和下套管等，有时还要处理井下复杂情况和辅助起升重物。

图 11-1　钻机结构示意图

② 旋转系统　旋转系统由地面转盘、水龙头、井下钻具（井下动力钻具）和钻头等组成。该系统的主要功能是带动井下钻柱、钻头等旋转，破碎岩石，实现钻进。此外，该系统还连接起升系统和钻井液循环系统。

③ 钻井液循环系统　钻井液循环系统的设备很多，主要由钻井泵、地面高压（低压）管汇、立管、水龙带，钻井液循环、净化、处理、配置设备，井下钻具及钻头等组成。该系统的主要功用是通过钻井泵将钻井液送至地面高压管汇、立管、水龙带、水龙头、方钻杆、井下钻柱及钻头后冲洗井底，携带岩屑从环空（井眼与钻具之间的空隙）返出地面，实现正常钻井。

④ 动力驱动系统　为了使工作机获得足够的动力进行运转，必须配备动力设备及其辅助设备，如柴油机及其供油设备，或电机及其供电、保护、控制设备等。

⑤ 传动系统　传动系统又称联动机组，指的是动力与工作机中间的各种传动设备及部件。钻机的传动方式一般是机械、电、液、气传动的联合。许多转盘机是以机械传动为主、

其他传动为辅的联合传动。机械传动系统主要包括齿轮、链条、皮带轮、皮带、轴及轴承等组成的变速装置，还包括离合器、液力变矩器等。传动系统的主要功用不仅是将动力传递给各个工作机，而且将动力较合理地分配给三大工作机组，从而使三大工作机组能够协调工作。

⑥ 控制系统　钻机用机械、电、气、液联合控制，也有的专用机械控或气控、液控、电控，机械控制设备有手柄、踏板、操纵杆等；气动（液动）控制设备有气（液）元件、工作缸等；电控制设备有基本元件、变阻器、电阻器、继电器等。该系统的功用是根据钻井工艺的要求，使每台工作机操作时反应迅速、动作准确可靠、便于集中控制和自动记录，使操作者能够按自己的意愿保证机各部件的安全、正常工作。

⑦ 钻机底座　钻机底座主要由钻台底座、机泵底座及主要辅助设备底座等组成，一般采用型钢或管材焊接成简单的几何体。钻机底座的功用是安装固定钻机的各种设备，满足搬迁或整拖的要求。

⑧ 辅助系统　钻机有大量的辅助设备，如供电、供气、供水、供油、器材储存、防喷设施，钻井液的配制、储存、处理设施，以及各种仪器和自动记录仪表等。在边远地区或海上钻井，还要有采暖等其他辅助设备。

11.1.3　井控仿真实训装置

在钻（修）井过程中，为了防止地层流体侵入井内，总是使井筒内的钻井液柱压力略大于地层压力，这就是对油气井的初级压力控制。但在钻井作业中，常因各种因素的变化，使油气井的压力控制遭到破坏而导致井喷，这时就需要依靠井控设备设施压井作业，重新恢复对油气井的压力控制。有时井口设施严重损坏，油气井失去压力控制，这时需要采取紧急抢救措施，对油气井进行抢救。目前，井控设备已由单一的老式手动防喷器发展成一套完整的井控设备系统。井控设备为安全钻井提供了保障，保护了钻井人员、钻井设备以及油气井的生产安全，使油气田的勘探与开发获得更好的收益。

井控设备是指用在钻（修）井过程中监测、控制和处理井涌及井喷的装置。井控设备功能包括：

① 发现溢流，对油气井监测，及早发现溢流和井喷前兆，尽早采取措施；

② 预防井喷，保持井眼内钻井液静液柱压力略大于地层压力，防止井喷条件的形成；

③ 控制井喷，溢流、井涌、井喷发生后，迅速关井，实施压井作业，对油气井重新建立压力控制；

④ 当油气井压力失控后，进行灭火抢险等复杂情况处理作业。

因此，井控设备是对油气井实施压力控制，对事故进行预防、监测、控制、处理的关键设备，是安全钻（修）井的可靠保障和钻井设备中不可缺少的系统设备。

井控设备包括井口设备、控制防喷设备、处理设备和其他连接部件。井控装置总体组成如图 11-2 所示。井控设备应包括以下设备、仪表和工具。

(1) 井口装置

井口装置包括环形防喷器、闸板防喷器、钻井四通、套管头、液压防喷器控制装置等。

① 闸板防喷器　闸板防喷器是井控装置的关键部分，主要用途是在钻（修）井、试油等过程中控制井口压力，有效地防止井喷事故发生，实施安全施工，具体可完成以下作业。

a. 当井内有管柱时，配上相应管子闸板能封闭套管与钻杆间环形空间。

b. 当井内无管柱时，配上全封闸板或剪切闸板可全封闭井口。

c. 当处于紧急情况时，可用剪切闸板剪断井内管柱，并全封闭井口。

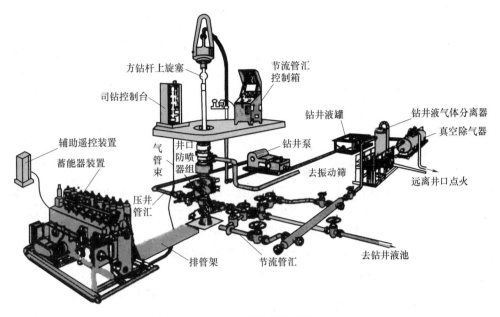

图 11-2　井控装置示意图

d. 在封井情况下，通过四通及壳体侧出口相连的压井、节流管汇进行钻井液循环、节流防喷、压井、洗井等特殊作业。

e. 与节流、压井管汇配合使用，可有效地控制井底压力，实现近平衡压井作业。

② 环形防喷器　环形防喷器必须与配备液压控制系统才能使用，通常与闸板防喷器配套使用，它能完成以下作业。

a. 密封各种形状和尺寸的方钻杆、钻杆、钻杆接头、钻铤、套管、电缆等工具。

b. 当井内无钻具使，能全封闭井口。

c. 在使用缓冲储能器的情况下，能通过 18°或 35°无细扣对焊接头，进行强行起下钻作业。

(2) 井控管汇

井控管汇包括节流管汇、压井管汇、防喷管线、注水管线、灭火管线、反循环管线等。

① 节流管汇

a. 通过节流阀的节流作用实施压井作业，替换出井里被污染的钻井液，同时控制井口套管压力与立管压力，恢复钻井液液柱对井底压力控制，制止溢流。

b. 通过节流阀的泄压作用，降低井口压力，实施"软关井"。

c. 通过防喷阀的大量泄流作用，降低井口套管压力，保护井口防喷器组。

② 压井管汇

a. 当用全封闸板全封井口时，通过压井管汇往井筒里强行吊灌重钻井液，实施压井作业。

b. 当已经发生井喷时，通过压井管汇往井口强注清水，以防燃烧起火。

c. 当已井喷着火时，通过压井管汇往井筒里强注灭火剂，能帮助灭火。

(3) 其他井控装置

主要有钻具内防喷工具，包括方钻杆上、下旋塞阀，钻具止回阀等。

以监测和预报异常地层压力为主的井控仪器仪表，包括钻井液返出温度、钻井液密度、钻井液返出量、循环池液面、起钻时井筒液面等参数的监测报警仪。

钻井液加重设备、钻井液液气体分离器、钻井液除气器、钻井液自动灌注系统。

井喷失控处理和特殊作业设备，这类设备包括强行起下管串装置、自封头、旋转防喷器、灭火设施、拆装井口工具等。

井控设备按安全生产技术需要以及设备的供应能力来配置。低压油井常常只配备井口防喷器组、蓄能器装置、节流压井管汇；而高压油气井或含有毒有害气体的井，井控设备则要配备齐全。

11.1.4 修井机仿真实训装置

修井作业是一项复杂的系统工程，需要使用大型机具设备、所使用的手动工具大都质量较大，再加上其属于野外施工，环境繁难、体力繁重、工艺繁多、工序繁琐，生产过程危险性大，需要采取细致的安全技术措施，以保证作业过程安全。

修井设备是用来对井下管柱或井身进行维修与更换而提供动力的一套综合机组。以

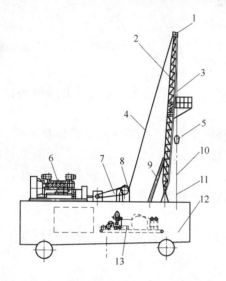

图 11-3 XJ350 修井机结构组成图

1—天车；2—伸缩式井架；3—游动系统；4—钢丝绳；5—游车；6—动力系统；7—传动系统；8—绞车；9—起升系统；10—加载系统；11—钻井系统；12—车载系统；13—泥浆泵及循环系统

XJ350 修井机为例，修井机结构组成如图 11-3 所示，修井设备主要由八大系统组成。

① 动力驱动设备动力驱动设备包括动力机与辅助装置，主要有柴油机、供油设备（油箱）、启动装置（汽油机、交直流电动机供电与保护设备）。

② 传动系统设备传动系统设备是一套协调的传动部件，包括减速箱、行车机构、变速机构等。它的传动方式主要有机械传动、液力传动（滑轮传动）和液压传动。

③ 行走系统设备行走系统设备由一套运行部件组成，包括底盘、驱动机与驱动轮等。

④ 地面旋转设备地面旋转设备包括转盘、水龙头、大钩等，其作用是进行冲、钻、磨铣、套铣、打捞等。

⑤ 提升系统设备提升系统设备包括提升设备（绞车、天车、井架、游车、钢丝绳）与井口起下操作机具（吊卡、液压卡瓦、气动卡瓦、机械手动卡瓦、液压式机械油管上扣器、油管运移机构）。它的作用是起下井下管柱、钻具、更换采油树等。

⑥ 循环冲洗系统设备全套循环冲洗系统设备包括泥浆泵、地面管线、水龙带、循环池、清水罐等，其作用是完成井下作业，如冲砂、清蜡、洗井、压井、验吊、找漏、加深钻进等。

⑦ 控制系统设备控制系统设备包括机械控制设备（手柄、踏板及杠杆机构等），气动控制设备（各种开关、调压阀、工作缸）等，液动控制设备（同于气动），电控制设备（各种电控开关、变阻器、启动器、电动机），集中控制器，驾驶室，观察记录表（水温表、机油压力表、柴油压力表、气压表、指重表等）。它的作用是协调各机组工作。

⑧ 辅助设备修井机包括值班房、照明设备、消防设备、配合修井作业的井口工具（安全卡瓦、防喷器、各类连接接头）等辅助设备。

11.1.5　抽油机仿真实训装置

采油是油田开发的重要环节，它是从油田人工补充地下能量到人工举升的采油过程。抽油机的结构简单、制造简易、维修方便，可以长期在油田全天候运转，使用可靠。是目前应用最广泛的抽油机。

抽油机井由井口装置（采油树）、井下抽油泵、抽油杆、油管、套管等组成。地面操作部分为采油树与抽油机。

（1）采油树

采油树用于悬挂油管、承托井内部全部油管重量，密封油套环空，控制和调节油井的生产，录取油套压力资料、测试等日常管理，保证各项作业施工的顺利进行。

以 CY250 采油树为例，各零部件有：套管四通、左右套管阀门、油管头、油管四通、总阀门、左右生产阀门、测试阀门或清蜡阀门（封井器）、油管挂顶丝、卡箍、钢圈及其他附件组成。采油树结构如图 11-4 所示。

（2）抽油机

抽油机是抽油机井的地面机械传动装置，它和抽油杆、抽油泵配合使用，能使井下原油抽到地面。抽油机由主机和辅机两大部分组成。主机由底座、减速箱、曲柄、连杆、平衡块、横梁、支架、驴头、悬绳器及刹车装置组成。辅机由电动机、电路控制装置组成。游梁式抽油机结构组成如图 11-5 所示。

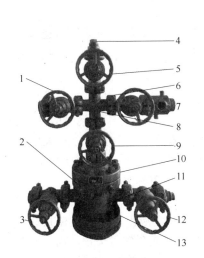

图 11-4　CY250 型采油树结构示意图

1—左右生产阀门；2—油管柱顶丝；3—左右套管阀门；4—连接防喷管或封井器；5—测试或清蜡阀门；6—卡箍；7—连接生产管；8—油管四通；9—总阀门；10—上法兰；11—套管四通；12—左右套管阀门；13—下法兰

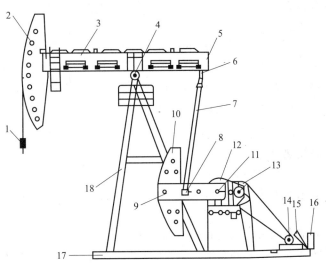

图 11-5　常规游梁式抽油机结构示意图

1—悬绳器；2—驴头；3—游梁；4—中轴；5—尾轴；6—横梁；7—连杆；8—曲柄轴；9—曲柄；10—平衡重；11—输出轴；12—减速箱；13—大皮带轮；14—电动机；15—刹车；16—配电箱；17—底座；18—支架

电动机通过皮带和减速器带动曲柄作匀速圆周运动，曲柄通过连杆带动四连杆机构的游梁以支架上中央轴承为支点，做上下摆动，带动游梁前端的驴头悬点连接抽油杆柱、油泵柱塞做上下往复直线运动，实现机械采油。

当悬点（抽油杆）上冲程时，抽油杆柱带动油泵活塞上行，油泵的游动阀（排出阀）受阀自重和油管内液柱压力的作用而关闭，并提升柱塞上部的液体。与此同时柱塞下面的泵筒空间内里的压力降低，当其压力低于套管压力时，该空间的液体将顶开油泵固定阀（吸入阀）而进入抽油泵活塞上冲程所让开的泵筒空间；当柱塞下行时，油泵的固定阀靠自重下落而关闭，泵筒内的液体受到压缩，在柱塞继续下行过程中，泵内的压力不断增高，当泵内压力增至超过油管内液柱压力时，将顶开油泵的游动阀使泵筒内的液体进入油管内。由于油泵柱塞在抽油机的带动下，连续做上下往复运动，因而油泵的固定阀和游动阀也将交替地关闭与打开，完成抽油泵的抽吸工作循环。概括地说：柱塞上行时，将柱塞之上的液体排入输油管线，将泵外的液体吸入泵内；柱塞下行时，将柱塞之下油泵内的液体吸入柱塞之上的油管内。这样周而复始地工作时，原油就源源不断地被采出。

11.2 油气集输仿真实训平台

11.2.1 天然气集输实训装置

(1) 天然气分离计量实训操作站

① 简介 把几口单井的采气流程集中在气田某一适当位置进行集中采气和管理的流程称为集气流程。

天然气集输工艺主要任务是对单井采集的气体进行集中，然后脱除天然气气体中的液固杂质。

② 工艺过程 各单井站经节流降压计量后输至集气站或由高压管线与集气站连接。在集气站的工艺过程一般包括：加热、降压、分离、计量等几部分。工艺为：阀门→换热器加热→压力调节阀→立式过滤分离器→汇管→脱酸气流程。

(2) 醇胺脱酸气实训操作站

① 简介 天然气中含有硫化氢、有机硫等大量酸性气体。硫化氢具有很强的还原性，易受热分解，有氧存在时易腐蚀金属；有水存在时，形成氢硫酸，对金属造成较大的腐蚀性；硫化氢还会产生氢脆腐蚀等，而且是有毒气体，因此天然气不管作为民用还是工业用，必须对天然气中的酸性部分去除。天然气中除酸性组分的工艺流程称为脱硫。

② 工艺过程 工艺流程可划分为胺液高压吸收和低压再生两部分。原料气经涤气除去固液杂质后进入吸收塔（或称接触塔）。在塔内气体由下而上、胺液由上而下逆流接触，醇胺溶液吸收并和酸气发生化学反应形成胺盐，脱除酸气的产品气或甜气由塔顶流出。吸收酸气后的醇胺富液由吸收塔底流出，经升压泵升压后进入闪蒸罐，放出吸收的烃类气体和微量酸气。再经过滤器，贫/富胺液换热器，富胺液升高温度后进入再生塔上部，液体沿再生塔向下流动与重沸器来的高温水蒸气逆流接触，绝大部分酸性气体被解吸，恢复吸收能力的贫胺液由再生塔底流出，在换热器中与冷富液换热、降压、过滤，进一步冷却后，注入吸收塔顶部。再生塔顶流出的酸性气体经过冷凝，在回流罐分出液态吸收剂后，酸气送至回收装置生产硫磺或送至火炬灼烧，液态吸收剂作为再生塔顶回流。

(3) 三甘醇脱水实训操作站

① 简介 天然气在进输气管道中将逐渐冷却，天然气中的饱和水蒸气逐渐析出形成水等凝析液体。液体伴随天然气流动，并在管道低洼处积蓄起来，造成输气阻力增大。当液体积蓄到形成断塞时，其流动具有巨大的惯性，将造成管线末端分离器的液体捕集器损坏。

管道中有液体存在，会降低管线的输送能力。水及其他液体在管道中和天然气中的硫化氢、二氧化碳形成腐蚀液，造成管道内腐蚀，缩短管道的使用寿命，同时增大了爆管的频率。水在管道中容易形成水合物，堵塞管道，影响安全生产。

②工艺过程　湿天然气由吸收塔下部进塔，三甘醇贫液由塔顶入塔，湿天然气与三甘醇贫液在塔盘处充分接触，天然气中的水被三甘醇贫液吸收后变成干天然气，从塔顶流出进入外输系统，经脱水的干天然气可以达到一般管输天然气的含水量指标。从天然气中吸收水分后的三甘醇溶液由贫液变成富液，从吸收塔底部流出，经升压泵升压后进入闪蒸罐，放出吸收的烃类气体和微量水气。再经过滤器流入贫-富甘醇换热器，三甘醇富液被预热到一定温度后进入再生塔上部，在再生塔中，经蒸汽加热，富液中大部分水分变成蒸汽，由再生塔顶部离开系统；富液再生后变成贫液，由再生塔底部流出进入换热器，在换热器内与富液换热后，进入吸收塔上部循环使用。富液过滤器主要用于分离甘醇溶液中的固体杂质和变质产物，保持三甘醇溶液的洁净。

(4) 凝液回收系统实训操作站

①简介　从气体内回收凝液的目的有三种：满足管输的要求；满足天然气燃烧值要求；在某些条件下，能最大限度地追求凝液的回收量，使天然气成为贫气。

开采的气体内含中间和重组分越多，气体的临界凝析温度越高，这种气体在管输过程中，随压力和温度条件的变化将产生凝液，使管内产生两相流动，降低输量，增大压降，在管线终端还需设置价格昂贵的液塞捕集器分离气液、均衡捕集器气液出口的压力和流量，使下游设备能正常运行。为使输气管道内不产生两相流动，气体进入干线输气管道前，一般需脱除较重组分，使气体在管输压力下的烃露点低于管输温度。

各国或气体销售合同对商品天然气的热值都有规定，热值一般应控制在 $35.4 \sim 37.3 MJ/m^3$ 范围内，热值也不是越高越好，最大不高于 $41 MJ/m^3$。对于较富的气体，特别是油田伴生气和凝析气，一般都要回收轻油，否则热值将超过规定范围。

液体石油产品的价格一般高于热值相当的气体产品，也即回收的液态轻烃价格常高于热值相当的气体，多数情况下回收轻烃都能获得丰厚的利润。

②工艺过程　用透平膨胀机代替节流阀，即为透平膨胀机制冷。高压气体通过透平膨胀机进行绝热膨胀时，在压力、温度降低的同时，对膨胀机轴做功。轴的另一端常带有制动压缩机为气体增压，气体在膨胀机内的等熵效率约为80%，机械效率为95%～98%。气体在膨胀机内的膨胀近似为等熵过程。

原料气自脱水系统进入装置后与脱甲烷塔来的冷天然气进行换热降温后进入低温分离器(透平膨胀机入口分离器)，分出凝析油。低温气体通过透平膨胀机膨胀，进入脱甲烷塔。脱甲烷塔实为分馏塔，轻组分为甲烷，以蒸气从塔顶流出；重组分以液体从塔底流出。由上而下脱甲烷塔的温度逐步升高，低温分离器分出的凝析油在塔温接近油温处进入脱甲烷塔，分析凝液的甲烷，使塔底产品内甲烷和乙烷得到一定程度的稳定。

11.2.2　天然气长输实训操作站

天然气长输实训装置由输气首站、分输增压站、输气末站组成一套完整的输配气工艺流程。

(1) 长输首站

首站是天然气管道的起点设施，气体通过首站进入输气干线。通常，首站具有分离、计量、清管器发送等功能。

首站接收上游净化厂来的天然气，为了保证生产安全，通常进站应设高、低压报警装置，当上游来气超压或管线事故时进站天然气应紧急截断。向下游站场输送经站内分离、计量后的净化天然气，通常出站应设低压报警装置，当下游管线事故时出站天然气应紧急截断。首站宜根据需要设置越站旁通，以免因站内故障而中断输气。

① 分离、过滤　天然气中的固体颗粒污染物不仅会增加管道阻力，降低输气管道的气质，还影响设备、阀门和仪表的正常运转，使其磨损加速，使用寿命缩短，而且污染环境，有害于人身健康。液体污染物会随时间逐渐积累起来，形成液流，这样会降低气体流量计计量精度并可能损坏管道的下游设备。因此，通常在输气首站应设置分离装置，分离气体中携带的粉尘、杂质和上游净化装置异常情况下可能出现的液体，其分离设备多采用过滤分离器。

过滤分离器是由数根过滤元件组合在一个壳体内构成，通常由过滤段和除雾段（分离段）两段组成，能同时除去粉尘、固体杂质和液体。当含尘天然气进入过滤器后先在初分室除去固体粗颗粒和游离水。之后细小的尘污随天然气流进入过滤元件，固体尘粒在气流通过过滤元件时被截留，雾沫则被聚合成大颗粒进入除雾段，在天然气流过雾沫扑集器时液滴被分离。分离后的天然气进入下游管道，尘污则进入排污系统。

② 计量　计量装置主要计量输入和输出干线的气体及站内的耗气，这些气量是交接业务和进行整个输气系统控制和调节的依据。气体计量装置宜设置在过滤分离器下游的进气管线、分输气和配气管线以及站场的自耗气管线上。

常用于测量天然气体积流量的流量计有差压式流量计、容积式流量计、涡轮流量计、超声式流量计几类。

（2）分输增压站

分输增压站是天然气管道的中间站，气体通过分输站供给用户。通常分输站具有分离、计量、调压等功能。

接收上游站场来的天然气，该部分内容同首站。向下游站场输送经站内分离、计量、调压后的天然气，出站应设高、低压报警装置，当出站超压或下游管线发生事故时紧急截断。

① 分离、过滤

a. 直接供给附近用户用气，对分离后气体含尘粒径要求较小，分离装置选型可采用过滤分离器。

b. 如果是分输气体进入支线，分输站距用户较远，分离装置选型宜采用旋风分离器或多管干式除尘器。如粉尘粒径大于 $5\mu m$，处理量不大时，可选用旋风分离器；处理量大时，可选用多管干式除尘器。

c. 如果分离的气体含尘粒径分布宽，要求分离后含尘粒径很小的情况，可考虑采用两级分离。第一级采用旋风分离器或多管干式除尘器，第二级采用过滤分离器。

② 调压　分输去用户的天然气一般要求保持稳定的输出压力，并规定其波动范围。站内调压设计应符合用户对用气压力的要求并应满足生产运行和检修需要。

调节装置目前多采用自力式压力调节阀或电动调节阀，宜设备用回路。分输站调节装置宜设在分离器及计量装置下游分输和配气的管线上。

③ 计量　分输去用户的天然气需要计量，该部分内容同首站。

（3）输气末站

输气末站是天然气管道的终点站，气体通过末站供应给用户。通常，末站具有分离、计量、调压、清管器接收等功能。

① 接收上游站场输来的天然气并向用户门站供气，该部分内容同分输站。

② 分离、过滤。末站通常是向门站供气，分离器选型同分输站，多采用过滤分离器。

该部分内容同分输站。

③ 调压、计量。去用户的天然气一般要求保持稳定的输出压力并计量，该部分内容同分输站。

(4) 清管装置

清管装置主要用于石油、化工、电力、冶金等行业各类集输管道清管、清扫管线、除蜡、除垢等作业。清管器收、发球筒主要由筒体、法兰、快开盲板、清管指示器等组成。实物结构如图 11-6 所示。

图 11-6　清管器部分结构图

① 结构特点　清管器收、发球筒，材质和承压能力必须满足设计和介质要求。可选用卡箍式、锁环式、插扣式等几种类型快开盲板，具有结构合理、密封性能好、启闭迅速、操作方便、安全可靠等优点。同时，插扣式快开盲板具有开启方便、安全自锁（盲板自锁、防振、防松动、开启可二次卸压）等性能，使操作更加简洁、安全；卡箍式快开盲板除安全自锁外，还做到了盲板锁紧时，密封圈与密封面之间无相对转动，密封圈不易损坏，从而更好地保护了密封系统；锁环式与卡箍式快开盲板一样，具有较大的承压能力及良好的性能。

② 清管器工作原理　清管器的工作原理如图 11-7 所示。

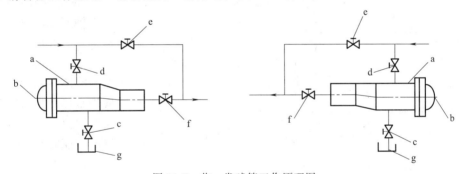

图 11-7　收、发球筒工作原理图

a—收发球筒；b—快开盲板；c—排污排空阀；d，e，f—与管径等径球阀；g—排污池

关闭阀 d、f，打开阀 e、c；

打开快开盲板 b，装入清管器，将清管器推入发球筒前部；

关闭快开盲板 b 及阀 c；

关闭阀 e，打开阀 f、并缓开阀 d，直至全部打开将清管器发出。

接受清管器打开阀 e，关闭阀 f、d；

打开阀 c，将收球筒内压力及污物排空；

打开快开盲板 b 将清管器取出；

关闭快开盲板 b 及阀 c、e，打开阀 f、d，恢复原始状态。

11.2.3　原油集输实训装置

(1) 原油计量实训操作站

① 简介　单井采油后进行原油的计量和集输工艺，是原油储运的重要工作内容。原油

计量实训操作站分为两部分内容，流量计阀组和气体分离计量部分。

②工艺过程 流量计阀组分为两部分，一部分为原油进集输装置时初始的计量阀组，第二部分为原油输出气体分离罐时候的精确计量阀组。工艺为流量计阀组→分离计量器→加药→流量计阀组。可实现原油的准确计量和对计量工段操作和流程的理解。

（2）油品转输实训操作站

①简介 稠油分离缓冲罐、加热炉、缓释剂加药装置；流程包括稠油分离缓冲罐，原油的加药操作；可实现油水的一级分离，原油进装置的缓冲和原油的加热功能。

②工艺过程 原油经过初步的脱天然气计量后，进入分离缓冲罐，通过换热器对原油进行加热后进入沉降罐或进入脱水单元。自一级沉降来的原油经加药系统加入缓释剂后进入二级沉降器继续沉降。

（3）原油脱水实训操作站

①简介 原油脱水操作站主要包括三相分离器、电脱水装置；流程为两种分离器，主要实现三种不同物质的分离，通过二次装置分离，可实现天然气、原油和水的分离。

②工艺过程 加热后的原油经过三相分离器分离出水、原油和天然气。分离后的原油可进入电脱水继续深度脱水，或直接进入沉降罐进行沉降。

③三相分离器的工作原理 卧式三相分离器的结构如图11-8所示，油井来液进入分离器后首先进入入口分流区，并撞击到入口挡板上，使分离液的方向和速度发生很大变化，这

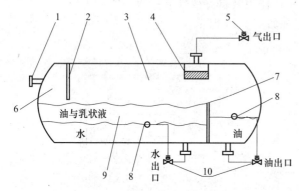

图11-8 卧式三相分离器结构

1—入口；2—进口挡板；3—重力沉降区；4—除雾器；5—压力控制阀；6—入口分流区；7—堰板；8—浮子（液位感应装置）；9—集液区；10—液位控制阀

种液流动量的突然改变，造成了气液的预分离。预分离后的液体落入集液区，在集液区分离器提供充足的时间使油能聚集到上层而水沉降到底层，在大多数设计中，入口分流区往往装有液相导管，将预分离后的液体引入油水界面以下，这样可以促进水珠的聚沉。在经过集液区后，上层的油液溢过堰板进入其后的油室，通过液位控制阀实时排出油液控制油室的油位；为保持油水界面的高度，下层的水相经另一液位控制阀控制后由排水阀离开分离器。预分离后的气体进入重力沉降区，并在气相中携带的较大液滴完成沉降后经除雾器到达压力控制阀，通过压力控制阀控制气体的排出量保证分离器压力的恒定。气液界面根据油气分离的相对重要性可由直径的1/2变到3/4，但在通常情况下会选择半满状态。

（4）储存稳定实训操作站

①简介 储存稳定实训操作站主要包括一级沉降罐、二级沉降罐、污水罐；设备装置包括两个原油罐和一个污水罐，原油罐分为两级，能更好地进行原油的净化和原油的储存作用，污水罐作为装置中原油排水的储存罐。

原油稳定主要包括闪蒸罐及稳定塔系统，目的是脱出原油内的轻组分，对原油进行稳定。

②工艺过程 原油经过脱水后进入一级沉降罐，进一步沉降后进入二级沉降罐，合格的原油可进入原油罐等待外输。在各级排水装置中的污水可进入污水罐进行集中处理或外输

到污水处理公司。

③ 原油稳定　原油稳定就是把油田上密闭集输起来的原油经过密闭处理，从原油中把轻质烃类如：甲烷、乙烷、丙烷、丁烷等分离出来并加以回收利用。这样，原油就相对地减少了挥发作用，也降低了蒸发造成的损耗，使之稳定。原油稳定是减少蒸发损耗的治本办法。但是，经过稳定的原油在储运中还需采取必要的措施，如：密闭输送、浮顶罐储存等。

原油稳定具有较高的经济效益，可以回收大量轻烃作化工原料，同时，可使原油安全储运，并减少了对环境的污染。

11.2.4　油库仿真实训装置

(1) 卸车操作

① 油库操作人员在卸车前对油罐进行检查，尤其是油罐装油段有无裂纹及表面异常，发现问题及时上报并暂停装油，待问题解决后再进行装油操作。

② 按照罐体容积计算容积，核对储油罐的剩余装油量可否满足待装油的容积要求，油罐的整体容积为 $21m^3$，每米高度可以装油 $6.1m^3$。

③ 计算、计量无误后，由操作人员连接防静电线、接灌泵管线至油槽车卸油口，通过滑片泵对输油进行灌泵操作，灌泵完成后，由操作人员连接防静电线、接卸车管线至油槽车卸油口，卸油管道与油槽车卸油口处均要开启保险卡。

④ 将其他管线阀门关闭，开通直通卸油罐体的管道阀门，打开罐口阀门的同时，检查、关闭罐体卸油阀门。

⑤ 以上操作检查确认无误后进行卸油操作。

⑥ 通过滑片泵灌泵操作如下：打开阀门 XV125 和 XV126，启动 P103 泵开始灌泵，灌泵完成停止 P103 泵，关闭阀门 XV125 和 XV126。

⑦ 卸车操作如下：如向 V103 罐卸车时，打开阀门 XV128、XV129、XV138 和 XV139，然后启动 P104 泵开始卸车，卸车完成停止泵 P104，关闭阀门 XV128、XV129、XV138 和 XV139。

(2) 装车操作

① 控制室人员根据付油通知单，进行电脑程序操作，告知油工班长开启对应的油罐阀门和管线阀门，关闭其它管线阀门。

② 油工在装油设备前，将静电接地夹子与装油的槽车连接后，上装车平台，打开槽车上的装油口，将装油鹤管插入槽车底部。

③ 关闭鹤管上的放空阀，并将静电溢油探头安放在合理的位置上。

④ 打开鹤管上的球阀，关闭排空阀，通知控制室电脑人员，可以装油。如：从 V101 罐中装油，操作如下打开阀门 XV109、XV114、和 XV115，在工控系统中设定阀门 XV102 的开度、需装车的油量和变频泵的频率，启动变频泵 P101 开始装车，当达到设定的装车油量是自动停止 P101 泵，关闭 XV102 和 XV115 阀门。

⑤ 在装油的过程中，装油操作人员要观察油槽车阀门和装油的整个过程。注意车辆的动态，和周边的情况，出现问题，马上处理。

⑥ 控制室人员在控制室掌握油品的流量和加油的进度。

⑦ 加油完毕后，关闭球阀，打开鹤管上的放空阀，油工将鹤管拔出槽车，放进小油桶内，注意不要把鹤管里的油撒在外边。

⑧ 把鹤管及小油桶拿回放在平台上，固定好。对油槽车内的油品进行测量，油高，密

度，把测得的结果准确地告诉控制室人员。

⑨ 盖好槽车罐盖，并进行封签封锁好。

⑩ 控制室人员根据油工的数据，进行计算，核对容积表，计算重量，做好相关的记录。

⑪ 油工将槽车封签封好后，下平台，取下槽车的静电，完成装车作业。

(3) 倒罐操作

确认导出油料的储罐和导入油料的储罐的液位，如果导入储罐液位低于导出油罐则可以通过自流的方式通过倒油管线进行倒油操作，到液位相差较小时通过输油泵进行倒油操作。具体操作如下。

① 由操作人员检查卸油和装油的相关控制阀均处于正确的开关状态，且无泄漏情况。

② 操作人员佩戴好手套等劳动保护用品，加强劳动保护，操作人员需穿防静电服。

③ 操作人员做好倒出罐、导入罐的计量工作。确切计算好倒罐数量，严防冒顶。

④ 检查输油泵是否工作正常，如果输油泵液面未达到输送要求，需先进行灌泵操作。

⑤ 完成以上工作后由操作人员开泵倒罐，倒罐的原则遵循先开后关的原则。操作人员做好倒罐数量的监控工作，当油品达到倒罐作业指导数量时，通知停泵。

⑥ 倒罐结束收关闭相关的阀门，操作人员对两座储罐倒罐后的计量工作，计算出实际倒灌数量。

⑦ 操作人员对倒罐操作做好详细的记录。

⑧ 倒罐操作如从 V101 罐倒到 V102 罐，打开阀门 XV109、XV111、XV117 和 XV118，然后启动 P104 开始倒罐，倒罐完成停 P104 泵，关闭阀门 XV118、XV117、XV111 和 XV109。

(4) 泵的切换备用操作

① 检查备用泵是否完好且可以正常工作，按照离心泵操作规程及灌泵的相关操作要求进行操作。

② 检查完毕后，按照工艺流程及操作规范，将使用泵关闭并切断相关控制阀，同时按照泵的启动操作规程进行泵的启动。

11.3　石油加工实训平台

11.3.1　石油加工实训平台简介

原油蒸馏和催化裂化装置在石油加工生产中扮演着十分重要的角色，故石油加工平台是以某石化企业的工业化生产装置（800 万吨/年原油蒸馏装置和 150 万吨/年重油催化裂化装置）为原型，完整体现工业化装置的工艺流程。装置内不走物料，无污染，维护成本极低。原油蒸馏仿真装置如图 11-9 所示。

装置在保持工业级大尺寸特征的前提下按照比例缩小（1∶8），主要静设备可展示内部结构，动设备可进行拆卸组装，换热设备和机泵等根据工厂实际选型。装置内部结构如图 11-10 所示。

配备现场仪表，在线传感器和工业级 DCS 控制系统，实现两个生产过程的稳态运行，开停工，方案优化，质量和收率调整，故障处理，能耗控制，并能够实现控制室操作人员与现场装置操作人员的团队配合及协调行动。集控室如图 11-11 所示。

图 11-9　实物仿真装置原油蒸馏现场

图 11-10　实物仿真装置主要设备内部结构

图 11-11　实物仿真装置中心控制室

11.3.2　原油蒸馏实训装置

原油蒸馏实物仿真装置以抚顺石化公司 800 万吨/年原油蒸馏装置为原型，按 1∶8 比例缩小建设而成。本实物仿真装置与真实装置一样主要分为换热部分、电脱盐部分、初馏部分、常压部分、减压部分及真空部分等工艺过程。常压部分按生产航煤方案考虑，减压部分根据大庆原油含蜡量高的特点和抚顺石化公司二次加工装置的现状，按生产多品种的石蜡和润滑油原料、加氢原料、催化及焦化原料考虑。主要产品（中间产品）为：轻石脑油、重石脑油、航煤、柴油、减压蜡油和减压渣油。由于篇幅有限，所有工艺流程图在实习现场参观。

(1) 原油及初底油换热流程

换热流程的第一部分：将从罐区来的 40℃原油加热到进电脱盐温度 135℃。

从罐区来的 40℃原油经 P2101（原油泵）升压后分为四路：第一路依次经 E2101（原油-初顶油气换热器）、E2103 [原油-减一线及一中（Ⅰ）换热器] 和 E2104 [原油-常二线（Ⅲ）换热器] 与热源换热；第二路原油依次经 E2102A [原油-常顶油气换热器]、E2106 [原油-减四线（Ⅲ）换热器] 和 E2108 [原油-减压渣油（Ⅷ）换热器] 与热源换热；第三路原油依次经 E2109 [原油-常一线（Ⅱ）换热器]、E2110 [原油-减三线（Ⅱ）换热器] 和 E2111 [原油-常三线（Ⅱ）换热器] 与热源换热；第四路原油依次经 E2112 [原油-减一线及一中（Ⅱ）换热器]、E2113 [原油-减二线（Ⅱ）换热器] 和 E2114 [原油-减压渣油（Ⅶ）换热器] 与热源换热。上述四路原油合并后 135℃进入电脱盐罐。换热后的原油在进入电脱盐 V2101（原油电脱盐罐）之前，注入脱盐水。

换热流程的第二部分：将脱后原油加热到 222℃后进入 T2101（初馏塔）。

脱后原油分为四路：第一路原油依次经 E2115 [原油-常一中（Ⅲ）换热器]、E2117 [原油-减二中（Ⅱ）换热器] 和 E2118 [原油-减四线（Ⅰ）换热器] 与热源换热；第二路原油依次经 E2119 [原油-减四线（Ⅱ）换热器]、E2121 [原油-减二中（Ⅰ）换热器] 和 E2122 [原油-常三线（Ⅰ）换热器] 与热源换热；第三路原油依次经 E2123 [原油-常一中（Ⅰ）换热器]、E2124 [原油-减三线（Ⅰ）换热器] 和 E2125 [原油-减六线（Ⅱ）换热器] 与热源换热；第四路原油依次经 E2127 [原油-常一线（Ⅰ）换热器]、E2128 [原油-减五线（Ⅱ）换热器] 和 E2129 [原油-常二线（Ⅰ）换热器] 与热源换热。上述四路原油合并后 222℃进入 T2101（初馏塔）。

换热流程的第三部分：初底油换热后进入 F2101（常压炉）。

底油经 P2103（初底油泵）抽出后分为两路：第一路初底油依次经 E2131 [初底油-常二中（Ⅱ）换热器]、E2132 [初底油-减五线（Ⅰ）换热器] 和 E2133 [初底油-减三中（Ⅰ）换热器] 与热源换热；第二路初底油依次经 E2135 [初底油-减三中（Ⅱ）换热器]、E2136 [初底油-减六线（Ⅰ）换热器] 和 E2137 [初底油-常二中（Ⅰ）换热器] 与热源换热。上述两路初底油换热后混合 308℃后进入 F2101，经 F2101 进一步加热到炉出口温度 368℃后进入 T2102（常压塔）。

(2) 初馏塔部分流程

T2101（初馏塔）顶油气经 E2101 和 EA2101（初顶油气空冷器）冷凝冷却到 40℃进入 V2102（初馏塔顶回流罐）进行油、气、水分离。

初顶油经 P2102（初顶油泵）抽出后分为两部分：一部分返回塔顶作为回流；另一部分送入石脑油分离部分。初顶不凝气送至常压炉作为燃料。含硫污水送至 V2106（塔顶注水罐）。

初底油经泵 P2103（初底油泵）抽出换热后至 F2101（常压炉）。

(3) 常压塔部分流程

T2102（常压塔）塔顶油气经 E2102A（原油-常顶油气换热器）与原油换热后经

EA2102（常顶油气空冷器）冷凝冷却后进入 V2103（常压塔顶回流罐）进行气液分离。常顶油经 P2104（常顶油泵）抽出后分为两部分：一部分作为回流返回常压塔顶；另一部分送至石脑油分离部分。含硫污水送至 V2106（塔顶注水罐）。常顶不凝气送至常压炉作为燃料。

常一线油自 T2102（常压塔）第 22 层塔板自流进入 T2103（常压汽提塔）上段，采用常二中油作为重沸器热源，汽提后的常一线油由 P2106（常一线油泵）抽出，经 E2127［原油-常一线（Ⅰ）换热器］和 E2109［原油-常一线（Ⅱ）换热器］换热后作为航煤出装置。常二线油从 T2102（常压塔）第 38 层塔板自流进入 T2103（常压汽提塔）中段，用蒸汽进行汽提，汽提后的常二线油由 P2108（常二线油泵）抽出，经 E2129［原油-常二线（Ⅰ）换热器］和 E2104［原油-常二线（Ⅲ）换热器］换热后出装置。常三线油从 T2102（常压塔）第 48 层塔板自流进入 T2103（常压汽提塔）下段，用蒸汽进行汽提，汽提后的常三线油由 P2110（常三线油泵）抽出，经 E2122［原油-常三线（Ⅰ）换热器］和 E2111［原油-常三线（Ⅱ）换热器］换热后作为加氢原料出装置。

常一中油由 P2107（常一中油泵）自 T2102（常压汽提塔）第 27 层塔盘抽出，经 E2123［原油-常一中（Ⅰ）］和 E2115［原油-常一中（Ⅲ）换热器］与冷源换热后返回第 23 层塔盘上。常二中油由 P2109（常二中油泵）自 T2102（常压塔）第 43 层塔盘抽出，经 E2137［初底油-常二中（Ⅰ）换热器］、E2131［初底油-常二中（Ⅱ）换热器］和 E2140（常一线重沸器）与冷源换热后返回第 39 层塔盘上。

常压渣油经蒸汽汽提后由 P2111（常压渣油泵）抽出，送入 F2102（减压炉）。

（4）减压塔部分流程

① 减压炉常压渣油经常压渣油泵 P2111 升压后，经 F2102（减压炉）加热后至 T2104（减压塔）。减压炉出口温度 398℃（设计值）。

② 减压塔减一线及减一中油由 P2113（减一线及一中油泵）抽出，一部分直接返至塔下一段作为回流，另一部分经 E2103［原油-减一线及一中（Ⅰ）换热器］和 E2112［原油-减一线及一中（Ⅱ）换热器］和换热冷却至 50℃后分两路：一路作为减一中返回 T2104（减压塔）顶部；另一路送出装置。

减二线油由 T2104（减压塔）自流进入 T2105（减压汽提塔）第 1 段，蒸汽汽提后由 P2114（减二线油泵）抽出，经 E2143（减二线蒸汽发生器）和 E2113［原油-减二线（Ⅱ）换热器］换热后出装置。

减二中油由 P2115（减二中油泵）抽出，经 E2121［原油-减二中（Ⅰ）换热器］和 E2117［原油-减二中（Ⅱ）换热器］换热后返回 T2104（减压塔）。

减三线油由 T2104（减压塔）自流进入 T2105（减压汽提塔）第 2 段，蒸汽汽提后由 P2116（减三线油泵）抽出，经 E2124［原油-减三线（Ⅰ）换热器］和 E2110［原油-减三线（Ⅱ）换热器］换热后出装置。

减四线油由 T2104（减压塔）自流进入 T2105（减压汽提塔）第 3 段，蒸汽汽提后由 P2117（减四线油泵）抽出，经 E2118［原油-减四线（Ⅰ）换热器］、E2119［原油-减四线（Ⅱ）换热器］和 E2106［原油-减四线（Ⅲ）换热器］换热后出装置。

减三中油由 P2118（减三中油泵）抽出，经 E2133［初底油-减三中（Ⅰ）换热器］和 E2135［初底油-减三中（Ⅱ）换热器］换热后返回 T2104（减压塔）。

减五线油由 T2104（减压塔）自流进入 T2105（减压汽提塔）第 4 段，蒸汽汽提后由 P2119（减五线油泵）抽出，经 E2132［初底油-减五线（Ⅰ）换热器］和 E2128［原油-减五线（Ⅱ）换热器］换热后出装置。

减六线油由 P2120（减六线油泵）抽出，经 E2136［初底油-减六线（Ⅰ）换热器］和

E2125［原油-减六线（Ⅱ）换热器］换热后出装置。

净洗油由 P2121（净洗油泵）抽出后返回 T2104。

（5）减压真空系统流程

塔顶真空系统的配置按 2 级蒸汽抽空器＋液环泵进行配置。其中，1 级和 2 级蒸汽抽空器分别各按 65％和 35％的能力分配，液环泵的能力为 100％。

来自 T2104 的塔顶气体至 EJ2101（减顶增压器），减压塔顶压力为 25mmHg（a）。EJ2101 出口气体至冷凝器 E2150（减顶冷凝器）冷凝后，气体至 EJ2102（减顶一级抽空器），EJ2102 出口气体至冷凝器 E2151（减顶一级冷凝器）冷凝后，气体送到 P2131（液环式真空泵），P2131（液环式真空泵）前配有 V2150（真空缓冲罐）。来自 P2131（液环式真空泵）的气、油、水的混合物在 V2124（减顶液封分离罐）中分离。

来自 V2124（减顶液封分离罐）的气体通过大气腿分液后至减压炉作为燃料使用。

来自两级蒸汽抽空器的液体靠重力流到 V2104（减压塔顶油水分离罐）中，进行酸性水和污油分离。酸性水由泵 P2124（减顶水泵）送出装置。V2124（减顶液封分离罐）的水和冷凝油经 P2131（减顶二级油泵）通过液位控制流回到 V2104 中。来自 V2104 的减顶油经泵 P2112（减顶一级油泵）抽出送出装置。

11.3.3 重油催化裂化实训装置

重油催化裂化实物仿真装置是以抚顺石化分公司石油二厂 150 万吨/年催化裂化装置为原型，按 1∶8 比例缩小而建成的。工业化实际装置包括催化裂化装置和产品精制装置。催化裂化装置包括反应再生、分馏、吸收稳定、烟气能量回收机组、气压机、一氧化碳焚烧炉等部分；产品精制装置包括干气、液化气脱硫，液化气脱硫醇和汽油脱硫醇等部分。实物仿真装置选取催化裂化部分。

（1）反应再生系统工艺流程

原油蒸馏的渣油及罐区来混合蜡油，经装置原料混合器混合后进入装置原料油罐，后经原料油泵升压，依次与分馏一中油、油浆换热至 200℃左右后，从原料油雾化喷嘴进入提升管反应器反应一区，与经蒸汽（干气）预提升的 660～680℃左右的高温催化剂接触汽化并进行反应，反应一区出口的反应油气经分布板进入反应二区进一步反应后，反应油气经粗旋进行气剂粗分离，分离出的油气经单级旋分进一步脱除催化剂细粉后经大油气管线至分馏塔。分离出的待生催化剂经沉降器沉降后经待生催化剂滑阀、待生提升管至第一再生器。

一再待生催化剂在一再主风和二再烟气的作用下进行逆流烧焦，催化剂在 680℃、贫氧的条件下进行不完全再生。烧掉绝大部分的焦炭，烧焦产生的烟气，先经一再一、二级旋风分离器分离其中携带的催化剂，再经三级旋风分离器进一步分离催化剂后，进入烟气轮机膨胀做功，驱动主风机组。烟气出烟气轮机后，进入余热锅炉，补燃烧掉其中 CO 后，进一步回收烟气的显热后经脱硫塔对烟气进行脱硫净化，脱硫后达到排放要求的净烟气经烟囱排入大气。

来自一再的半再生催化剂分为两路，一路进入第二再生器，继续烧掉剩余的焦炭，另一路经外取热器取走烧焦过程中产生的过剩热量，冷却的催化剂沿外取热器下滑阀返回第二再生器继续烧焦。烧焦后的再生催化剂经再生斜管至提升管预提升段。

在提升管预提升段，以干气和蒸汽作提升介质，完成再生催化剂加速、整流过程，然后与雾化原料接触反应。

（2）分馏系统工艺流程

由沉降器来的反应油气进入分馏塔底部，通过人字挡板与循环油浆逆流接触，洗涤反应油气中的催化剂并脱除过热，使油气呈饱和状态进入主分馏塔上部进行分馏。

分馏塔顶油气分别经分馏塔顶油气去热水换热器、分馏塔顶油气干式空冷器、分馏塔顶后冷器冷却至 40℃，进分馏塔顶油气分离器进行气液分离。分出的粗汽油进吸收塔作吸收剂；富气进入气压机；酸性水由含硫氨污水泵送出装置至酸厂。

轻柴油自分馏塔（17 层、19 层）抽出自流至轻柴油汽提塔，汽提后的轻柴油由轻柴油泵抽出，做解吸塔底重沸器热源、后经轻柴油-富吸收油换热器、轻柴油-除氧水换热器换热后分为两路，一路经轻柴油空冷器冷却到 40℃，作为产品经出装置；另一路经贫吸收油空冷器，贫吸收油冷却器冷却到 40℃送至再吸收塔作吸收剂，吸收后的富吸收油经换热器 E-204 后返回分馏塔 20 层。

分馏塔多余的热量分别由顶循环回流，一中段循环回流、油浆循环回流取走。

顶循环回流自分馏塔 28 层抽出，经顶循环油泵升压，经顶循环油-换热水换热器、顶循环油后冷器（循环水）降至 100℃左右返回分馏塔顶。

一中段回流油自分馏塔 13 层抽出后，经分馏一中油泵升压，依次经稳定塔底重沸器、解吸塔底重沸器、分馏一中-原料油换热器、分馏一中-热水换热器，温度降至 210℃左右返回分馏塔 17 层或 19 层。

油浆自分馏塔底由循环油浆泵抽出后，经原料油-循环油浆换热器、循环油浆蒸汽发生器发生中压蒸汽后，温度降至 280℃，分为两部分，一部分返回分馏塔底；另一部分经产品油浆冷却器冷却至 90℃，送出装置。

回炼油自分馏塔 2 层塔盘自流出至回炼油罐，后经回炼油泵抽出，一部分做回炼油回炼，另一部分作为内回流返回分馏塔。

(3) 吸收稳定系统工艺流程

从分馏塔顶油气分离器来的富气进入气压机进行压缩，压缩至 2.2 MPa（绝）的压缩富气送至吸收稳定部分。气压机出口富气经空冷后与富气洗涤水、解吸塔顶气混合，经压缩富气前冷器冷却至 45℃，与吸收塔底油（47℃）混合后，进入压缩富气后冷器，冷却到 40℃，进入气压机出口油气分离器进行气、液分离。分离后的气体进入吸收塔用粗汽油及稳定汽油作吸收剂进行吸收，吸收过程放出的热量由两个中段回流取走。贫气至再吸收塔，用贫吸收油作吸收剂进一步吸收后，干气自塔顶分出，经产品精制脱硫后进入瓦斯管网。

凝缩油由解吸塔进料泵抽出，经稳定汽油加热到 65℃作为热进料进入解吸塔第三层；解吸塔中间重沸器，由解吸塔中间抽出经稳定汽油加热（至 98℃）。解吸塔重沸器共设置两台，分别由轻柴油、分馏一中油作为热源，以解吸出凝缩油中的 C2 组分。其中轻柴油侧设置隔板，用于接收解吸塔最下层塔盘的液体，经底部设置的隔板进入轻柴油作热源的解吸塔底重沸器，加热后混相返回解吸塔后，由塔底进入分馏一中作热源的解吸塔底重沸器，其目的减少塔底抽出介质中所夹带气相组分，防止经一中加热后汽化过快。

脱乙烷汽油由解吸塔底抽出，直接送至稳定塔进行多组分分馏，稳定塔底重沸器由分馏塔一中段循环回流油提供热量。液化石油气从塔顶馏出，经稳定塔顶冷凝冷却器冷至 40℃后进入稳定塔顶回流罐。液化石油气经稳定塔顶回流油泵抽出后，一部分作稳定塔回流，其余作为液化石油气产品送至产品精制部分脱硫及脱硫醇。稳定汽油从稳定塔底流出，经稳定塔热进料换热器、解吸塔中间重沸器、解吸塔热进料换热器和稳定汽油除氧水换热器，分别与脱乙烷汽油、解吸塔中间抽出油、凝缩油、除氧水换热后，再经稳定汽油冷却器冷却至 40℃，一部分由 P304 送至吸收塔作补充吸收剂，其余部分送至产品精制单元。

气压机出口油气分离器分离出的酸性水，送至污水罐后，经污水泵送至装置外（酸性水汽提装置）。

（4）烟气能量回收系统工艺流程

来自再生器的具有较高压力的高温烟气首先进入一台卧管式三级旋风分离器，从中分离出大部分细粉催化剂，使进入烟气轮机的烟气中催化剂含量降到 $200mg/m^3$（标准状态）以下，大于 $10\mu m$ 的催化剂颗粒基本除去，以保证烟气轮机叶片长期运转。净化了的烟气从三级旋风分离器出来经高温平板闸阀轴向进入烟气轮机膨胀做功，驱动主风机回收烟气中的压力能，做功的烟气压力从 $0.32MPa$ 降至 $0.105MPa$，温度由 $660\sim620℃$ 降至 $450℃$，经水封罐后进入燃烧式 CO 余热锅炉回收烟气燃烧热和显热，产生 $3.9MPa$，$420℃$ 的过热蒸汽；烟气经燃烧式 CO 余热锅炉后温度降至 $220℃$，经脱硫系统脱除烟气中的二氧化硫等酸性气体，符合排放标准的净烟气最后经脱硫塔上部烟囱排入大气。在烟气轮机前的水平管道上装有高温平板闸阀，高温平板闸阀是在事故状态下紧急切断烟气进入烟机之用。从三级旋风分离出来的催化剂细粉主要是小于 $30\mu m$ 的，连续排入了细粉收集罐，收集罐满后由卡车运出界外。

（5）CO 焚烧炉-烟气脱硫系统工艺流程

① 水汽流程从管网来的除氧水分别进入油浆蒸汽发生器、外取热器和余热炉产生中压饱和蒸汽。从内、外取热器汽包和油浆蒸汽发生器汽包以及余热炉产生的中压饱和蒸汽进入厂内 $3.5MPa$ 蒸汽管网供本装置或其他单位使用。

② 余热炉烟气系统流程经过烟机做功后的 $0.105MPa$、$500℃$ 含有 6%（体积分数）左右 CO 的烟气经水封罐后进入 CO 焚烧炉，经过瓦斯火嘴补燃后，产生 $900\sim1000℃$ 的高温烟气，依次经过余热锅的辐射段，对流段回收烟气燃烧热和显热，发生中压过热蒸汽，最后烟气温度降至 $200℃$ 左右，经过省煤器和烟道排入烟气脱硫系统。

③ 瓦斯系统流程 CO 焚烧炉补燃的瓦斯在流程上可以使用两种介质，一为系统高压瓦斯；二为本装置自产稳定干气。当装置自产稳定干气并入管网并压力足够时则使用自产稳定干气，系统瓦斯为补充；瓦斯总管分为三路，一路作为提升管仪表反吹风；一路作为 F-101 炉用瓦斯，主线去 CO 焚烧炉作为补燃瓦斯。

④ 烟气脱硫流程从余热炉出来的烟气进入脱硫塔中，与塔顶喷淋的碱液逆向接触，洗去烟气中的二氧化硫、二氧化氮等酸性气体，吸收了酸性气体的废碱液排到界外处理。净烟气直排入大气。

参 考 文 献

[1] 赵春花. 金工实习教程. 北京：中国电力出版社，2010.
[2] 郗安民. 金工实习. 北京：清华大学出版社，2009.
[3] 京玉海. 金工实习. 天津：天津大学出版社，2009.
[4] 高美兰. 金工实习. 北京：机械工业出版社，2006.
[5] 王瑞芳. 金工实习. 北京：机械工业出版社，2006.
[6] 沈剑标. 金工实习. 北京：机械工业出版社，2005.
[7] 李体仁. 数控加工与编程技术. 北京：北京大学出版社，2011.
[8] 何鹤林. 金工实习教程. 广州：华南理工大学出版社，2006.
[9] 程金霞. 工程材料及成形工艺. 大连：大连理工大学出版社，2004.
[10] 朱江峰，肖元福. 金工实习教程. 北京：清华大学出版社，2004.
[11] 魏峥. 金工实习教程. 北京：清华大学出版社，2004.
[12] 钱继锋. 金工实习教程. 北京：北京大学出版社，2006.
[13] 曾海泉，刘建春. 工程训练与创新实践. 北京：清华大学出版社，2015.
[14] 王兰君，黄海平，王文婷. 电工实用技能手册. 北京：电子工业出版社，2013.
[15] 方大千，柯伟等. 家庭电气装修 350 问. 北京：机械工业出版社，2016.
[16] 方大千，方欣. 安全用电实用技术 230 问. 北京：化学工业出版社，2016.
[17] 郭光臣，董文兰，张志廉. 油库设计与管理. 山东：中国石油大学出版社，2006.
[18] 李长俊. 天然气管道输送. 北京：石油工业出版社，2008.
[19] 余振新. 3D 增材制造（3D 打印）技术原理及应用. 广州：中山大学出版社，2016.
[20] 王运赣，王宣. 黏结剂喷射与熔丝制造 3D 打印技术. 西安：西安电子科技大学出版社，2016.
[21] 陈继民. 3D 打印技术基础教程. 北京：国防工业出版社，2016.
[22] 殷国富，刁燕，蔡长韬. 机械 CAD/CAM 技术基础. 武汉：华中科技大学出版社，2010.
[23] 孙长发. 3D 打印逆向建模技术及应用. 南京：南京师范大学出版社，2016.
[24] 张彦敏. 2049 年中国科技与社会愿景. 北京：中国科学技术出版社，2016.
[25] 郭彤颖. 机器人技术基础及应用. 北京：清华大学出版社，2017.
[26] 李俊文，钟奇. 工业机器人基础. 广州：华南理工大学出版社，2016.
[27] 杨华书，秦园园. 机械制造技术. 北京：北京理工大学出版社，2016.
[28] 邓文英，宋力宏. 金属工艺学. 北京：高等教育出版社，2016.
[29] 杨杰忠. 工业机器人操作与编程. 北京：机械工业出版社，2017.